国家工科数学教学基地　国家级精品课程使用教材

Nucleus
新核心
理工基础教材

高等数学

（上册）

向光辉　曹玥　赵亮　主编
上海交通大学数学系　组编

第二版

上海交通大学出版社
SHANGHAI JIAO TONG UNIVERSITY PRESS

内容提要

　　本教材吸取其他高等数学优秀教材精华部分,依照少学时高等数学教学的知识结构要求及特点,围绕教学大纲内容,强调教材的层次性、针对性,便于少学时高等数学教学,也方便学生自学.各章、节知识点后配有相应习题,并附习题答案.

　　本教材分上、下两册.上册包括函数、极限与连续,导数与微分,中值定理与导数的应用,不定积分和定积分及其应用五部分内容.

　　本书可作为少学时高等数学的教学用书,也可供广大读者自学参考.

图书在版编目(CIP)数据

　　高等数学.上册/ 向光辉,曹玥,赵亮主编;上海交通大学数学系组编. —2 版. —上海：上海交通大学出版社，2021.8
　　ISBN 978 - 7 - 313 - 25327 - 9

　　Ⅰ.①高… Ⅱ.①向… ②曹… ③赵… ④上… Ⅲ.①高等数学-高等学校-教材 Ⅳ.①O13

　　中国版本图书馆 CIP 数据核字(2021)第 170606 号

高等数学(第二版)(上册)
GAODENG SHUXUE (DIERBAN) (SHANGCE)

主　　编：向光辉　曹玥　赵亮
组　　编：上海交通大学数学系
出版发行：上海交通大学出版社　　　　　　地　　址：上海市番禺路 951 号
邮政编码：200030　　　　　　　　　　　　电　　话：021 - 64071208
印　　制：上海景条印刷有限公司　　　　　经　　销：全国新华书店
开　　本：710 mm×1000 mm　1/ 16　　　印　　张：18
字　　数：339 千字
版　　次：2017 年 1 月第 1 版　2021 年 8 月第 2 版　　印　　次：2021 年 8 月第 2 次印刷
书　　号：ISBN 978 - 7 - 313 - 25327 - 9
定　　价：49.00 元

前　　言

高等数学是大多数非数学专业大学生的一门必修课,对大学生养成良好的数学素养及科学的分析能力有着至关重要的作用.因此,高等数学教材的改革受到广大师生的重视.现有的高等数学教材类型很多,难度各异,各有侧重.

很多院校的理工科及文科专业,多年来一直沿用上海交通大学数学系组编的《高等数学》和《微积分》两本精品教材,但部分老师在开展少学时高等数学教学工作时,发现诸多不便:基本理论过度抽象,学生无法很好地理解知识点;习题偏难,技巧性太强;章节重点不突出等.因此,改革教材以适应这类高等数学教学的需求越来越迫切.

在诸多教师和上海交大数学系领导的关心和支持下,我们不断总结,集思广益,进行总体构思,逐渐形成了现在的教材框架.强调教材的概念叙述,注重知识点的层次性、针对性,易于学生自学,并在各章、节后配套相应习题,方便学生练习,掌握知识点.在保证教学完整性的基础上,更加简洁、清晰地呈现教学重点.

本教材分上、下两册,可作为少学时高等数学教学用书,也可供广大读者进行自学.

全书由向光辉和曹玥共同编写,习题和答案由曹玥收集和整理,赵亮在审核习题答案工作中提供极大支持.

限于编者的水平与经验,本教材存在的不足之处恳请读者指正,以便今后再版时改正.

编　者

2016 年 6 月

目　　录

1 函数、极限与连续

函数是高等数学的主要研究对象；极限概念的建立奠定了微积分的理论基础，而且极限方法是微积分学的基本分析方法，掌握极限方法是学好微积分的关键；连续是函数的一个重要性质.本章介绍函数、极限与连续的基本知识和基本方法，为后续的学习做准备.

1.1　函　　数

早在 17 世纪，数学家就已经引入了函数的概念并使用了一些简单的代数函数与超越函数.函数是从运动的研究中引出的一个基本概念，用于描述变量之间的关系.在没有确切定义之前，函数是当作曲线来研究的.牛顿曾用"流量"来表示变量之间的关系，莱布尼茨在他 1673 年的手稿中，引入"函数"概念，随后又引入"常量""变量""参变量"等概念.现在使用的函数记号 $f(x)$ 是欧拉于 1734 年引入的，由此，函数成为微积分里的中心概念.

1.1.1　实数与区间

1. 数轴

数轴是定义了原点、方向与单位长度的直线.数轴上的点与实数一一对应，即数轴上的每个点表示一个确定的实数，正如教室内坐满学生时，一个位置对应一个学生.只是教室内座位数是有限的，因此学生个数是有限的；而数轴上的点的个数是无限的，数不清的.

2. 区间

介于某两个实数之间的实数全体称为区间.这两个实数称为区间的端点.两端点间的距离(线段的长度)称为区间的长度.

区间是高等数学中常见的实数集，它包括 4 种有限区间和 5 种无限区间.

下面统一假设 $a, b \in \mathbf{R}, a < b$.

1) 有限区间

闭区间：$\{x \mid a \leqslant x \leqslant b\}$，记为：$[a, b]$；开区间：$\{x \mid a < x < b\}$，记为：$(a, b)$；

半开半闭区间：$\{x \mid a \leqslant x < b\}$，记为：$[a, b)$，先闭后开；$\{x \mid a < x \leqslant b\}$，

记为：$(a,b]$,先开后闭.

2) 无穷区间

$\{x\mid-\infty<x<+\infty\}$,记为：$(-\infty,+\infty)$或 **R**；$\{x\mid-\infty<x\leqslant a\}$,记为：$(-\infty,a]$;

$\{x\mid-\infty<x<a\}$,记为：$(-\infty,a)$;$\{x\mid a\leqslant x<+\infty\}$,记为：$[a,+\infty)$;

$\{x\mid a<x<+\infty\}$,记为：$(a,+\infty)$.

1.1.2 邻域

定义 1.1　设 a 与 δ 是两个实数,且 $\delta>0$,数集 $\{x\mid a-\delta<x<a+\delta\}$ 称为点 a 的 δ 邻域,记为

$$U(a,\delta)=\{x\mid a-\delta<x<a+\delta\},$$

式中,点 a 称为该**邻域的中心**,δ 称为该**邻域的半径**,如图 1-1 所示.

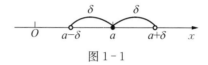

图 1-1

由于 $a-\delta<x<a+\delta$ 相当于 $|x-a|<\delta$,因此

$$U(a,\delta)=\{x\mid\mid x-a\mid<\delta\}.$$

若把邻域的中心去掉,所得到的邻域称为点 a 的去心 δ 邻域,记为 $\mathring{U}(a,\delta)$,即

$$\mathring{U}(a,\delta)=\{x\mid 0<\mid x-a\mid<\delta\}.$$

更一般地,以 a 为中心的任何开区间均是点 a 的邻域,当不需要特别指出邻域的半径时,可简记为 $U(a)$.

1.1.3 函数的概念

1. 函数的定义

函数是描述变量间相互依赖关系的一种数学模型.

在许多自然现象或生活现象中,往往同时存在多个不断变化的量(变量),这些变量之间相互影响,遵循一定的变化规律.在数学上,利用函数描述并表示这种规律.

首先,变量是指在某一过程中不断变化的量.如不同的季节,每月的平均温度各不相同,一般夏季,每月平均温度偏高,冬季偏低;不同身高的人,有不同的体重,一般而言,身高越高,体重越大(此处暂且不考虑过度肥胖或者过度瘦弱的人群).

还可以举出生活中的很多例子,读者可以自己尝试一下.

定义 1.2　设 x 和 y 是两个变量,D 是一个给定的非空数集,如果对于每个数 $x \in D$,变量 y 按照一定的法则(对应规律)f 总有唯一确定的数值与之对应,则称 y 是 x 的函数,记作

$$y = f(x), \ x \in D,$$

式中,变量 x 称为**自变量**,变量 y 称为**因变量**;它的取值范围 D 称为**函数的定义域**.

对 $x_0 \in D$,按照对应法则 f 总有确定的值 y_0(记为 $f(x_0)$)与之对应,称 $f(x_0)$ 为函数在点 x_0 处的函数值,因变量与自变量的这种依赖关系通常称为**函数关系**.

函数值 $f(x)$ 全体组成的集合称为**函数 f 的值域**,记为 R_f 或 $f(D)$,即

$$R_f = f(D) = \{y \mid y = f(x), \ x \in D\}.$$

2. 函数的两个基本要素

构成函数的两个基本要素为定义域与对应法则.因此判定两个函数是否相同,需要比较它们的定义域和对应法则.定义域及对应法则相同时,这两个函数相同.

函数定义中最本质的核心是对于每一个 x,都有唯一确定的 y 与它对应,即一个自变量取值只能对应唯一的一个因变量取值.通俗来说,一个事件或情况(自变量取值),只能有唯一的结果(因变量取值),但是一个因变量取值却可以对应一个或多个自变量取值.

例 1.1　下列四组函数中,表示同一函数的是(　　　).

A. $f(x) = x$,$g(x) = \dfrac{x^3}{x^2}$　　　　　　　B. $f(x) = \sqrt[3]{x^3}$,$g(x) = x$

C. $f(x) = x$,$g(x) = |x|$　　　　　　　D. $f(x) = x$,$g(x) = \dfrac{x(x+2)}{x+2}$

解　选择 B.因为 A 中两函数定义域不同,C 中值域不同,D 中定义域不同.

3. 函数定义域的确定

当函数的表达式给出后,函数的定义域一般为使表达式有意义的自变量的取值范围,即:

(1)对实际问题,根据问题的实际意义确定;

(2)对抽象函数表达式,约定:定义域为使算式有意义的一切实数组成的集合,这种定义域又称为函数的自然定义域.

具体可参照如下：

若 $f(x)$ 是整式，则定义域为全体实数；

若 $f(x)$ 是分式，则定义域为使分母不为零的全体实数；

若 $f(x)$ 是偶次根式，则定义域为使被开偶次根式为非负的全体实数；

若 $f(x)$ 是对数式，则定义域为使真数部分为非负的全体实数；

若 $f(x)$ 是三角函数及反三角函数式，则定义域为使各函数有意义的全体实数.

例 1.2 求函数 $f(x)=\dfrac{\lg(3-x)}{\sin x}+\sqrt{5+4x-x^2}$ 的定义域.

解 要使 $f(x)$ 有意义，显然 x 要满足：

$$\begin{cases}3-x>0,\\ \sin x\neq 0,\\ 5+4x-x^2\geqslant 0,\end{cases}\quad 即\begin{cases}x<3,\\ x\neq k\pi,\\ -1\leqslant x\leqslant 5,\end{cases}\quad (k\ 为整数)，定义域为$$

$$\boldsymbol{D}=\{x\mid -1\leqslant x<3,\ x\neq 0\}=[-1,0)\bigcup(0,3).$$

例 1.3 设 $f(x)=\begin{cases}1,&0\leqslant x\leqslant 1,\\ -2,&1<x\leqslant 2,\end{cases}$ 求函数 $f(x+3)$ 的定义域.

解 将上面 $f(x)$ 式子中的 x 替换为 $x+3$，可得

$$f(x+3)=\begin{cases}1,&0\leqslant x+3\leqslant 1,\\ -2,&1<x+3\leqslant 2\end{cases}=\begin{cases}1,&-3\leqslant x\leqslant -2,\\ -2,&-2<x\leqslant -1.\end{cases}$$

所以函数 $f(x+3)$ 的定义域为 $[-3,-1]$.

例 1.4 已知函数 $f(x)=2x+3$，求 $f(2),f[f(2)]$ 的值.

解 利用函数的对应关系.

$$f(2)=2\times 2+3=7,\ f[f(2)]=f(7)=2\times 7+3=17.$$

例 1.5 已知 $f(x+1)=x-1$，求 $f(x)$.

解 1(凑配法) $f(x+1)=x-1=(x+1)-2\quad f(x)=x-2.$

解 2(换元法) 设 $x+1=t$，则 $x=t-1,f(t)=(t-1)-1=t-2,f(x)=x-2.$

4. 函数的常用表示法

函数的常用表示法有：公式法(解析法)、表格法、图示法.

(1) 公式法(解析法)：将自变量与因变量之间的关系利用数学表达式来表示；

(2) 表格法：将自变量的值与对应的函数值列为表格的方法；

(3) 图示法：在坐标系中利用图像来表示的方法.

其中,根据函数的解析表达式的形式不同,函数也可分为显函数、隐函数和分段函数.

显函数:函数 y 由 x 的解析表达式直接表示.例如: $y = x^2 + 1$.

隐函数:函数的自变量 x 与因变量 y 的对应关系由方程 $F(x, y) = 0$ 来确定.例如: $\ln y = \sin(x + y)$.

分段函数:如果一个函数在其定义域的不同区间上用不同的解析式表示,则称这种形式的函数为分段函数.分段函数的分段点有其特殊意义,讨论函数在分段点上的极限、连续性、可导性时需要注意.

例 1.6　已知函数 $f(x) = \begin{cases} 3 - x, & x \geqslant 0, \\ x^2, & x < 0, \end{cases}$ 求 $f(1), f(-1), f(f(5))$ 的值.

解　注意分段函数的定义域.

$f(1) = 3 - 1 = 2, \ f(-1) = (-1)^2 = 1, \ f(f(5)) = f(3 - 5) = f(-2) = 4.$

1.1.4　函数特性

1. 有界性

定义 1.3　设函数 $f(x)$ 的定义域为 D,数集 $X \subset D$,若存在一个正数 M,使得对一切 $x \in X$,恒有

$$| f(x) | \leqslant M, \ 对 \ \forall x \in X \ 成立,$$

则称函数 $f(x)$ 在 X 上有界,或称 $f(x)$ 为 X 上的**有界函数**,每一个具有上述性质的正数 M,都是该函数的界.注意此时 M 与 x 无关,其关于 x 是一致的.

若函数 $f(x)$ 在 X 上无界,则称 $f(x)$ 为 X 上的**无界函数**.

若 $f(x) \leqslant M$,则称函数有上界.若 $f(x) \geqslant M$,则称函数有下界.

由上述定义得出下列结论:

有界函数必有上界和下界;反之,既有上界又有下界的函数必是有界函数.

注意　函数的有界性是针对某个给定区间来判定的,一个函数可能在某个区间上有界,在另一个区间上无界.如函数 $\ln x$ 在区间 $(1, 100)$ 上有界,但在区间 $(0, 1)$ 上无界.又如 $y = \dfrac{1}{x}$,在 $(1, 2)$ 有界,而在 $(0, 1)$ 无界.在 $(-\infty, 0)$ 有上界而无下界,在 $(0, +\infty)$ 有下界而无上界.

例 1.7　证明:函数 $y = \dfrac{1}{x^2}$ 在 $(0, 1)$ 上是无界的.

证　对于无论怎样大的 $M > 0$,总可在 $(0, 1)$ 内找到相应的 x,例如取 $x_0 =$

$$\frac{1}{\sqrt{M+1}} \in (0, 1), 使得$$

$|f(x_0)| = \frac{1}{x_0^2} = \frac{1}{\left(\dfrac{1}{\sqrt{M+1}}\right)^2} = M+1 > M, 所以 y = \dfrac{1}{x^2} 在 (0, 1) 上是无$

界的.

2. 单调函数

定义 1.4 设函数 $f(x)$ 的定义域为 D, 区间 $I \subseteq D$, 若对于区间 I 上任意两点 x_1 及 x_2, 当 $x_1 < x_2$ 时, 恒有

$$f(x_1) \leqslant f(x_2)$$

成立, 则称 $f(x)$ 在该区间上**单调增加**(简称**单增**); 当 $x_1 < x_2$ 时, 恒有

$$f(x_1) \geqslant f(x_2)$$

成立, 则称 $f(x)$ 在该区间上**单调减少**(简称**单减**).

单调增加或单调减少函数统称为**单调函数**.

注意 在判定一个函数单调增加或者单调减少时, 必须给出单调区间. 如, 函数 $y = x^2$ 在区间 $(-100, 0)$ 上单调减少, 在 $(0, 100)$ 上单调增加, 但在 $(-1, 1)$ 上没有单调性; 函数 $y = x^3$ 在 **R** 上单调增加.

判断方法:

(1) 设元: 在给定区间上设定 x_1, x_2, 设 $x_1 < x_2$;

(2) 作差: 求出 $f(x_1) - f(x_2)$, 确定大小;

(3) 判号、定论: 根据(2)的结果, 确定是与原设定的不等号同向还是反向, 从而得出结论.

例 1.8 判断函数 $f(x) = x^m$ 在区间 $(0, +\infty)$ 上的单调性, 其中 $m \geqslant 1$ 为正整数.

解 设 $x_1, x_2 \in (0, +\infty)$, 且 $x_1 < x_2$, 则

$$f(x_1) - f(x_2) = x_1^m - x_2^m = (x_1 - x_2)(x_1^{m-1} + x_1^{m-2}x_2 + \cdots + x_2^{m-1}).$$

因为 $x_1, x_2 \in (0, +\infty)$, 所以 $(x_1^{m-1} + x_1^{m-2}x_2 + \cdots + x_2^{m-1}) \geqslant 0$.

因为 $x_1 < x_2$, 有 $x_1 - x_2 < 0$, 所以 $f(x_1) - f(x_2) < 0$.

根据函数单调性的定义, 得到 $f(x) = x^m$ 对任意的正整数 $m \geqslant 1$ 在区间 $(0, +\infty)$ 上都单调递增.

3. 奇函数与偶函数

定义 1.5 如果函数 $f(x)$ 的定义域 D 关于原点对称（即若 $x \in D$，则必有 $-x \in D$），若对每一个 $x \in D$，都有

$$f(-x) = -f(x)$$

成立，则称 $f(x)$ 为**奇函数**，若对每一个 $x \in D$，都有

$$f(-x) = f(x)$$

成立，则称 $f(x)$ 为**偶函数**.

不是偶函数也不是奇函数的函数，称为**非奇非偶函数**.

图像特征：奇函数关于原点对称，偶函数关于纵轴对称.

判断方法：以 $-x$ 代 x，求出 $f(-x)$，与 $f(x)$ 加以比较，得出结论.

例 1.9 证明 $f(x) = \sin x \log_a(x + \sqrt{x^2 + 1})$ 是偶函数（其中 $a > 0$ 且 $a \neq 1$）.

证 因为函数的定义域为 $(-\infty, +\infty)$，且有

$$\begin{aligned}
f(-x) &= \sin(-x) \log_a(-x + \sqrt{(-x)^2 + 1}) \\
&= -\sin x \log_a \frac{(\sqrt{x^2 + 1} - x)(\sqrt{x^2 + 1} + x)}{\sqrt{x^2 + 1} + x} \\
&= -\sin x \log_a \frac{1}{\sqrt{x^2 + 1} + x} \\
&= -\sin x [-\log_a(\sqrt{x^2 + 1} + x)] = f(x),
\end{aligned}$$

所以 $f(x)$ 是偶函数.

例 1.10 判断函数

$$f(x) = \frac{e^x - 1}{e^x + 1} \ln \frac{1-x}{1+x} \quad (-1 < x < 1)$$

的奇偶性.

解 因为 $f(-x) = \dfrac{e^{-x} - 1}{e^{-x} + 1} \ln \dfrac{1+x}{1-x} = \dfrac{e^x - 1}{e^x + 1} \ln \dfrac{1-x}{1+x} = f(x)$，所以 $f(x)$ 是偶函数.

4. 函数的周期性

定义 1.6 设函数 $f(x)$ 的定义域为 D，如果存在一个非零常数 T，使得对于定义域内的任意 x，都有

$$f(x + T) = f(x)$$

成立,则称 $f(x)$ 为周期函数.满足上式的最小正数 T 如果存在,则称 T 为函数 $f(x)$ 的**最小正周期**.

注意　要在整个定义域内都满足 $f(x+T)=f(x)$,T 才是 $f(x)$ 的周期.如:

$\sin\left(\dfrac{\pi}{2}+\dfrac{\pi}{4}\right)=\sin\dfrac{\pi}{4}$,但 $\dfrac{\pi}{2}$ 不是周期.

常见三角函数的最小正周期有:

$\sin(\omega x+\varphi),\cos(\omega x+\varphi)$ 的周期为 $\dfrac{2\pi}{|w|}$;

$\tan(\omega x+\varphi),\cot(\omega x+\varphi)$ 的周期为 $\dfrac{\pi}{|w|}$;

$\sec(\omega x+\varphi),\csc(\omega x+\varphi)$ 的周期为 $\dfrac{2\pi}{|w|}$.

例 1.11　若 $f(x)$ 对其定义域上的一切 x,恒有

$$f(x)=f(2a-x),$$

则称 $f(x)$ 对称于 $x=a$.

证明:若 $f(x)$ 对称于 $x=a$ 及 $x=b(a<b)$,则 $f(x)$ 是以

$$T=2(b-a)$$

为周期的周期函数.

证　由 $f(x)$ 对称于 $x=a$ 及 $x=b$,则有

$$f(x)=f(2a-x),\tag{1-1}$$

$$f(x)=f(2b-x),\tag{1-2}$$

在式(1-2)中,把 x 换为 $2a-x$,得:

$$f(2a-x)=f[2b-(2a-x)]=f[x+2(b-a)].$$

由式(1-1),$f(x)=f(2a-x)=f[x+2(b-a)]$,可见,$f(x)$ 以

$$T=2(b-a)$$

为周期.

$$\boxed{习\quad题\quad 1.1}$$

1. 求出下列函数的定义域:

(1) $y=\sqrt{3x+1}$;　　　　(2) $y=\dfrac{1}{1-x^2}$;　　　　(3) $y=\dfrac{1}{x}-\sqrt{1+x^2}$;

(4) $y = \dfrac{1}{\sqrt{4-x^2}}$;　　　　(5) $y = \sin x$;　　　　(6) $y = \tan(x+1)$;

(7) $y = \arcsin(x-3)$;　　(8) $y = \ln(x+1)$;　　(9) $y = \mathrm{e}^{\frac{1}{x}}$;

(10) $y = \ln\sqrt{x^2-1}$.

2. 判断下列各题中，$f(x)$ 与 $g(x)$ 是否相同，为什么？

(1) $f(x) = x$, $g(x) = \sqrt{x^2}$;　　　(2) $f(x) = x$, $g(x) = \sqrt[3]{x^3}$;

(3) $f(x) = \lg x^2$, $g(x) = 2\lg x$;　　(4) $f(x) = 1$, $g(x) = \sin^2 x + \cos^2 x$.

3. 已知 $y = f(x) = \dfrac{x-5}{2+x}$ ，求 $f(0)$, $f(3)$, $f(-3)$, $f(2a)$, $a \neq -1$.

4. 已知 $y = f(x) = \begin{cases} x, & 0 \leqslant x < 2, \\ 2, & 2 \leqslant x < 4, \\ 6-x, & 4 \leqslant x \leqslant 6, \end{cases}$ 求 $f\left(\dfrac{1}{2}\right)$, $f(2)$, $f(3)$, $f\left(\dfrac{9}{2}\right)$.

5. 已知 $f(x) = \ln(x + \sqrt{x^2+1})$ ，证明 $f(-x) = -f(x)$.

6. 判断下列函数在指定区间的单调性.

(1) $y = \dfrac{x}{1-x}$, $x \in (-\infty, 1)$;　　(2) $y = x + \ln x$, $x \in (0, +\infty)$.

7. 下列哪些函数是奇函数？哪些是偶函数？哪些既非奇函数又非偶函数？

(1) $y = x^2(1-x^2)$;　　　　　(2) $y = 2x^2 - x^3$;

(3) $y = \dfrac{2-x^2}{1+x^2}$;　　　　　(4) $y = x^5 - \sin 2x$;

(5) $y = x(x-1)(x+1)$;　　　　(6) $y = \sin x - \cos x + 1$;

(7) $y = \dfrac{a^x + a^{-x}}{2}$;　　　　　(8) $f(x) = \begin{cases} x-1, & x < 0, \\ 0, & x = 0, \\ x+1, & x > 0. \end{cases}$

8. 下列哪些函数是周期函数？对周期函数，求出其周期：

(1) $y = \sin(x-2)$;　　(2) $y = \cos 2x$;　　　(3) $y = 1 + \sin \pi x$;

(4) $y = x \cos x$;　　　(5) $y = \sin^2 x$;　　　(6) $y = \tan(x+1)$.

9. 判断下列函数在指定区间是否有界：

(1) $y = \mathrm{e}^x \sin 2x$, $x \in (-\infty, 2)$;

(2) $y = \sqrt{25-x^2} \arcsin x$, $x \in \left[-\dfrac{1}{2}, \dfrac{1}{2}\right]$;

(3) $y = 4(2-x^2)$, $x \in \left(-\dfrac{\pi}{2}, \dfrac{\pi}{2}\right)$;

(4) $y = \tan x$, $x \in \left(-\dfrac{\pi}{2}, \dfrac{\pi}{2} \right)$.

10. 证明：偶函数与奇函数的乘积为奇函数.

1.2　初 等 函 数

1.2.1　反函数

设函数 $y = f(x)$ 的定义域为 D,值域为 W.

定义 1.7　一般地,如果 $y = f(x)$ 在 D 上不仅单值而且单调,即 x 与 y 一一对应,那么我们可以把 y 看作自变量,x 看作因变量,得到的新函数

$$x = \varphi(y) = f^{-1}(y),$$

称为 $y = f(x)$ 的**反函数**.

注意　(1) 函数 $y = f(x)$,x 是自变量,y 是因变量,定义域为 D,值域为 W.而在函数 $x = \varphi(y)$ 中,y 是自变量,x 是因变量,定义域为 W,值域为 D.

(2) 相对反函数,原来的函数 $y = f(x)$ 称为**原函数**.

(3) 习惯上,自变量用 x 表示,因变量用 y 表示,因此 $x = \varphi(y)$ 可写成 $y = \varphi(x)$ 或用 $y = f^{-1}(x)$ 表示：

$$y = f(x) \qquad y = f^{-1}(x)$$

定义域　$\longleftrightarrow$　值域

值域　$\longleftrightarrow$　定义域

(4) 原函数与反函数的图像关于 $y = x$ 对称.

(5) 需要指出的是,并非所有的函数都存在反函数,例如 $y = x^2$ 在定义域 $(-\infty, +\infty)$ 内就没有反函数.必须是严格单调增(或减)的函数才存在反函数.但在区间 $(0, +\infty)$ 上,$y = x^2$ 存在反函数 $y = \sqrt{x}$.

求反函数的步骤：先从 $y = f(x)$ 中解出 $x = \varphi(y)$,然后将 x 与 y 互换,即可得到反函数 $y = f^{-1}(x)$.

例 1.12　求函数 $y = \dfrac{2^x}{2^x + 1}$ 的反函数.

解　由 $y = \dfrac{2^x}{2^x + 1}$ 可解得 $x = \log_2 \left(\dfrac{y}{1-y} \right)$,变换 x, y 的位置,即得所求的反函数 $y = \log_2 \left(\dfrac{x}{1-x} \right)$ 或 $y = \log_2 x - \log_2(1-x)$,定义域为 $(0, 1)$.

1.2.2　基本初等函数

幂函数、指数函数、对数函数、三角函数与反三角函数统称为基本初等函数.

1. 幂函数

$y = x^u$，式中 u 是常数，图像都经过坐标原点.当 u 为奇数时，图形关于原点对称；u 为偶数时，函数关于 y 轴对称.

幂函数的图形如图 1-2 所示.

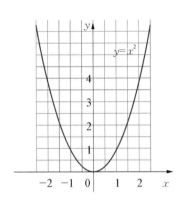
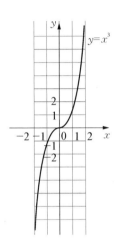
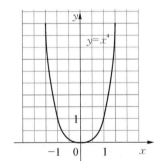
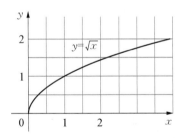

图 1-2

2. 指数函数

$y = a^x$（a 是常数且 $a > 0$，$a \neq 1$，$x \in (-\infty, +\infty)$）.当 $a > 1$ 时，单调递增；$a < 1$ 时，单调递减；不论自变量取何值，函数值总为正值.

指数函数的图形如图 1-3 所示.

3. 对数函数

$y = \log_a x$（a 是常数且 $a > 0$，$a \neq 1$），$x \in (0, +\infty)$.

当 $a = e$ 时，将 $y = \log_a x$ 记为 $y = \ln x$.即 $\ln x$ 是底为 e 的对数函数.

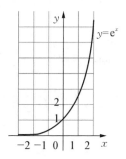 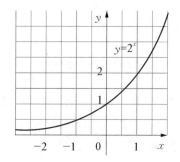

图 1-3

对数函数与指数函数互为反函数.

对数函数的图形如图 1-4 所示.

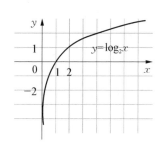 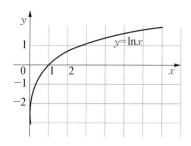

图 1-4

4. 三角函数

$y = \sin x$，$y = \cos x$，$y = \tan x$，$y = \cot x$ 等.

$y = \sin x$，定义域为 $\mathbf{R}$，值域为 $[-1, 1]$. 周期为 2π，奇函数.

$y = \cos x$，定义域为 $\mathbf{R}$，值域为 $[-1, 1]$. 周期为 2π，偶函数.

$y = \tan x$，定义域为 $\left\{ x \mid x \neq k\pi + \dfrac{\pi}{2} \right\}$，$k$ 为整数，值域为 $\mathbf{R}$，周期为 π 的奇函数.

$y = \cot x$，定义域为 $\{ x \mid x \neq k\pi \}$，k 为整数，值域为 $\mathbf{R}$，周期为 π 的奇函数.

三角函数的图形如图 1-5 所示.

反三角函数的图形如图 1-6 所示.

(a) $y = \arcsin x$，定义域为 $[-1, 1]$，值域为 $\left[-\dfrac{\pi}{2}, \dfrac{\pi}{2} \right]$，奇函数.

(b) $y = \arccos x$，定义域为 $[-1, 1]$，值域为 $[0, \pi]$.

(c) $y = \arctan x$，定义域为 $(-\infty, +\infty)$，值域为 $\left(-\dfrac{\pi}{2}, \dfrac{\pi}{2} \right)$，奇函数.

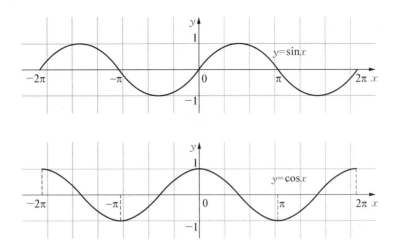

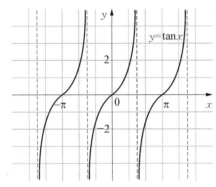

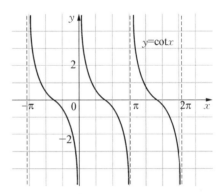

图 1-5

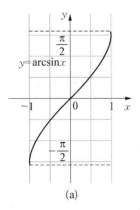

(a)

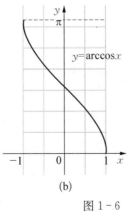

(b)

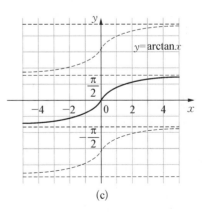

(c)

图 1-6

注意　图中虚线的部分只为读者方便理解,并不是函数图像的一部分.

要了解各个函数的定义域、值域、基本图像及性质.掌握运算法则和相应的公式.尤其要注意掌握三角函数的公式,因为以后用得较多.

倍角公式：$\sin 2A = 2\sin A \cdot \cos A$,

$$\cos 2A = \cos^2 A - \sin^2 A = 2\cos^2 A - 1 = 1 - 2\sin^2 A,$$

$$\tan 2A = \frac{2\tan A}{1 - \tan^2 A}.$$

和差化积：$\sin a + \sin b = 2\sin \dfrac{a+b}{2} \cos \dfrac{a-b}{2}$,

$$\sin a - \sin b = 2\cos \frac{a+b}{2} \sin \frac{a-b}{2},$$

$$\cos a + \cos b = 2\cos \frac{a+b}{2} \cos \frac{a-b}{2},$$

$$\cos a - \cos b = -2\sin \frac{a+b}{2} \sin \frac{a-b}{2},$$

$$\tan a + \tan b = \frac{\sin(a+b)}{\cos a \cos b}.$$

和差角公式：$\sin(A+B) = \sin A \cos B + \cos A \sin B$,

$$\sin(A-B) = \sin A \cos B - \cos A \sin B,$$

$\cos(A+B) = \cos A \cos B - \sin A \sin B$, $\cos(A-B) = \cos A \cos B + \sin A \sin B$,

$$\tan(A+B) = \frac{\tan A + \tan B}{1 - \tan A \tan B}, \qquad \tan(A-B) = \frac{\tan A - \tan B}{1 + \tan A \tan B},$$

$$\cot(A+B) = \frac{\cot A \cot B - 1}{\cot B + \cot A}, \qquad \cot(A-B) = \frac{\cot A \cot B + 1}{\cot B - \cot A}.$$

1.2.3　复合函数

定义 1.8　设函数 $y = f(u)$ 的定义域为 $\mathbf{D}$,而函数 $u = \varphi(x)$ 的值域为 $\mathbf{W}$,若 $\mathbf{D} \bigcap \mathbf{W} \neq \varnothing$,则称函数 $y = f[\varphi(x)]$ 为 x 的复合函数.其中 x 称为自变量；y 为因变量；u 为中间变量.例如设 $y = \sqrt{u}$, $u = 1 - x^2 \Rightarrow y = \sqrt{1 - x^2}$.

注意　并不是任何两个函数都可以复合成一个复合函数,这里涉及定义域问题.另外还要会分解复合函数.在后面学习导数和积分时经常用到.

例 1.13　问 $y = \arcsin u$, $u = 2 + x^2$,两函数能否复合成复合函数.

解　因为前者定义域为 $[-1, 1]$,而后者 $u = 2 + x^2 \geqslant 2$,故此两函数不能复合成复合函数.

下面各例是关于分段函数的复合运算.

例 1.14 设 $f(x)=\begin{cases} e^x, & x<1, \\ x, & x\geqslant 1, \end{cases} \varphi(x)=\begin{cases} x+2, & x<0, \\ x^2-1, & x\geqslant 0, \end{cases}$ 求 $f[\varphi(x)]$.

解 $f[\varphi(x)]=\begin{cases} e^{\varphi(x)}, & \varphi(x)<1, \\ \varphi(x), & \varphi(x)\geqslant 1. \end{cases}$

(1) 当 $\varphi(x)<1$ 时,以及 $x<0$, $\varphi(x)=x+2<1\Rightarrow x<-1$,

以及 $x\geqslant 0$, $\varphi(x)=x^2-1<1\Rightarrow 0\leqslant x<\sqrt{2}$.

(2) 当 $\varphi(x)\geqslant 1$ 时,以及 $x<0$, $\varphi(x)=x+2\geqslant 1\Rightarrow -1\leqslant x<0$,

以及 $x\geqslant 0$, $\varphi(x)=x^2-1\geqslant 1\Rightarrow x\geqslant\sqrt{2}$.

所以 $f[\varphi(x)]=\begin{cases} e^{x+2}, & x<-1, \\ x+2, & -1\leqslant x<0, \\ e^{x^2-1}, & 0\leqslant x<\sqrt{2}, \\ x^2-1, & x\geqslant\sqrt{2}. \end{cases}$

例 1.15 设 $f\left(x+\dfrac{1}{x}\right)=x^2+\dfrac{1}{x^2}$, 求 $f(x)$.

解 因 $f\left(x+\dfrac{1}{x}\right)=x^2+\dfrac{1}{x^2}=\left(x+\dfrac{1}{x}\right)^2-2$, 故 $f(x)=x^2-2$.

1.2.4 初等函数

由常数和基本初等函数经过有限次四则运算以及有限次复合运算构成的,并能用一个解析式表示的函数,称为**初等函数**.

初等函数的基本特征:在函数有定义的区间内,初等函数的图形是不间断的.

今后讨论的大多数函数是初等函数,但要注意,符号函数、取整函数不是初等函数,分段函数一般不是初等函数.

例如:$y=|\sin x|$ 不是初等函数.

习 题 1.2

1. 求下列函数的反函数:

(1) $y=1+\ln(3x+2)$;　　　　(2) $y=x^2(x>0)$;

(3) $y=\sqrt[3]{5x+2}$;　　　　(4) $y=2^{x-3}$;

(5) $y=3\sin 3x\left(-\dfrac{\pi}{6}\leqslant x\leqslant\dfrac{\pi}{6}\right)$;　　(6) $y=2+\ln(x-1)$;

(7) $y = \dfrac{2^x - 1}{2^x + 1}$;   (8) $y = \sqrt{1 - x^2} \ (-1 \leqslant x \leqslant 0)$.

2. 设 $f(x) = \dfrac{x}{1-x}$,求 $f[f(x)]$ 和 $f\{f[f(x)]\}$.

3. 设 $f(x) = \begin{cases} 1, & |x| < 1, \\ 0, & |x| = 1, \\ -1, & |x| > 1, \end{cases}$ $g(x) = \mathrm{e}^x$,求 $f[g(x)]$ 和 $g[f(x)]$.

4. 在下列各题中,求由所给函数构成的复合函数,并求这函数分别对应于给定自变量值的函数值:

(1) $y = u^2$, $u = \sin x$, $x_1 = \dfrac{\pi}{2}$, $x_2 = \dfrac{\pi}{3}$;

(2) $y = \sin u$, $u = 2x$, $x_1 = \dfrac{\pi}{8}$, $x_2 = \dfrac{\pi}{4}$;

(3) $y = \sqrt{u}$, $u = 3 + 2x^2$, $x_1 = 1$, $x_2 = 2$;

(4) $y = \mathrm{e}^u$, $u = x^3$, $x_1 = 0$, $x_2 = 2$.

5. 下列函数是由哪些函数复合而成的?

(1) $y = \sin 2x$;   (2) $y = \sqrt{\tan \mathrm{e}^x}$;   (3) $y = a^{\sin x}$;

(4) $y = \ln(\ln x)$;   (5) $y = \mathrm{e}^{x^2}$;   (6) $y = (2 + \ln^2 x)^2$.

6. 已知 $f\left(\dfrac{1}{x}\right) = \dfrac{5}{x} + 2x^2$,求 $f(x)$, $f(x^2 + 1)$.

7. 已知 $f\left(x + \dfrac{1}{x}\right) = 2x^2 + \dfrac{2}{x^2}$,求 $f(x)$.

8. 已知 $f[\varphi(x)] = 1 + \cos x$, $\varphi(x) = \sin \dfrac{x}{2}$,求 $f(x)$.

9. 已知 $f(x) = x^2 \ln(x + 1)$,求 $f(\mathrm{e}^{-x})$.

10. 已知 $f(x)$ 的定义域是 $D = (0, 1)$,求 $f(x^2)$ 的定义域.

11. 已知 $f(x) = \sqrt{x - \sqrt{x^2}}$,求 $f(x)$ 的定义域.

1.3 常用经济函数

1.3.1 单利与复利

利息是指借款者向贷款者支付的报酬,它是根据本金的数额按一定比例计算出来的,利息又有存款利息、贷款利息、债券利息、贴现利息等几种主要形式.

1. 单利计算公式

设初始本金为 p 元,银行年利率为 r,则

第一年末本利和为:$s_1 = p + rp = p(1+r)$;

第二年末本利和为:$s_2 = p(1+r) + rp = p(1+2r)$;

$$\cdots\cdots$$

第 n 年末本利和为:$s_n = p(1+nr)$.

2. 复利计算公式

设初始本金为 p 元,银行年利率为 r,则:

第一年末本利和为:$s_1 = p + rp = p(1+r)$;

第二年末本利和为:$s_2 = \underset{\text{本金}}{\underline{p(1+r)}} + \underset{\text{利息}}{\underline{rp(1+r)}} = p(1+r)^2$;

$$\vdots$$

第 n 年末本利和为:$s_n = p(1+r)^n$.

1.3.2 多次付息

现在来讨论每年多次付息的情况.

1. 单利付息情形

因每次的利息都不计入本金,故若一年分 n 次付息,则年末的本利和为

$$s = p\left(1 + n\,\frac{r}{n}\right) = p(1+r),$$

即年末的本利和与支付利息的次数无关.

2. 复利付息情形

因每次支付的利息都记入本金,故年末的本利和与支付利息的次数是有关系的.

设初始本金为 p 元,年利率为 r,若一年分 m 次付息,则一年末的本利和为

$$s = p\left(1 + \frac{r}{m}\right)^m,$$

可以证明本利和是随 m 的增大而增加的,而第 n 年末的本利和为

$$s_n = p\left(1 + \frac{r}{m}\right)^{mn}.$$

1.3.3　贴现

票据的持有人,为在票据到期以前获得资金,从票面金额中扣除未到期的利息后,得到剩余金额的现金称为**贴现**.

钱存在银行里可以获得利息,如果不考虑贬值因素,则若干年后的本利和将高于本金.如果考虑贬值的因素,则在若干年后使用的未来值(相当于本利和)将有一个较低的现值.

例如,若银行年利率为 7%,则一年后的 107 元未来值的现值就是 100 元.

考虑更一般的问题:确定第 n 年后价值为 R 元的现值.假设在这 n 年之间复利年利率 r 不变.得到第 n 年后价值为 R 元钱的现值为

$$p = \frac{R}{(1+r)^n},$$

式中,R 表示第 n 年后到期的票据金额;r 表示贴现率;而 p 表示现在进行票据转让时银行付给的贴现金额.

若票据持有者手中持有若干张不同期限及不同面额的票据,且每张票据的贴现率都是相同的,则一次性向银行转让票据而得到的现金

$$p = R_0 + \frac{R_1}{1+r} + \frac{R_2}{(1+r)^2} + \cdots + \frac{R_n}{(1+r)^n},$$

式中,R_0 为已到期的票据金额;R_n 为 n 年后到期的票据金额;$\dfrac{1}{(1+r)^n}$ 称为**贴现因子**,它表示在贴现率 r 下,n 年后到期的 1 元钱的贴现值.由它可给出不同年限及不同贴现率下的贴现因子表.

1.3.4　需求函数

某一商品的需求量是指关于一定的价格水平,在一定时间内,消费者愿意而且有支付能力购买的商品量.虽然它与该商品的价格、消费者的收入以及与该商品有关的商品的价格等因素有关,但为了研究方便起见,暂且只把需求量 Q_d 看作是该商品本身价格 P 的函数,称为**需求函数**,记为

$$Q_d = f(P),$$

式中,Q_d 表示需求量;P 表示价格.

一般说来,商品价格的上涨会使需求量减少,因此,需求函数是单调减少的,

$Q_d(P)$ 的反函数 $P = f^{-1}(Q_d)$ 称为**价格函数**.

例 1.16 设某商品的需求函数为

$$Q_d = aP + b \quad (a < 0, b > 0),$$

讨论 $P = 0$ 时的需求量与 $Q_d = 0$ 时的价格.

解 当 $P = 0$ 时,$Q_d = b$ 表示当价格为零时,消费者对商品的需求量为 b,b 也就是市场对该商品的饱和需求量.当 $Q_d = 0$ 时,$P = -\dfrac{b}{a}$,它表示价格上涨到 $-\dfrac{b}{a}$ 时,没有人愿意购买该产品.

函数 $Q_d = aP + b(a < 0, b > 0)$ 称为**线性需求函数**.

1.3.5 供给函数

某一商品的供给量是指在一定的价格条件下,在一定时期内生产者愿意生产并可供出售的商品量.供给量也是由多个因素决定的,如果认为在一段时间内除价格以外的其他因素变化很小,则供给量 S 便是价格 P 的函数,称为**供给函数**,记为

$$S = f(P).$$

一般说来,商品的市场价格越高,生产者愿意而且能够向市场提供的商品量也就越多,因此一般的供给函数都是单调增加的.

例如,函数 $Q_s = cP + d(c > 0)$ 称为**线性供给函数**.

1.3.6 市场均衡

在经济领域中,所谓"均衡价格"就是指市场上对某种商品的需求量与供给量相等时的价格 P_0,当市场价格 $P > P_0$ 时,供大于求,商品滞销;当 $P < P_0$ 时,供不应求,商品短缺;当 $P = P_0$ 时,则这种商品就达到了市场均衡,P_0 称为**市场均衡价格**(见图 1-7).

市场均衡价格就是需求函数和供给函数两条直线的交点的横坐标.当市场均衡时,有 $Q_d = Q_s = Q_0$,称 Q_0 为**市场均衡数量**.

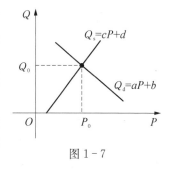

图 1-7

根据市场的不同情况,需求函数与供给函数还可以是二次函数、多项式函数与指数函数等.但其基本规律是相同的,都可找到相应的市场均衡点 (P_0, Q_0).

1.3.7 成本函数

产品成本是以货币形式表现的企业生产和销售产品的全部费用支出,成本函

数表示费用总额与产量(或销售量)之间的依赖关系,产品成本可分为固定成本和变动成本两部分.所谓固定成本,是指在一定时期内不随产量变化的那部分成本;所谓变动成本,是指随产量变化而变化的那部分成本.一般地,以货币计值的(总)成本 C 是产量 x 的函数,即

$$C = C(x) \ (x \geqslant 0),$$

称其为**成本函数**.当产量 $x = 0$ 时,对应的成本函数值 $C(0)$ 就是产品的固定成本值.

设 $C(x)$ 为成本函数,称 $\overline{C}(x) = \dfrac{C(x)}{x} (x > 0)$ 为**单位成本函数**或**平均成本函数**.

成本函数是单调增加函数,其图像称为**成本曲线**.

1.3.8 收益函数与利润函数

成本是生产和经营一定数量产品所需要的投入;收益是指出售一定数量产品所得到的收入;利润是收益减去成本和上缴税金后的余额(为简单起见,以后在计算利润时一般不计入上缴税金).

1. 收益函数 $R(x)$

设产品的单价为 P,销售量等于需求量为 x,则收益 $R(x) = P \cdot x$,这里的 P 可以是给定的常数,也可以是需求量 x 的函数 $p(x)$,那么 $R(x) = p(x) \cdot x$. 而 $\dfrac{R(x)}{x}$ 称之为**平均收益函数**,记作 $\overline{R}(x)$.

2. 利润函数 $L(x)$

设产销平衡,即产量等于销售量为 x,显然有利润 $L(x) = R(x) - C(x)$. 而 $\dfrac{L(x)}{x}$ 称之为**平均利润函数**,记作 $\overline{L}(x)$.

当 $L = R - C > 0$ 时,生产者盈利;

当 $L = R - C < 0$ 时,生产者亏损;

当 $L = R - C = 0$ 时,生产者盈亏平衡,使 $L(x) = 0$ 的点 x_0 称为**盈亏平衡点**(又称为**保本点**).

一般地,利润并不总是随销售量的增加而增加.因此,如何确定生产规模以获取最大的利润对生产者来说是一个不断追求的目标.

例 1.17 某工厂生产某产品,年产量为 x 台,每台售价 500 元,当年产量超过 800 台时,超过部分只能按 9 折出售,这样可多售出 200 台,如果再多生产,本年就销售不出去了,试写出本年的收益函数.

解 因为产量超过 800 台时售价要按 9 折出售,又超过 1 000 台(即 800+200 台)时,多余部分销售不出去,从而超出部分无收益.因此,要把产量分三阶段来考虑,依题意,有:

$$R(x)=\begin{cases} 500x, & 0\leqslant x\leqslant 800, \\ 500\times 800+0.9\times 500(x-800), & 800<x\leqslant 1\,000, \\ 500\times 800+0.9\times 500\times 200, & x>1\,000, \end{cases}$$

$$=\begin{cases} 500x, & 0\leqslant x\leqslant 800, \\ 400\,000+450(x-800), & 800<x\leqslant 1\,000, \\ 490\,000, & x>1\,000. \end{cases}$$

例 1.18 某商品的单价为 100 元,单位成本为 60 元,商家为了促销,规定凡是购买超过 200 单位时,对超过部分按单价的 95 折出售,求成本函数、收益函数和利润函数.

解 设购买量为 x 个单位,则 $C(x)=60x$,

$$R(x)=\begin{cases} 100x, & x\leqslant 200, \\ 200\times 100+(x-200)\times 100\times 0.95, & x>200, \end{cases}$$

$$=\begin{cases} 100x, & x\leqslant 200, \\ 95x+1\,000, & x>200. \end{cases}$$

$$L(x)=R(x)-C(x)=\begin{cases} 40x, & x\leqslant 200, \\ 35x+1\,000, & x>200. \end{cases}$$

例 1.19 已知某商品的成本函数与收益函数分别是:$C=12+3x+x^2$,$R=11x$,试求:该商品的盈亏平衡点,并说明盈亏情况.

解 由 $L=0$ 和已知条件得:

$$11x=12+3x+x^2\Rightarrow x^2-8x+12=0,$$

从而得到两个盈亏平衡点 $x_1=2,x_2=6$.

由利润函数

$$L(x)=R(x)-C(x)=11x-(12+3x+x^2)$$
$$=8x-12-x^2=(x-2)(6-x),$$

易见当 $x<2$ 时亏损,$2<x<6$ 时盈利,而当 $x>6$ 时又转为亏损.

习 题 1.3

1. 某工厂生产游戏机,固定成本为 10 000 元,单位成本为 80 元,售价为 100 元.
(1) 要出售多少台,企业才能保本?

(2) 若企业仅出售 300 台,企业是盈利还是亏本? 盈利或亏本了多少?

(3) 要获利 1 000 元,需要出售多少台?

2. 设某商品的需求函数为 $Q = \dfrac{24}{P}$,供给函数为 $S = 6P$,求出均衡价格和均衡数量.

3. 已知某厂生产某种产品的成本函数为 $C = 500 + 2Q$,式中 Q 为该产品的产量,如果该产品的售价定为 6 元,试求该产品的利润函数.

1.4　数列的极限

高等数学研究的对象是函数,研究的方法之一是求极限.在高等数学中几乎所有的概念都离不开极限,因此极限概念是高等数学中最基本的一个概念.

极限是研究变量的变化趋势的基本工具,微积分中许多基本概念,例如连续、导数、定积分、无穷级数等都是建立在极限的基础上.极限方法也是研究函数的一种最基本的方法.

1.4.1　数列的定义

定义 1.9　按照一定规律,依次排列而永无终止的一列数 $a_1, a_2, \cdots, a_n, \cdots$ 称为**数列**,简记为 $\{a_n\}$,其中第 n 项 a_n 称为**数列的通项**.

以下都是数列的举例:

(1) $\left\{\dfrac{1}{2^n}\right\}$: $\dfrac{1}{2}, \dfrac{1}{4}, \dfrac{1}{8}, \cdots, \dfrac{1}{2^n}, \cdots$;

(2) $\left\{\dfrac{n}{n+1}\right\}$: $\dfrac{1}{2}, \dfrac{2}{3}, \dfrac{3}{4}, \cdots, \dfrac{n}{n+1}, \cdots$;

(3) $\{(-1)^n\}$: $-1, 1, -1, \cdots, (-1)^n, \cdots$;

(4) $\{2n\}$: $2, 4, 6, \cdots, 2n, \cdots$.

1.4.2　数列的极限

通过上述举例得出:

当 $n \to \infty$ 时,若通项 a_n 充分接近于某一确定常数 A,则称数列 $\{a_n\}$ 在 $n \to \infty$ 时,极限为 A 或收敛于 A.若通项 a_n 不能充分接近某一确定常数,则称数列 $\{a_n\}$ 在 $n \to \infty$ 时,极限不存在或发散.

定义 1.10(描述性定义)　设数列 $\{a_n\}$,当项数 n 无限增大时,如果通项 a_n 无

限趋近于某个常数 A,则称 A 为数列 $\{a_n\}$ 的极限,记作

$$\lim_{n \to \infty} a_n = A.$$

所谓 a_n 无限趋近于 A,即 $|a_n - A|$ 无限趋近于零.例如对数列 $a_n = \dfrac{1}{n+1}$,以及 $A = 1$,我们有

$$|a_n - A| = \left| \frac{n}{n+1} - 1 \right| = \frac{1}{n+1}.$$

若要 $|a_n - 1| < \dfrac{1}{10}$,则得 $n > 9$,这表示从数列的第 10 项起,以后各项与 1 之差的绝对值都小于 $\dfrac{1}{10}$;若要 $|a_n - 1| < \dfrac{1}{100}$,即 $\dfrac{1}{n+1} < \dfrac{1}{100}$,则得 $n > 99$,这表示从数列的第 100 项起,以后各项与 1 之差的绝对值都小于 $\dfrac{1}{100}$;若要 $|a_n - 1| < \varepsilon$(其中 ε 是任意给定的一个充分小的正数),即 $\dfrac{1}{n+1} < \varepsilon$,则得 $n > \dfrac{1}{\varepsilon} - 1$,这表示对于项数 $n > \dfrac{1}{\varepsilon} - 1$ 的以后各项,总有 $|a_n - 1| < \varepsilon$ 成立.

由于 ε 是任意给定的充分小的正数,因此不等式 $|a_n - 1| < \varepsilon$ 表示 a_n 无限趋近于 1 这个事实,这样的一个数 1,称为数列 $\left\{ \dfrac{n}{n+1} \right\}$ 的极限.

注意 (1) 我们在此需要强调 ε 的"任意给定性",也就是说 a_n 与 A 的距离可以要多小有多小.例如,若 $a_n = \dfrac{1}{n}$ 而 $A = -1$.则

$$|a_n - A| = \frac{1}{n} + 1 > 1$$

对于 $\varepsilon < 1$ 的情况,是不满足的.故而 a_n 的极限不是 -1.

(2) 我们需强调"充分靠近"与"越来越靠近"的差别.仍以 $a_n = \dfrac{1}{n}$ 与 $A = -1$ 为例,当 a_n 越来越大时,$\dfrac{1}{n} \to 0$ 确实与 -1 越来越靠近.但 a_n 的极限明显不是 -1.

定义 1.11(ε-N 分析定义) 对于任意给定的充分小正数 ε,总存在一个正整数 N,当项数 $n > N$ 时,有 $|a_n - A| < \varepsilon$ 成立,则称常数 A 是数列 $\{a_n\}$ 的极限,

记为

$$\lim_{n\to\infty} a_n = A.$$

为简便起见,上述定义可用下列记号:

$\forall \varepsilon < 0, \exists N > 0,$ 当 $n > N$ 时,s.t. $|a_n - A| < \varepsilon$ 成立,则

$$\lim_{n\to\infty} a_n = A.$$

这里记号"$\forall$"表示(对于)任意的,"$\exists$"表示存在,"s.t."表示"such that",使得.

注意 (1) 定义中的 ε 表示 a_n 与常数 A 的接近程度,N 表示 n 充分大的程度;ε 是任意给定的正数,N 是随 ε 而确定的正整数.我们只强调 N 的存在性.即若 N 满足条件.那么 $N+1$,$N+2$,$\cdots$,均满足,这个 N 并不是唯一存在的.

(2) 如果一个数列有极限,则称这个数列是收敛的,否则数列是发散的,也就是说,没有极限的数列是发散的.

数列极限的定义并未给出求极限的方法,只给出了论证数列 $\{a_n\}$ 的极限为 A 的方法.其论证步骤为:

(1) 对于任意给定的正数 ε;

(2) 由 $|a_n - A| < \varepsilon$ 开始分析倒推,推出 $n > \varphi(\varepsilon)$;

(3) 取 $N = [\varphi(\varepsilon)] + 1$,再用 ε-N 定义得出结论.这里 $[x]$ 表示不超过 x 的最大整数.

数列极限的几何意义:不等式 $|a_n - A| < \varepsilon$ 可写为 $A - \varepsilon < a_n < A + \varepsilon$,这表明,$n > N$ 时,a_n 落在 $(A - \varepsilon, A + \varepsilon)$ 区间内,称为 a_n 落在 A 的 ε 邻域内,如图 1-8 所示.

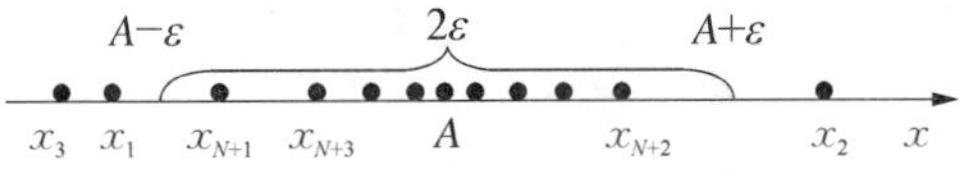

图 1-8

例 1.20 证明 $\lim\limits_{n\to\infty} \dfrac{n + (-1)^{n-1}}{n} = 1$.

证 由 $|a_n - 1| = \left| \dfrac{n + (-1)^{n-1}}{n} - 1 \right| = \dfrac{1}{n}$,易见,对任意给定的 $\varepsilon > 0$,要使 $|a_n - 1| < \varepsilon$,只要 $\dfrac{1}{n} < \varepsilon$,即 $n > \dfrac{1}{\varepsilon}$,取 $N = \left[\dfrac{1}{\varepsilon} \right] + 1$,则对任意给定的 $\varepsilon > 0$,当 $n > N$ 时,就有

$$\left| \frac{n+(-1)^{n-1}}{n} - 1 \right| < \varepsilon,$$

即 $\lim\limits_{n\to\infty} \dfrac{n+(-1)^{n-1}}{n} = 1.$

例 1.21 证明 $|q| < 1$ 时, $\lim\limits_{n\to\infty} q^n = 0.$

分析 $\forall \varepsilon > 0$, 限制 $\varepsilon < 1$, 要 $|q^n - 0| < \varepsilon$, $|q|^n < \varepsilon$, 取自然对数得 $n\ln|q| < \ln\varepsilon$. 由于 $|q| < 1$, 故 $\ln|q| < 0$, 从而只需考虑 $n > \dfrac{\ln\varepsilon}{\ln|q|}$.

证 $\forall \varepsilon > 0$, 限制 $\varepsilon < 1$, 取正整数 $N \geqslant \dfrac{\ln\varepsilon}{\ln|q|}$, 这里的 N 不是唯一的, 只要能找到一个就行. 则当 $n > N$ 时, 有 $n > \dfrac{\ln\varepsilon}{\ln|q|}$, 从而 $|q^n - 0| < \varepsilon$, 即 $\lim\limits_{n\to\infty} q^n = 0.$

1.4.3 收敛数列的有界性

定义 1.12 对数列 $\{x_n\}$, 若存在正数 M, 使对一切自然数 n, 恒有 $x_n \leqslant M$, 则称数列 $\{x_n\}$ 有界; 否则, 称其无界.

定理 1.1 收敛的数列必定有界.

注意 本论断的逆命题不成立, 即有界数列未必收敛(例如 $a_n = (-1)^n$), 所以数列有界是数列收敛的必要条件, 但不是充分条件.

推论 1.1 无界数列必定发散.

1.4.4 极限的唯一性

定理 1.2 收敛数列的极限是唯一的.

1.4.5 收敛数列的保号性

定理 1.3(收敛数列的保号性) 若 $\lim\limits_{n\to\infty} x_n = a$, 且 $a > 0$(或 $a < 0$), 则存在正整数 N, 使得当 $n > N$ 时, 恒有 $x_n > 0$(或 $x_n < 0$).

推论 1.2 若数列 $\{x_n\}$ 从某项起有 $x_n \geqslant 0$(或 $x_n \leqslant 0$), 且 $\lim\limits_{n\to\infty} x_n = a$, 则 $a \geqslant 0$(或 $a \leqslant 0$).

注意 若数列 $\{x_n\}$ 从某项起 $x_n > 0$ 且 $\lim\limits_{n\to\infty} x_n = a$, 那么我们也只能得到 $a \geqslant 0$. 而不能严格地得到 $a > 0$. 例如 $x_n = \dfrac{1}{n}$. 对 $n \geqslant 1$, $x_n > 0$, 但 $\lim\limits_{n\to\infty} x_n = 0.$

$$\fbox{习 题 1.4}$$

1. 写出下列数列的通项表达式:

(1) $\dfrac{2}{1}, \dfrac{3}{4}, \dfrac{4}{9}, \dfrac{5}{16}, \cdots$;

(2) $-\dfrac{1}{2}, \dfrac{1}{4}, -\dfrac{1}{6}, \dfrac{1}{8}, \cdots$;

(3) $\dfrac{1}{2}, \dfrac{3}{4}, \dfrac{5}{8}, \dfrac{7}{16}, \cdots$;

(4) $\dfrac{3}{5}, -\dfrac{5}{7}, \dfrac{7}{9}, -\dfrac{9}{11}, \cdots$.

2. 观察下列一般项的数列的变化趋势,写出它们的极限:

(1) $x_n = \dfrac{1}{5^n}$;

(2) $x_n = (-1)^n \dfrac{1}{n}$;

(3) $x_n = \dfrac{1}{n} + \dfrac{1}{n^2}$;

(4) $x_n = \dfrac{n+1}{n-1}$;

(5) $x_n = n$;

(6) $x_n = \cos\dfrac{1}{n}$;

(7) $x_n = \sin\dfrac{n\pi}{2}$;

(8) $x_n = \ln\dfrac{1}{n}$;

(9) $x_n = (-1)^n$;

(10) $x_n = (-1)^n n$.

3. 根据数列的极限定义证明:

(1) $\lim\limits_{n\to\infty} \dfrac{1}{n^2} = 0$;

(2) $\lim\limits_{n\to\infty} \dfrac{4n+3}{2n+1} = 2$;

(3) $\lim\limits_{n\to\infty} \dfrac{\sqrt{n^2+3}}{n} = 1$;

(4) $\lim\limits_{n\to\infty} \dfrac{\cos n}{n} = 0$;

(5) $\lim\limits_{n\to\infty} \left(1 - \dfrac{1}{2n}\right) = 1$;

(6) $\lim\limits_{n\to\infty} \dfrac{n}{2n^2-1} = 0$.

4. 证明:设 $\lim\limits_{n\to\infty} a_n = A$, $\lim\limits_{n\to\infty} a_n = B$,且 $A > B$,则存在自然数 N,当 $n > N$ 时,恒成立 $a_n > b_n$.

5. 用极限定义证明:若 $\lim\limits_{n\to\infty} a_n = a$,则 $\lim\limits_{n\to\infty} a_{n+1} = a$.

6. 若 $\lim\limits_{n\to\infty} a_n = a$,且 $a_n \le 0$,证明 $a \le 0$.

7. 证明若数列 $\{x_n\}$ 有界,且 $\lim\limits_{n\to\infty} y_n = 0$,则 $\lim\limits_{n\to\infty} x_n y_n = 0$.

1.5 函 数 的 极 限

数列可看作自变量为正整数 n 的函数:$a_n = f(n)$,数列 $\{a_n\}$ 的极限为 A,即:当自变量 n 取正整数且无限增大($n \to \infty$)时,对应的函数值 $f(n)$ 无限接近数 A. 若将数列极限概念中自变量 n 和函数值 $f(n)$ 的特殊性撇开,可以由此引出函数极限的一般概念.

1.5.1　函数的极限

研究函数的极限就是研究函数值的变化趋势,但函数值的变化是由自变量的变化来决定的.因此必须先指出自变量的变化趋势,通常研究下述两种情况:一种是自变量 $x \to \infty$,另一种是 $x \to x_0(x_0$ 为某一定值).

1.当自变量趋向无穷大时函数的极限

如果在 $x \to \infty$ 的过程中,对应的函数值 $f(x)$ 无限接近于某个确定的数值 A,那么称 A 为函数 $f(x)$ 当 $x \to \infty$ 时的极限.

定义 1.13　设函数 $f(x)$ 当 $|x|$ 大于某一正数时有定义,若存在常数 A,对于任意给定的充分小正数 ε,总存在一个正整数 X,使得当 x 满足不等式 $|x|>X$ 时对应的函数值 $f(x)$ 都满足不等式

$$|f(x)-A|<\varepsilon,$$

则称 A 是函数 $f(x)$ 当 $x \to \infty$ 时的极限,记作

$$\lim_{x \to \infty} f(x)=A \quad 或 \quad f(x) \to A(当 x \to \infty).$$

在研究数列极限时,极限过程只能是 n 取正值无限增大.而在讨论函数的极限时,求极限过程考虑了两种可能性:① 如果 x 从某一时刻起,往后总是取正值无限增大,则称 x 趋向于正无穷大,记作:$x \to +\infty$,此时定义中的 $|x|>M$ 应改为 $x>M$;② 如果 x 从某一时刻起,往后总是取负值无限增大,则称 x 趋向于负无穷大,记作:$x \to -\infty$,此时定义中的 $|x|>M$ 应改为 $x<-M$.

极限 $\lim\limits_{x \to +\infty} f(x)=A$ 与 $\lim\limits_{x \to -\infty} f(x)=A$ 称为**单侧极限**,其分析定义可以分别写为

(1) $x \to +\infty$:$\lim\limits_{x \to +\infty} f(x)=A$,即 $\forall \varepsilon>0,\exists X>0$,当 $x>X$ 时,恒有

$$|f(x)-A|<\varepsilon.$$

(2) $x \to -\infty$:$\lim\limits_{x \to -\infty} f(x)=A$,即 $\forall \varepsilon>0,\exists X>0$,当 $x<-X$ 时,恒有

$$|f(x)-A|<\varepsilon.$$

定理 1.4　$\lim\limits_{x \to \infty} f(x)=A$ 的充要条件是

$$\lim_{x \to -\infty} f(x)=\lim_{x \to +\infty} f(x)=A.$$

注意　定义中 ε 表示 $f(x)$ 与 A 接近的程度;M 表示 $|x|$ 充分大的程度.ε 是

任意给定的,M 随 ε 而确定.

定义的直观意义是：当自变量的绝对值 $|x|$ 无限增大时,若函数 $f(x)$ 与某确定常数 A 无限充分地接近,则被接近的 A 就是 x 趋向无穷时 $f(x)$ 的极限.

定义的几何意义是：如果 ε 是任意给定的一个小正数,作直线 $y=A-ε$ 和 $y=A+ε$,那么总存在一个正数 M,当 $|x|>M$ 时,函数的图形都位于这两条直线之间(见图 1-9).

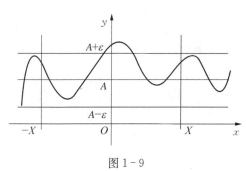

图 1-9

例 1.22　用极限定义证明：$\lim\limits_{x\to+\infty}\dfrac{1-x}{1+x}=-1$.

证　由 $\left|\dfrac{1-x}{1+x}-(-1)\right|=\left|\dfrac{2}{x+1}\right|<\dfrac{2}{|x|-1}$（限制 $|x|>1$）,

这里我们用到了三角不等式.对于任意给定的 ε > 0,若要使得

$$\frac{2}{|x|-1}<ε\Rightarrow|x|>\frac{2}{ε}+1(|x|>1)$$

于是取 $X>\dfrac{2}{ε}+1$,则当 $|x|>X$ 时,有

$$\left|\frac{1-x}{1+x}-(-1)\right|<ε,$$

所以 $\lim\limits_{x\to+\infty}\dfrac{1-x}{1+x}=-1$.

例 1.23　用极限的定义证明 $\lim\limits_{x\to\infty}\dfrac{\sin x}{x}=0$.

证　由于 $\left|\dfrac{\sin x}{x}\right|\leqslant\dfrac{1}{|x|}$,对于任意给定的 ε > 0,

$$\frac{1}{|x|}\leqslant ε\Leftrightarrow|x|\geqslant\frac{1}{ε}.$$

于是取 $X>\dfrac{1}{ε}$,则当 $|x|\geqslant X$ 时有

$$\left|\frac{\sin x}{x}\right| \leqslant \varepsilon.$$

从而 $\lim\limits_{x \to \infty} \dfrac{\sin x}{x} = 0$.

2. 自变量趋向有限值时函数的极限

自变量 $x \to x_0$ 是指 x 无限接近 x_0,但 $x \neq x_0$. 因此在考虑当 $x \to x_0$,函数 $f(x)$ 的变化趋势时,只要在点 x_0 的某一邻域(x_0 可以除外)内考虑就可以了,函数在 $x = x_0$ 处甚至可以没有定义.

定义 1.14(ε-δ 分析定义) 设函数 $f(x)$ 在点 x_0 的某一去心邻域内有定义. 若存在常数 A,对于任意给定的充分小正数 ε,总存在一个小正数 δ,使得当 $0 < |x - x_0| < \delta$ 时,恒有

$$|f(x) - A| < \varepsilon$$

成立,则称 A 是函数 $f(x)$ 当 $x \to x_0$ 时的极限,记作

$$\lim\limits_{x \to x_0} f(x) = A \quad \text{或} \quad f(x) \to A(x \to x_0).$$

定义中的 ε 表示 $f(x)$ 与常数 A 的接近程度,δ 表示 x 与 x_0 的接近程度,ε 是任意给定的正数,δ 是随 ε 而确定的正实数.

该定义的直观意义是:一个在 x_0 附近有定义的函数 $f(x)$,当 x 无限接近 x_0 时,函数 $f(x)$ 无限充分地接近一个常数 A,则被函数无限接近的那个常数 A 就是 x 趋向 x_0 时,函数 $f(x)$ 的极限.

$x \to x_0$ 时函数 $f(x)$ 的极限的几何意义是:对任意给定的 $\varepsilon > 0$,总存在一个正数 δ,使得当 x 在区间 $(x - \delta, x + \delta)$ 内,但 $x \neq x_0$ 时,函数 $y = f(x)$ 的图形必定位于直线 $y = A - \varepsilon$ 和 $y = A + \varepsilon$ 之间.

注意 $0 < |x - x_0| < \delta$ 表示 $x \in (x_0 - \delta, x_0) \bigcup (x_0, x_0 + \delta)$,即当 $x \to x_0$ 时,$f(x)$ 的极限是否存在与 $f(x)$ 在点 x_0 处是否有定义以及 $f(x)$ 在点 x_0 处取什么值都无关.

例 1.24 证明 $\lim\limits_{x \to \frac{1}{2}} \dfrac{4x^2 - 1}{2x - 1} = 2$.

证 对任意给定的正数 ε(无论它多么小),当 $x \neq \dfrac{1}{2}$ 时,要使

$$|f(x) - 2| = \left|\frac{4x^2 - 1}{2x - 1} - 2\right| = |2x + 1 - 2| = 2\left|x - \frac{1}{2}\right| < \varepsilon$$

成立,只须取 $\delta=\dfrac{\varepsilon}{2}$ 即可.于是,当 $0<\left|x-\dfrac{1}{2}\right|<\delta$ 时,总有 $|f(x)-2|<\varepsilon$ 恒成立,所以原式成立.

由于函数 $f(x)-\dfrac{4x^2-1}{2x-1}$ 在 $x=\dfrac{1}{2}$ 处无定义,因此要在 $\left|x-\dfrac{1}{2}\right|<\delta$ 中将 $x=\dfrac{1}{2}$ 点挖去,所以将这个邻域写成 $0<\left|x-\dfrac{1}{2}\right|<\delta$. 即使函数在 $x=x_0$ 处有定义,但在讨论 $x\to x_0$ 的极限时,也是在 $0<|x-x_0|<\delta$ 中考虑问题的,这里需要关心的是 $f(x)$ 在 x_0 附近的变化趋势,而与它在 $x=x_0$ 处是否有定义无关.

1.5.2 左、右极限

如果当 x 从 $x=x_0$ 左侧(即 $x<x_0$)无限趋近于 x_0 时,函数 $f(x)$ 无限趋近于常数 A,则称 A 是函数 $f(x)$ 在点 x_0 处的**左极限**,记作 $\lim\limits_{x\to x_0^-}f(x)=A$ 或 $f(x_0-0)=A$. 同样可以定义**右极限**: $\lim\limits_{x\to x_0^+}f(x)=A$ 或 $f(x_0+0)=A$.

定义 1.15(ε-δ 分析定义) 对于任意给定的充分小正数 ε,总存在一个小正数 δ,如果当 $0<x_0-x<\delta$ 时,有 $|f(x)-A|<\varepsilon$ 成立,则称 A 为 $x\to x_0$ 时 $f(x)$ 的左极限;如果当 $0<x-x_0<\delta$ 时,有 $|f(x)-A|<\varepsilon$ 成立,则称 A 为 $x\to x_0$ 时 $f(x)$ 的右极限.

由于等式 $\{x\mid 0<|x-x_0|<\delta\}=\{x\mid 0<x-x_0<\delta\}\bigcup\{x\mid-\delta<x-x_0<0\}$,故而我们有以下定理:

定理 1.5 $\lim\limits_{x\to x_0}f(x)=A$ 的充要条件是 $\lim\limits_{x\to x_0^-}f(x)=\lim\limits_{x\to x_0^+}f(x)=A$.

这可以用来判别函数的极限是否存在.因此,如果一个函数在某点处的两个单侧极限有一个不存在或两个极限虽存在但不相等,那么函数在该点极限不存在,而这是判断函数极限不存在最常见的方法.

例 1.25 证明函数 $f(x)=\begin{cases}-1, & x<0,\\ 0, & x=0, \\ 1, & x>0,\end{cases}$ 当 $x\to0$ 时极限不存在.

证 因为 $f(x)$ 在点 x_0 处的左极限 $\lim\limits_{x\to0^-}f(x)=-1$,右极限 $\lim\limits_{x\to0^+}f(x)=1$,左、右极限不相等,所以极限不存在.

例 1.26 设函数 $f(x)=\begin{cases}x, & x>0,\\ 2, & x=0, \\ 8+x^2, & x<0,\end{cases}$ 试问函数在 $x=0$ 处的左、右极限

是否存在? 当 $x \to 0$ 时 $f(x)$ 的极限是否存在?

解 $\lim\limits_{x \to 0^{-}} f(x) = \lim\limits_{x \to 0^{-}} (8 + x^2) = 8$,左极限存在;

$\lim\limits_{x \to 0^{+}} f(x) = \lim\limits_{x \to 0^{+}} x = 0$,右极限存在;

因 $\lim\limits_{x \to 0^{-}} f(x) \neq \lim\limits_{x \to 0^{+}} f(x)$,故 $\lim\limits_{x \to 0} f(x)$ 不存在.

1.5.3 函数极限的性质

为叙述方便,以趋势 $x \to x_0$ 为例,对于 $x \to \infty$ 这种趋势,可以推导出类似的性质:

连续性 基本初等函数在其定义域内的 x_0 处满足 $\lim\limits_{x \to x_0} f(x) = f(x_0)$.

唯一性 若当 $x \to x_0$ 时,函数 $f(x)$ 有极限,则极限值是唯一的.

局部有界性 若 $\lim\limits_{x \to x_0} f(x) = A$,则在 x_0 的某邻域内(点 x_0 可除外),函数 $f(x)$ 有界.

局部保号性 若 $\lim\limits_{x \to x_0} f(x) = A$,且 $A > 0$(或 $A < 0$),则存在 x_0 的某邻域(点 x_0 可除外),在此邻域内有 $f(x) > 0$(或 $f(x) < 0$).

推论 1.3 若 $\lim\limits_{x \to x_0} f(x) = A$,且点在 x_0 的某邻域(点 x_0 可除外)有 $f(x) \geqslant 0$(或 $f(x) \leqslant 0$),则必有 $A \geqslant 0$(或 $A \leqslant 0$).

习 题 1.5

1. 用定义证明下列极限:

(1) $\lim\limits_{x \to 2} (2x - 1) = 3$;

(2) $\lim\limits_{x \to 3} \dfrac{x^2 - 9}{x - 3} = 6$;

(3) $\lim\limits_{x \to \infty} \dfrac{x}{x + 1} = 1$;

(4) $\lim\limits_{x \to \infty} \dfrac{1}{\sqrt{x} + 2} = 0$;

(5) $\lim\limits_{x \to e} \ln x = 1$;

(6) $\lim\limits_{x \to \infty} \dfrac{x - 3}{4x + 5} = \dfrac{1}{4}$;

(7) $\lim\limits_{x \to 1} \dfrac{x^2 + 1}{2x^2 - x} = 2$;

(8) $\lim\limits_{x \to \infty} \dfrac{\sin x}{\sqrt{x}} = 0$.

2. 设 $f(x) = \begin{cases} x^2, & x \geqslant 2, \\ -ax, & x < 2, \end{cases}$

(1) 求 $f(2+0)$,$f(2-0)$;(2) 当 a 为何值时,$\lim\limits_{x \to 2} f(x)$ 存在?

3. 设 $f(x)=\dfrac{|x|}{2x}$，求 $f(0+0)$，$f(0-0)$.

4. 在某极限过程中，若 $f(x)$ 有极限，$g(x)$ 无极限，试判断 $f(x)\cdot g(x)$ 是否必无极限，若是，说明理由；若不是，举出反例.

5. 设 $f(x)=\begin{cases}\sin x, & x<0,\\ \cos x, & x\geqslant0,\end{cases}$ 求 $\lim\limits_{x\to0}f(x)$.

1.6　无穷小与无穷大

1.6.1　无穷小

在极限的研究中，极限为零的函数发挥着重要的作用，需要进行专门的讨论，为此先引入如下定义：

定义 1.16　以零为极限的变量(函数)，称为**无穷小量**. 即如果 $x\to x_0$(或 $x\to\infty$)时，函数 $f(x)$ 的极限为零，则称 $f(x)$ 为 $x\to x_0$(或 $x\to\infty$)时的无穷小量，简称**无穷小**.例如：

(1) $\lim\limits_{x\to0}\sin x=0$，函数 $\sin x$ 是当 $x\to0$ 时的无穷小；

(2) $\lim\limits_{x\to\infty}\dfrac{1}{x}=0$，函数 $\dfrac{1}{x}$ 是当 $x\to\infty$ 时的无穷小；

(3) $\lim\limits_{n\to\infty}\dfrac{(-1)^n}{n}=0$，函数 $\dfrac{(-1)^n}{n}$ 是当 $n\to\infty$ 时的无穷小.

注意　(1) 不要把无穷小与很小的数(如百万分之一等)混为一谈，因为无穷小是这样一个变量(函数)：在 $x\to x_0$(或 $x\to\infty$) 过程中，该变量的绝对值能小于任意给定的正数 ε.而很小的数，如百万分之一，就不能小于任意给定的正数 ε，例如取 ε 等于千万分之一，则百万分之一就不能小于这个给定的 ε.但零是可以作为无穷小的唯一常数.

(2) 无穷小是相对于 x 的某个变化过程而言的.例如当 $x\to\infty$ 时，$\dfrac{1}{x}$ 是无穷小，当 $x\to3$ 时，$\dfrac{1}{x}$ 不是无穷小.

在自变量的同一变化过程中，无穷小有以下性质：

(1) 有限个无穷小的代数和仍是无穷小(无穷多个无穷小之和不一定是无穷小).

(2) 有限个无穷小的乘积仍是无穷小.

(3) 有界函数与无穷小的乘积仍是无穷小(常数与无穷小的乘积仍是无穷小).

(4) 无穷小除以具有非零极限的函数所得的商仍为无穷小.

无穷小常常用小写希腊字母 α,β,γ 表示.

有极限的变量与无穷小量之间有着密切的联系.

定理 1.6 $\lim\limits_{x \to x_0} f(x)=A$ 的充要条件是 $f(x)=A+\alpha$，式中 α 是当 $x \to x_0$ 时的无穷小量.

证 必要性：令 $g(x)=f(x)-A$. 故而以下只需证明 $g(x)$ 为无穷小量即可. 由于 $\lim\limits_{x \to x_0} f(x)=A$，这表明对于任意给定的 $\varepsilon>0$，存在 $\delta>0$，使得 $|x-x_0|<\delta$ 时,有

$$|f(x)-A|=|g(x)|<\varepsilon.$$

这就表明 $g(x)$ 为无穷小量.

充分性：由于 $\alpha=f(x)-A$ 为无穷小量,这表明对于任意给定的 $\varepsilon>0$，存在 $\delta>0$，使得 $|x-x_0|<\delta$ 时,有

$$\varepsilon>|\alpha|=|f(x)-A|,$$

从而 $\lim\limits_{x \to x_0} f(x)=A$.

例 1.27 证明：当 $x \to 0$ 时，$y=x^2 \sin \dfrac{1}{x}$ 为无穷小.

证 由于 $\sin \dfrac{1}{x}$ 为有界量，而当 $x \to 0$ 时 x^2 为无穷小量. 故而 $x^2 \sin \dfrac{1}{x}$ 为无穷小量乘以有界量,为无穷小量.

例 1.28 求极限 $\lim\limits_{n \to \infty}\left(\dfrac{1}{n^2}+\dfrac{2}{n^2}+\cdots+\dfrac{n}{n^2}\right)$.

错解 $\lim\limits_{n \to \infty}\left(\dfrac{1}{n^2}+\dfrac{2}{n^2}+\cdots+\dfrac{n}{n^2}\right)=\lim\limits_{n \to \infty}\dfrac{1}{n^2}+\lim\limits_{n \to \infty}\dfrac{2}{n^2}+\cdots\lim\limits_{n \to \infty}\dfrac{1}{n}=0+0+\cdots+0=0.$

这种解法的错误在于,只有有限个无穷小量的代数和才是无穷小.无穷个无穷小量的代数和是未定式.我们必须将其化为一整个公式进行求解.

解 根据高斯求和公式 $1+2+3+\cdots+n=\dfrac{n(n+1)}{2}$，从而

$$\lim_{n\to\infty}\left(\frac{1}{n^2}+\frac{2}{n^2}+\cdots+\frac{n}{n^2}\right)=\lim_{n\to\infty}\frac{n(n+1)}{2n^2}=\lim_{n\to\infty}\left(\frac{1}{2}+\frac{1}{2n}\right)=\frac{1}{2}.$$

1.6.2 无穷大

当 $x\to x_0$(或 $x\to\infty$)时,函数 $f(x)$ 的绝对值无限增大,那么函数 $f(x)$ 称为当 $x\to x_0$(或 $x\to\infty$)时的**无穷大量**,简称**无穷大**.

注意 (1)称一个函数是无穷大,必须指明自变量的变化趋向.如函数 $\frac{1}{x}$ 是当 $x\to 0$ 时的无穷大,当 $x\to\infty$ 时,它就不是无穷大,而是无穷小了.

(2)绝对值很大的常数并不是无穷大,因为常数在 $x\to x_0$(或 $x\to\infty$)时极限为常数本身,并不是无穷大.

我们再给出一个比较分析的定义.

定义 1.17 如果对于任意给定的正数 M,总存在正数 δ(或正数 X),使得满足不等式 $0<|x-x_0|<\delta$(或者 $|x|>X$)的一切 x 所对应的函数值 $f(x)$ 都满足不等式

$$|f(x)|>M,$$

则称函数 $f(x)$ 当 $x\to x_0$(或 $x\to\infty$)时为无穷大量,记作

$$\lim_{x\to x_0}f(x)=\infty\ (\text{或}\ \lim_{x\to\infty}f(x)=\infty).$$

1.6.3 无穷小与无穷大的关系

无穷小与无穷大描述了自变量趋于某一数值时,函数值的变化趋势,即趋于零或者无穷大.无穷小与无穷大之间可以相互转化,通过取倒数实现.

定理 1.7 在自变量的同一变化过程中,若 $f(x)$ 为无穷大,则 $\frac{1}{f(x)}$ 为无穷小;反之,若 $f(x)$ 为无穷小,且 $f(x)\neq 0$,则 $\frac{1}{f(x)}$ 为无穷大.

根据该定理,我们可以把无穷大归结为无穷小量来讨论.

例 1.29 求 $\lim_{x\to 1}\frac{2x-3}{x^2-5x+4}$.

解 当 $x\to 1$ 时,分母 $x^2-5x+4\to 0$,但因 $f(x)$ 的倒数的极限为

$$\lim_{x\to 1}\frac{1}{f(x)}=\lim_{x\to 1}\frac{x^2-5x+4}{2x-3}=0.$$

故由无穷大与无穷小的关系可得

$$\lim_{x\to 1}f(x)=\infty.$$

1. 下列函数哪些是无穷小量？哪些是无穷大量？

(1) $x\to 0$ 时, $\dfrac{1+2x}{x^2}$;

(2) $x\to 3$ 时, $\dfrac{1+x}{x^2-9}$;

(3) $x\to 0$ 时, $2^{-x}-1$;

(4) $x\to 0^+$ 时, $\lg x$;

(5) $x\to 0$ 时, $\dfrac{\sin x}{1+\cos x}$;

(6) $x\to 2$ 时, $\dfrac{1+x}{x^2-4}$.

2. 用定义证明: $y=x\sin\dfrac{1}{x}$ 为 $x\to 0$ 时的无穷小.

3. 函数 $y=x\cos x$ 在 $(-\infty,+\infty)$ 内是否有界？当 $x\to+\infty$ 时,函数是否为无穷大？为什么？

4. 设 $x\to x_0$ 时, $g(x)$ 是有界量, $f(x)$ 是无穷大,证明: $f(x)\pm g(x)$ 是无穷大.

1.7　极限运算法则

本节给出函数的四则运算法则及复合函数的极限运算.为便于叙述,仅以 $x\to x_0$ 趋势为例,对于 $x\to\infty$, $n\to\infty$ 等趋势,结论可类似推导得出.

1.7.1　运算法则

定理 1.8　设 $\lim\limits_{x\to x_0}f(x)=A$, $\lim\limits_{x\to x_0}g(x)=B$,则有

(1) $\lim\limits_{x\to x_0}[f(x)\pm g(x)]=A\pm B$;

(2) $\lim\limits_{x\to x_0}[f(x)\cdot g(x)]=A\cdot B$;

(3) $\lim\limits_{x\to x_0}\dfrac{f(x)}{g(x)}=\dfrac{A}{B}(B\neq 0)$.

注意　定理 1.8 中的(1)、(2)均可推广到有限个函数的情形.

推论 1.4　$\lim\limits_{x \to x_0}[Cf(x)] = CA$（$C$ 为常数），即常数因子可以移到极限符号外面.

推论 1.5　$\lim\limits_{x \to x_0}[f(x)]^n = [\lim\limits_{x \to x_0}f(x)]^n$.

注意　上述定理为求极限带来很大方便,但运用该定理的前提是被运算的各个变量的极限必须存在,并且在除法运算中,分母的极限不得为零.例如极限 $\lim\limits_{x \to 0}\left(\dfrac{1-x^2}{x^2} - \dfrac{1}{x^2}\right)$,就不能拆开为 $\lim\limits_{x \to 0}\left(\dfrac{1-x^2}{x^2}\right) - \lim\limits_{x \to 0}\dfrac{1}{x^2}$,因为上述两极限均不存在.

1.7.2　运算方法

1）直接代入运算法

例 1.30　求极限 $\lim\limits_{x \to 1}(3x^2 - 2x + 1)$.

解　原式 $= \lim\limits_{x \to 1}3x^2 - \lim\limits_{x \to 1}2x + \lim\limits_{x \to 1}1 = 3\lim\limits_{x \to 1}x^2 - 2\lim\limits_{x \to 1}x + 1$
$= 3[\lim\limits_{x \to 1}x]^2 - 2\lim\limits_{x \to 1}x + 1 = 3 \times 1^2 - 2 \times 1 + 1 = 2$.

以后熟练后,直接代入即可.

2）$\dfrac{0}{0}$ 型运算法

例 1.31　求极限 $\lim\limits_{x \to 1}\dfrac{x^2 - 1}{x - 1}$.

解　由于分子、分母的极限都为零,所以不能直接应用法则,考虑到 $x \to 1$ 时,$x \neq 1$,故可约去分子和分母的非零公因子 $(x - 1)$.故而

原式 $= \lim\limits_{x \to 1}\dfrac{(x-1)(x+1)}{x-1} = \lim\limits_{x \to 1}(x+1) = 2$.

3）其他未定型运算法

例 1.32　证明 $\lim\limits_{x \to \infty}\dfrac{1}{x}\sin x = 0$.

证　由于当 $x \to \infty$ 时 $\sin x$ 的极限不存在,所以不能直接应用法则.但由于当 $x \to \infty$ 时 $\dfrac{1}{x}$ 是无穷小量,而对于任意的 x 值,$\sin x$ 的绝对值小于等于 1,$\sin x$ 是有界函数,根据无穷小量定理,有

$$\lim_{x \to \infty} \frac{1}{x} \sin x = 0.$$

例 1.33 求极限 $\lim\limits_{x \to +\infty} (\sqrt{x+1} - \sqrt{x})$.

由于当 $x \to \infty$ 时两个根式的极限都不存在,所以不能直接应用法则,因此将函数做适当变形,进行分子有理化,故而

$$原式 = \lim_{x \to +\infty} \frac{(\sqrt{x+1} - \sqrt{x})(\sqrt{x+1} + \sqrt{x})}{\sqrt{x+1} + \sqrt{x}} = \lim_{x \to +\infty} \frac{1}{\sqrt{x+1} + \sqrt{x}} = 0.$$

4) 分子分母均为多项式的情况.

例 1.34 求极限 $\lim\limits_{x \to 0} \dfrac{x^2 + 3x + 7}{2x^2 + 5x + 6}$.

解 直接代入可得

$$\lim_{x \to 0} \frac{x^2 + 3x + 7}{2x^2 + 5x + 6} = \lim_{x \to 0} \frac{0 + 0 + 7}{0 + 0 + 6} = \frac{7}{6}.$$

例 1.35 求极限 $\lim\limits_{x \to \infty} \dfrac{x^2 + 3x + 7}{2x^2 + 5x + 6}$.

解 当极限过程为 $x \to \infty$ 时,直接代入法就失效了.此时我们可以在分子分母中同时除以关于 x 的最高次幂,将无穷大的问题转换为无穷小的问题来求解.在本例中,由于分子分母关于 x 的最高次幂均为 x^2,故而分子分母同时除以 x^2 后,同时注意到当 $x \to \infty$ 时,$\dfrac{1}{x} \to 0$ 这个事实,我们可得

$$\lim_{x \to \infty} \frac{x^2 + 3x + 7}{2x^2 + 5x + 6} = \lim_{x \to \infty} \frac{1 + \dfrac{3}{x} + \dfrac{7}{x^2}}{2 + \dfrac{5}{x} + \dfrac{6}{x^2}} = \frac{1}{2}.$$

注意到,本题最后的答案为分子分母最高次幂的系数之比.事实上,我们可以将上面的结果加以推广,则有

$$\lim_{x \to \infty} \frac{a_n x^n + a_{n-1} x^{n-1} + \cdots + a_1 x + a_0}{b_m x^m + b_{m-1} x^{m-1} + \cdots + b_1 x + b_0} = \begin{cases} 0, & n < m \\ \dfrac{a_n}{b_m}, & n = m \\ \infty, & n > m \end{cases}$$

其中 a_n, $b_m \neq 0$, n, m 为正整数.

例 1.36 求极限 $\lim\limits_{x\to\infty} \dfrac{(2x-1)^{30}(3x+1)^{50}}{(x+1)^{80}}$.

解 对于这个极限,分子分母都是十分复杂的多项式.但我们发现分子的最高次幂为 $(2x)^{30}\cdot(3x)^{50}=2^{30}3^{50}x^{80}$,分母的最高次幂为 x^{80}.根据上面的技巧,我们很轻松地得到极限为 $2^{30}3^{50}$.

定理 1.9(复合函数的极限运算法则)

设函数 $y=f[g(x)]$ 是由函数 $y=f(u)$ 与函数 $u=g(x)$ 复合而成,$f[g(x)]$ 在点 x_0 的某去心邻域内有定义,若

$$\lim_{x\to x_0} g(x)=u, \ \lim_{u\to u_0} f(u)=A,$$

且存在 $\delta_0>0$,当 $x\in U(x_0,\delta_0)$ 时,有 $g(x)\neq u_0$,则

$$\lim_{x\to x_0} f[g(x)]=\lim_{u\to u_0} f(u)=A.$$

注意 (1) 对 u_0 或 x_0 为无穷大的情形,也可得到类似的推论;

(2) 若函数 $f(u)$ 和 $g(x)$ 满足定理 1.9 的条件,则做代换 $u=g(x)$,可把求 $\lim\limits_{x\to x_0} f[g(x)]$ 转化为求 $\lim\limits_{u\to u_0} f(u)$,其中 $u_0=\lim\limits_{x\to x_0} g(x)$.

例 1.37 求极限 $\lim\limits_{x\to 1} \sin(\ln x)$.

解 注意到 $\lim\limits_{x\to 1}\ln x=0$,同时 $\lim\limits_{x\to 0}\sin x=0$.故而原极限为 0.

例 1.38 已知 $\lim\limits_{x\to+\infty}(5x-\sqrt{ax^2-bx+c})=2$,求 a,b 的值.

解 因

$$\lim_{x\to+\infty}(5x-\sqrt{ax^2+bx+c})=\lim_{x\to+\infty}\frac{(5x-\sqrt{ax^2-bx+c})(5x+\sqrt{ax^2-bx+c})}{5x+\sqrt{ax^2-bx+c}}$$

$$=\lim_{x\to+\infty}\frac{(25-a)x^2+bx-c}{5x+\sqrt{ax^2-bx+c}}$$

若 $25-a\neq 0$,则分子最高次幂为 x^2,而分母最高次幂约为 $x+\sqrt{x^2}\sim x$,从而极限一定为无穷大,与题设矛盾.故 $a=25$.

$$原式=\lim_{x\to+\infty}\frac{b-\dfrac{c}{x}}{5+\sqrt{a-\dfrac{b}{x}+\dfrac{c}{x^2}}}=2,$$

故 $\begin{cases} 25-a=0, \\ \dfrac{b}{5+\sqrt{a}}=2, \end{cases}$ 解得 $a=25$，$b=20$.

$$\cdots\cdots\cdots\text{习 题 1.7}\cdots\cdots\cdots$$

1. 计算下列极限：

(1) $\displaystyle\lim_{x\to2}\frac{2x^2+4}{x-1}$；

(2) $\displaystyle\lim_{x\to1}\frac{x^2-1}{3x^2+1}$；

(3) $\displaystyle\lim_{x\to1}\frac{x^2-2x+1}{x^2-1}$；

(4) $\displaystyle\lim_{x\to4}\frac{x^2-6x+8}{x^2-5x+4}$；

(5) $\displaystyle\lim_{x\to\infty}\left(3-\frac{3}{x}+\frac{5}{x^2}\right)$；

(6) $\displaystyle\lim_{x\to\infty}\left(2+\frac{1}{3x}\right)\left(3-\frac{1}{x^2}\right)$；

(7) $\displaystyle\lim_{x\to\infty}\frac{2x^2-1}{3x^2+5x+4}$；

(8) $\displaystyle\lim_{x\to\infty}\frac{x^3}{x^4-x^3}$；

(9) $\displaystyle\lim_{x\to1}\left(\frac{x}{x-1}-\frac{2}{x^2-1}\right)$；

(10) $\displaystyle\lim_{x\to\infty}(\sqrt{x^2+1}-\sqrt{x^2-1})$；

(11) $\displaystyle\lim_{x\to0}\frac{4x^3-2x^2+x}{3x^3+2x}$；

(12) $\displaystyle\lim_{x\to1}\left(\frac{1}{1-x}-\frac{3}{1-x^3}\right)$；

(13) $\displaystyle\lim_{x\to0}x^3\cos\frac{1}{x}$；

(14) $\displaystyle\lim_{x\to\infty}\frac{\arctan x}{x}$；

(15) $\displaystyle\lim_{x\to\infty}x(\sqrt{1+x^2}-x)$；

(16) $\displaystyle\lim_{x\to2}\frac{x^3+2x^2}{(x-2)^2}$；

(17) $\displaystyle\lim_{x\to1}\frac{x^m-1}{x^n-1}$；

(18) $\displaystyle\lim_{x\to\infty}\left(\frac{2x^3}{x^2-2}-\frac{2x^2}{x+1}\right)$.

2. 计算下列极限：

(1) $\displaystyle\lim_{n\to\infty}\frac{(n+1)(n+2)(n+3)}{5n^3}$；

(2) $\displaystyle\lim_{n\to\infty}\frac{(n-1)^2}{n+1}$；

(3) $\displaystyle\lim_{n\to\infty}\frac{1+2+3+\cdots+(n-1)}{n^2}$；

(4) $\displaystyle\lim_{n\to\infty}\left(1\cdot\frac{1}{2}+\frac{1}{2}\cdot\frac{1}{3}+\cdots+\frac{1}{n(n+1)}\right)$.

3. 已知 $\displaystyle\lim_{x\to c}f(x)=4$，及 $\displaystyle\lim_{x\to c}g(x)=1$，$\displaystyle\lim_{x\to c}h(x)=0$，求：

(1) $\lim\limits_{x \to c} \dfrac{g(x)}{f(x)}$;　　　　　　　　　(2) $\lim\limits_{x \to c} \dfrac{h(x)}{f(x) - g(x)}$;

(3) $\lim\limits_{x \to c}[f(x) \cdot g(x)]$;　　　　　　　(4) $\lim\limits_{x \to c} \dfrac{g(x)}{h(x)}$.

4. 若 $\lim\limits_{x \to 3} \dfrac{x^2 - 2x + k}{x - 3} = 4$，求 k 的值.

5. 若 $\lim\limits_{x \to \infty} \left(\dfrac{x^2 + 1}{x + 1} - ax - b \right) = 0$，求 a，b 的值.

6. 设 $f(x) = \begin{cases} 3x + 2, & x \leqslant 0, \\ x^2 + 1, & 0 < x \leqslant 1, \\ \dfrac{2}{x}, & 1 < x, \end{cases}$ 分别讨论 $x \to 0$ 及 $x \to 1$ 时，$f(x)$ 的极

限是否存在.

7. 求极限 $\lim\limits_{x \to \infty} \ln \dfrac{\mathrm{e}x^2 + 1}{x^2 + 3x + 2}$.

1.8　极限存在准则　两个重要极限

1.8.1　夹逼准则

准则 1　如果数列 $\{x_n\}$，$\{y_n\}$，$\{z_n\}$，满足下列条件：

(1) $y_n \leqslant x_n \leqslant z_n (n > n_0$，$n_0 \in \mathbf{N})$；

(2) $\lim\limits_{n \to \infty} y_n = \lim\limits_{n \to \infty} z_n = a$，

则数列 $\{x_n\}$ 的极限存在，且 $\lim\limits_{n \to \infty} x_n = a$.

例 1.39　求 $\lim\limits_{n \to \infty}(1 + 2^n + 3^n)^{\frac{1}{n}}$.

解　由于 $(1 + 2^n + 3^n)^{\frac{1}{n}} = 3\left[1 + \left(\dfrac{2}{3} \right)^n + \left(\dfrac{1}{3} \right)^n \right]^{\frac{1}{n}}$，对任意自然数 n，有

$$1 < 1 + \left(\dfrac{2}{3} \right)^n + \left(\dfrac{1}{3} \right)^n < 3,\ 故$$

$$3 \cdot 1^{\frac{1}{n}} < 3\left[1 + \left(\dfrac{2}{3} \right)^n + \left(\dfrac{1}{3} \right)^n \right]^{\frac{1}{n}} < 3 \cdot 3^{\frac{1}{n}},$$

而 $\lim\limits_{n \to \infty} 3 \cdot 1^{\frac{1}{n}} = 3$，$\lim\limits_{n \to \infty} 3 \cdot 3^{\frac{1}{n}} = 3$，所以

$$\lim_{n \to \infty} (1 + 2^n + 3^n)^{\frac{1}{n}} = \lim_{n \to \infty} 3\left[1 + \left(\frac{2}{3}\right)^n + \left(\frac{1}{3}\right)^n\right]^{\frac{1}{n}} = 3.$$

上述关于数列极限的存在准则可以推广到函数极限的情形,并可得出:

准则 2

(1) 当 $0 < |x - x_0| < \delta$,即 $x \in U_\delta(x_0)$ 或 $|x| > M$ 时,则有 $g(x) \leqslant f(x) \leqslant h(x)$;

(2) 若 $\lim\limits_{\substack{x \to x_0 \\ (x \to \infty)}} g(x) = \lim\limits_{\substack{x \to x_0 \\ (x \to \infty)}} h(x) = A$,则 $\lim\limits_{\substack{x \to x_0 \\ (x \to \infty)}} f(x) = A$.

注意　利用夹逼准则求极限,关键是要找到函数 $g(x)$ 与 $h(x)$,并且要求 $g(x)$ 与 $h(x)$ 的极限相同且容易求得.

例 1.40　求极限 $\lim\limits_{x \to 0} \cos x$.

解　因 $0 < 1 - \cos x = 2\sin^2 \dfrac{x}{2}$,故根据准则 2,得 $\lim\limits_{x \to 0} (1 - \cos x) = 0$,即 $\lim\limits_{x \to 0} \cos x = 1$.

例 1.41　求极限 $\lim\limits_{n \to \infty} \dfrac{1}{\sqrt{n^3}} \left(1 + \dfrac{1}{2} + \cdots + \dfrac{1}{n}\right)$.

解　由于 $0 \leqslant 1 + \dfrac{1}{2} + \cdots + \dfrac{1}{n} \leqslant 1 + 1 + \cdots + 1 \leqslant n$,故而

$$0 \leqslant \frac{1}{\sqrt{n^3}} \left(1 + \frac{1}{2} + \cdots + \frac{1}{n}\right) \leqslant \frac{1}{\sqrt{n}}.$$

从而根据夹逼准则可得 $\lim\limits_{n \to \infty} \dfrac{1}{\sqrt{n^3}} \left(1 + \dfrac{1}{2} + \cdots + \dfrac{1}{n}\right) = 0$.

1.8.2　单调有界准则

定义 1.18　如果数列 $\{x_n\}$ 满足条件

$$x_1 \leqslant x_2 \leqslant \cdots \leqslant x_n \leqslant x_{n+1} \leqslant \cdots,$$

则称数列 $\{x_n\}$ 是**单调增加**的;如果数列 $\{x_n\}$ 满足条件

$$x_1 \geqslant x_2 \geqslant \cdots \geqslant x_n \geqslant x_{n+1} \geqslant \cdots,$$

则称数列 $\{x_n\}$ 是**单调减少**的.单调增加和单调减少的数列统称为**单调数列**.

准则 3　单调有界数列必有极限.

已经知道收敛的数列一定有界,但有界的数列不一定收敛.准则 3 表明:如果数列不仅有界,并且是单调的,那么该数列的极限必定存在,也就是该数列一定收敛.

这里对准则 3 不做证明,只给出如下的几何解释:

从图 1-10(a)中数轴看,对应于单调数列的点 x_n 只能向一个方向移动,所以只有两种可能情形:① 或点 x_n 沿数轴移向无穷远($x_n \to +\infty$ 或 $x_n \to -\infty$);② 或点 x_n 无限趋近于某一个定点 A[见图 1-10(b)],也就是数列 x_n 趋向一个极限.但现在假定数列是有界的,而有界数列的点 x_n 都落在数轴上某个闭区间 $[-M, M]$ 内,因此图(a)的情况就不可能发生了,这就表示数列趋于一个极限,并且这个极限的绝对值不超过 M.

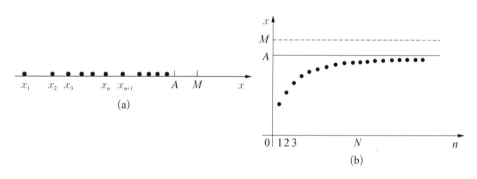

图 1-10

例 1.42 设 $a > 0$ 为常数,数列 x_n 由下式定义:

$$x_n = \frac{1}{2}\left(x_{n-1} + \frac{a}{x_{n-1}}\right) \quad (n = 1, 2, \cdots),$$

其中 x_0 为大于零的常数,求 $\lim\limits_{n \to \infty} x_n$.

解 先证明数列 x_n 的极限的存在性.由

$$x_n = \frac{1}{2}\left(x_{n-1} + \frac{a}{x_{n-1}}\right) \Rightarrow 2x_n x_{n-1} = x_{n-1}^2 + a,$$

可得 $(x_n - x_{n-1})^2 = x_n^2 - a \Rightarrow x_n^2 \geqslant a$. 由 $a > 0$ 且 $x_0 > 0$,知 $x_n > 0$,因此 $x_n \geqslant \sqrt{a}$,即 x_n 有下界.又 $\dfrac{x_{n+1}}{x_n} = \dfrac{1}{2}\left(1 + \dfrac{a}{x_n^2}\right) = \dfrac{1}{2} + \dfrac{1}{2} \cdot \dfrac{a}{x_n^2} \leqslant 1$,故数列 x_n 单调递减,由极限存在准则可知 $\lim\limits_{n \to \infty} x_n$ 存在,不妨设 $\lim\limits_{n \to \infty} x_n = A$.

对式子 $x_n = \dfrac{1}{2}\left(x_{n-1} + \dfrac{a}{x_{n-1}}\right)$ 两边取极限,得 $A = \dfrac{1}{2}\left(A + \dfrac{a}{A}\right)$,解得 $A = \sqrt{a}$,即 $\lim\limits_{n\to\infty} x_n = \sqrt{a}$.

对于 $A < 0$ 的解需舍去,这是因为极限的保号性.

1.8.3　两个重要极限

第 1 个重要极限 $\lim\limits_{x\to 0} \dfrac{\sin x}{x} = 1$

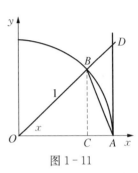

图 1-11

例 1.43　证明:$\lim\limits_{x\to 0} \dfrac{\sin x}{x} = 1$.

解　首先注意到,函数 $\dfrac{\sin x}{x}$ 对于一切 $x \neq 0$ 都有定义,如图 1-11 所示.

在单位圆内,圆心角 $x = \angle AOB\left(0 < x < \dfrac{\pi}{2}\right)$,点 A 处的切线为 AD,AD 与 OB 的延长线相交于 D,又 $BC \perp OA$,则

$$\sin x = BC,\ x = \overset{\frown}{AB},\ \tan x = AD,$$

因为 $\triangle AOB$ 面积 $<$ 扇形 AOB 面积 $< \triangle AOD$ 面积,即

$$\frac{\sin x}{2} < \frac{x}{2} < \frac{\tan x}{2},$$

所以 $\sin x < x < \tan x$,将上式除以 $\sin x$,得

$$1 < \frac{x}{\sin x} < \frac{1}{\cos x},\ \text{即}\ \cos x < \frac{\sin x}{x} < 1.$$

因 $\lim\limits_{x\to 0}\cos x = 1$,$\lim\limits_{x\to 0} 1 = 1$,故 $\lim\limits_{x\to 0} \dfrac{\sin x}{x} = 1$.

第 1 个重要极限的几种常见的变形有

$$\lim_{x\to 0}\frac{x}{\sin x} = 1,\ \lim_{x\to 0}\frac{\sin kx}{kx} = 1,\ \lim_{x\to\infty} x\sin\frac{1}{x} = 1.$$

例 1.44　求 $\lim\limits_{x\to\pi} \dfrac{\sin x}{x - \pi}$.

解 令 $t = x - \pi$, 则

$$\lim_{x \to \pi} \frac{\sin x}{x - \pi} = \lim_{t \to 0} \frac{\sin(\pi + t)}{t} = \lim_{t \to 0} \frac{-\sin t}{t} = -1.$$

例 1.45 求 $\lim\limits_{x \to 1} \dfrac{\sin(x-1)}{\sqrt{x} - 1}$.

解 原式 $= \lim\limits_{x \to 1} \left[\dfrac{\sin(x-1)}{x-1} \cdot (\sqrt{x} + 1) \right] = 1 \cdot 2 = 2.$

例 1.46 求极限 $\lim\limits_{x \to 0} \dfrac{1 - \cos x}{x^2}$.

解 根据三角公式, $\lim\limits_{x \to 0} \dfrac{1 - \cos x}{x^2} = \lim\limits_{x \to 0} \dfrac{2\sin^2 \frac{x}{2}}{x^2} = \lim\limits_{x \to 0} \left(\dfrac{\sin \frac{x}{2}}{\frac{x}{2}} \right)^2 \cdot \dfrac{2}{4} = \dfrac{1}{2}.$

例 1.47 求极限 $\lim\limits_{x \to 0} \dfrac{x - \sin x}{x + \sin x}$.

解 第一个重要极限告诉我们当 $x \to 0$ 时 $\sin x$ 与 x 的作用几乎是相同的.因此我们可以将 $\sin x$ 当作 x 来看待.因而

$$\lim_{x \to 0} \frac{x - \sin x}{x + \sin x} = \lim_{x \to 0} \frac{1 - \frac{\sin x}{x}}{1 + \frac{\sin x}{x}} = \frac{1 - \lim\limits_{x \to 0} \frac{\sin x}{x}}{1 + \lim\limits_{x \to 0} \frac{\sin x}{x}} = \frac{1 - 1}{1 + 1} = 0.$$

第 2 个重要极限 $\lim\limits_{x \to \infty} \left(1 + \dfrac{1}{x} \right)^x = e$

此极限的常见变形为

$$\lim_{x \to 0}(1 + x)^{\frac{1}{x}} = e.$$

特别地,在极限过程中,当 $x \to x_0$(或者 $x \to \infty$)时,若 $f(x) \to \infty$,则

$$\lim_{x \to x_0} \left(1 + \frac{1}{f(x)} \right)^{f(x)} = e,$$

或者

$$\lim_{x \to \infty} \left(1 + \frac{1}{f(x)} \right)^{f(x)} = e.$$

所以做此类题目,一定要将两处的 $f(x)$ 凑成相同的形式.

例 1.48 求 $\lim\limits_{x \to \infty}\left(1 + \dfrac{k}{x}\right)^x$（$k$ 为不等于零的常数）.

解 $\lim\limits_{x \to \infty}\left(1 + \dfrac{k}{x}\right)^x = \lim\limits_{x \to \infty}\left(1 + \dfrac{1}{\dfrac{x}{k}}\right)^{\frac{x}{k} \cdot k} = \mathrm{e}^k.$

例 1.49 求 $\lim\limits_{x \to \infty}\left(\dfrac{x}{x-1}\right)^{3x-3}$.

解 $\lim\limits_{x \to \infty}\left(\dfrac{x}{x-1}\right)^{3x-3} = \lim\limits_{x \to \infty}\left(1 + \dfrac{1}{x-1}\right)^{3(x-1)} = \mathrm{e}^3$

例 1.50 求 $\lim\limits_{x \to 0}\dfrac{\ln(1+x)}{x}$.

解 由于 $\dfrac{\ln(1+x)}{x} = \ln(1+x)^{\frac{1}{x}}$,

故 $\lim\limits_{x \to 0}\dfrac{\ln(1+x)}{x} = \lim\limits_{x \to 0}\ln(1+x)^{\frac{1}{x}} = \ln\lim\limits_{x \to 0}(1+x)^{\frac{1}{x}} = \ln\mathrm{e} = 1.$

例 1.51 确定常数 c, 使 $\lim\limits_{x \to \infty}\left(\dfrac{x+c}{x-c}\right)^x = 4$.

解 $\lim\limits_{x \to \infty}\left(\dfrac{x+c}{x-c}\right)^x = \lim\limits_{x \to \infty}\left(1 + \dfrac{2c}{x-c}\right)^x = \lim\limits_{x \to \infty}\left[\left(1 + \dfrac{2c}{x-c}\right)^{\frac{x-c}{2c}}\right]^{\frac{2c}{x-c} \cdot x}$

$\qquad = \mathrm{e}^{2c} = 4$, 解得 $c = \ln 2.$

我们最后来看一下第二个重要极限的一个应用, 即连续复利. 我们已经知道, 若假设初始本金为 P, 年利率为 r, 每年付息 n 次, 经过 t 年后的本利和为

$$P\left(1 + \dfrac{r}{n}\right)^{nt}.$$

而连续复利的意思是指在计息期内无时无刻不在计息, 因而我们可以认为其每年付息无穷次. 将上式令 $n \to \infty$ 可得

$$\lim\limits_{n \to \infty}P\left(1 + \dfrac{r}{n}\right)^{nt} = \lim\limits_{n \to \infty}P\left[\left(1 + \dfrac{r}{n}\right)^{n/r}\right]^{\frac{rnt}{n}} = P\mathrm{e}^{rt}.$$

这就是连续复利公式.

例 1.52 求初始本金为 $1\,000$ 元, 按 6% 的连续复利计息, 1 年后的本利和为多少?

解 按照连续复利公式可得本利和为 $1\,000\mathrm{e}^{0.06} = 1\,061.84.$

习　题　1.8

1. 计算下列极限:

(1) $\lim\limits_{x \to 0} \dfrac{\sin 3x}{\sin 4x}$;

(2) $\lim\limits_{x \to 0} \dfrac{\sin \alpha x}{\sin \beta x}$;

(3) $\lim\limits_{x \to 0} \dfrac{\tan 2x}{\sin 5x}$;

(4) $\lim\limits_{x \to 0} \dfrac{\cos 2x - 1}{x}$;

(5) $\lim\limits_{x \to 0} \dfrac{\cos x - \cos 3x}{x^2}$;

(6) $\lim\limits_{n \to \infty} 3^n \sin \dfrac{\alpha}{3^n}$;

(7) $\lim\limits_{x \to 0} \dfrac{\tan 3x}{x}$;

(8) $\lim\limits_{x \to \infty} 2x \sin \dfrac{1}{x}$;

(9) $\lim\limits_{x \to 0} x \cot x$;

(10) $\lim\limits_{x \to 0} \dfrac{1 - \cos 3x}{x \sin x}$;

(11) $\lim\limits_{x \to \infty} \dfrac{5x^2 + 1}{3x - 1} \cdot \sin \dfrac{1}{x}$;

(12) $\lim\limits_{x \to 0} \dfrac{\tan x - \sin x}{x^3}$.

2. 计算下列极限:

(1) $\lim\limits_{x \to \infty} \left(1 + \dfrac{1}{1 + x}\right)^x$;

(2) $\lim\limits_{x \to \infty} \left(\dfrac{3 + x}{1 + x}\right)^x$;

(3) $\lim\limits_{x \to 0} (1 - 2x)^{\frac{1}{x}}$;

(4) $\lim\limits_{x \to \infty} \left(1 - \dfrac{k}{x}\right)^x \ (k \in \mathbf{N})$;

(5) $\lim\limits_{x \to \infty} \left(\dfrac{2x + 3}{2x + 1}\right)^{x+1}$;

(6) $\lim\limits_{x \to \infty} \left(\dfrac{2x - 1}{2x + 1}\right)^{x+1}$;

(7) $\lim\limits_{x \to \infty} \left(\dfrac{x + 1}{x}\right)^{2x}$;

(8) $\lim\limits_{x \to \infty} \left(\dfrac{x + a}{x - a}\right)^x$;

(9) $\lim\limits_{x \to 0} (1 + x\,\mathrm{e}^x)^{\frac{1}{x}}$;

(10) $\lim\limits_{x \to 0} (1 - x)^{\frac{1}{x}}$;

(11) $\lim\limits_{x \to 0} \dfrac{1}{x} \ln \sqrt{\dfrac{1 + x}{1 - x}}$.

3. 利用两个准则证明:

(1) $\lim\limits_{n \to \infty} n\left(\dfrac{1}{n^2 + \pi} + \dfrac{1}{n^2 + 2\pi} + \cdots + \dfrac{1}{n^2 + n\pi}\right) = 1$;

(2) $\lim\limits_{n \to \infty} \left(\dfrac{1}{n^2 + n + 1} + \dfrac{2}{n^2 + n + 2} + \cdots + \dfrac{n}{n^2 + n + n}\right) = \dfrac{1}{2}$.

4. 已知 $\lim\limits_{x\to\infty}\left(\dfrac{x+c}{x-c}\right)^{\frac{x}{2}}=3$，求 c.

5. 设 $f(x-1)=\begin{cases}-\dfrac{\sin x}{x}, & x>0,\\ 2, & x=0,\\ x-1, & x<0,\end{cases}$　求 $\lim\limits_{x\to-1}f(x)$.

6. 利用极限存在准则证明：数列 $\sqrt{3}$，$\sqrt{3+\sqrt{3}}$，$\sqrt{3+\sqrt{3+\sqrt{3}}}$，…的极限存在，并求出该极限.

7. 有 2 000 元存入银行，按年利率 6% 进行连续复利计算，问 20 年后的本利和为多少？

8. 有一笔年利率为 6.5% 的投资，16 年后得到 1 200 元，问当初投资额为多少（按连续复利计算）？

9. 小孩出生后，父母拿出 P 元作为初始投资，希望到孩子 20 岁生日的时候增长到 50 000 元，如果投资按 6% 的连续复利计算，则初始投资额应该是多少？

1.9　无穷小的比较

1.9.1　无穷小比较的概念

无穷小在微分学中占有很重要的地位，因此有必要对几个无穷小间的关系做进一步说明.由于事物的复杂性，在同一变化过程中可能涉及几个无穷小.尽管它们都趋于零，但趋于零的速度可能不同.

例如当 $n\to+\infty$ 时，$\dfrac{1}{n}$ 和 $\dfrac{1}{n^2}$ 都是无穷小，但后者趋于零的速度要比前者快得多，可以用两个无穷小比值的极限来比较它们趋于零速度的快慢.

为了说明两个无穷小趋于零的快慢程度，现引入无穷小阶的概念.

定义 1.19　设 α 与 β 是某同一过程中的两个无穷小，且 $\alpha\neq0$.

(1) 若 $\lim\dfrac{\beta}{\alpha}=0$，则称 β 是 α 的高阶无穷小，即 $\beta\to0$ 比 $\alpha\to0$ 快，记作 $\beta=o(\alpha)$；

(2) 若 $\lim\dfrac{\beta}{\alpha}=\infty$，则称 β 是 α 的低阶无穷小，即 $\beta\to0$ 比 $\alpha\to0$ 慢；

（3）若 $\lim \dfrac{\beta}{\alpha}=c\neq 0$，则称 β 与 α 是同阶无穷小，即 $\beta\to 0$ 与 $\alpha\to 0$ 是同程度的；

（4）若 $\lim \dfrac{\beta}{\alpha}=1$，则称这两个同阶无穷小 α、β 是等价的，记作 $\alpha\sim\beta$.

（5）若 $\lim \dfrac{\beta}{\alpha^{k}}=c\,(c\neq 0,k>0)$，则称 β 是 α 的 k 阶的无穷小.

例如三个无穷小 $x,x^{2},\sin x\,(x\to 0)$，根据定义可知，x^{2} 是比 x 高阶的无穷小，x 是比 x^{2} 低阶的无穷小，而 $\sin x$ 与 x 是等价的无穷小.

例 1.53　当 $x\to 0$ 时，试比较 $\sqrt{1+x}-\sqrt{1-x}$ 与 x 的无穷小阶数.

解　因为 $\lim\limits_{x\to 0}(\sqrt{1+x}-\sqrt{1-x})=0,\ \lim\limits_{x\to 0}x=0$，

且 $\lim\limits_{x\to 0}\dfrac{\sqrt{1+x}-\sqrt{1-x}}{x}=\lim\limits_{x\to 0}\dfrac{2}{\sqrt{1+x}+\sqrt{1-x}}=1$，

所以 $\sqrt{1+x}-\sqrt{1-x}\sim x$.

例 1.54　当 $x\to 0$ 时，求 $\tan x-\sin x$ 关于 x 的阶数.

解　因为 $\lim\limits_{x\to 0}\dfrac{\tan x-\sin x}{x^{3}}=\lim\limits_{x\to 0}\dfrac{\tan x(1-\cos x)}{x^{3}}$

$=\lim\limits_{x\to 0}\dfrac{\sin x}{x}\cdot\dfrac{1-\cos x}{x^{2}}\cdot\dfrac{1}{\cos x}=\dfrac{1}{2}$，故当 $x\to 0$ 时，$\tan x-\sin x$ 为 x 的三阶无穷小.

1.9.2　等价无穷小

根据等价无穷小的定义，可以证明当 $x\to 0$ 时，有下列常用等价无穷小关系（等价无穷小替换）：

$$\sin x\sim x,\ \tan x\sim x,\ 1-\cos x\sim\dfrac{x^{2}}{2},$$

$$\ln(1+x)\sim x,\ \mathrm{e}^{x}-1\sim x,\ \sqrt[n]{1+x}-1\sim\dfrac{x}{n}.$$

定理 1.10　设 $\alpha,\alpha',\beta,\beta'$ 是同一过程中的无穷小，且 $\alpha\sim\alpha',\beta\sim\beta'$，$\lim\dfrac{\beta'}{\alpha'}$ 存在，则

$$\lim \frac{\beta}{\alpha} = \lim \frac{\beta'}{\alpha'}.$$

注意　只有乘除法才可以使用等价无穷小替换,加减法不行.

例 1.55　求极限 $\lim\limits_{x \to 0} \dfrac{\sqrt{1 + x \sin x} - \cos x}{x \arctan x}$.

解　由于 $\sqrt{1 + x} - 1 \sim \dfrac{1}{2}x$,$1 - \cos x \sim \dfrac{1}{2}x^2$,同时 $\arctan x \sim x$,所以我们将分子分为两个部分,同时利用等价无穷小可得

$$\lim_{x \to 0} \frac{\sqrt{1 + x \sin x} - \cos x}{x \arctan x} = \lim_{x \to 0} \frac{\sqrt{1 + x \sin x} - 1}{x^2} + \lim_{x \to 0} \frac{1 - \cos x}{x^2}.$$

其中,

$$\lim_{x \to 0} \frac{\sqrt{1 + x \sin x} - 1}{x^2} = \lim_{x \to 0} \frac{\frac{1}{2}x \sin x}{x^2} = \frac{1}{2} \lim_{x \to 0} \frac{x^2}{x^2} = \frac{1}{2},$$

$$\lim_{x \to 0} \frac{1 - \cos x}{x^2} = \lim_{x \to 0} \frac{\frac{1}{2}x^2}{x^2} = \frac{1}{2},$$

从而 $\lim\limits_{x \to 0} \dfrac{\sqrt{1 + x \sin x} - \cos x}{x \arctan x} = \lim\limits_{x \to 0} \dfrac{\sqrt{1 + x \sin x} - 1}{x^2} + \lim\limits_{x \to 0} \dfrac{1 - \cos x}{x^2} = \dfrac{1}{2} + \dfrac{1}{2} = 1.$

例 1.56　求 $\lim\limits_{x \to 0} \dfrac{\tan x - \sin x}{\sin^3 2x}$.

错解　当 $x \to 0$ 时,$\tan x \sim x$,$\sin x \sim x$,于是,

$$\lim_{x \to 0} \frac{\tan x - \sin x}{\sin^3 2x} = \lim_{x \to 0} \frac{x - x}{(2x)^3} = 0.$$

正解　当 $x \to 0$ 时,$\sin 2x \sim 2x$,$\tan x - \sin x = \tan x(1 - \cos x) \sim \dfrac{x^3}{2}$,于是,

$$\lim_{x \to 0} \frac{\tan x - \sin x}{\sin^3 2x} = \lim_{x \to 0} \frac{\frac{1}{2}x^3}{(2x)^3} = \frac{1}{16}.$$

定理 1.11　β 与 α 是等价无穷小的充分必要条件是

$$\beta = \alpha + o(\alpha).$$

1. 当 $x \to 0$ 时,判断下列各函数哪个是 x 的高阶无穷小? 低阶无穷小? 同阶无穷小?

(1) $\sin kx\,(k \neq 0)$;　　　　　　　(2) $x^2 \cos x$;

(3) $\sqrt{x} \cos x$;　　　　　　　　　(4) $\sqrt{1-2x} - \sqrt{1-3x}$.

2. 当 $x \to 0$ 时, $x - x^2$ 与 $x^2 - x^3$ 相比,哪一个是高阶无穷小?

3. 当 $x \to 1$ 时,无穷小 $1-x$ 与 $\dfrac{1}{2}(1-x^2)$ 是否同阶? 是否等价?

4. 当 $x \to 0$ 时, $\left(\sin x + x^2 \cos \dfrac{1}{x}\right)$ 与 $(1 + \cos x)\ln(1+x)$ 是否为同阶无穷小?

5. 利用等价无穷小的性质,求下列极限:

(1) $\lim\limits_{x \to 0} \dfrac{\tan 3x}{2x}$;　　　　　　　(2) $\lim\limits_{x \to 0} \dfrac{\arctan 3x}{5x}$;

(3) $\lim\limits_{x \to 0} \dfrac{e^{5x} - 1}{x}$;　　　　　　　(4) $\lim\limits_{x \to 0} \dfrac{\tan x - \sin x}{\sin^2 x}$;

(5) $\lim\limits_{x \to 0} \dfrac{\sqrt{1 + x\sin x} - 1}{x \arcsin x}$;　　　(6) $\lim\limits_{x \to 0} \dfrac{5x + \sin^2 x - 2x^2}{\tan x + 4x^2}$;

(7) $\lim\limits_{x \to 0} \dfrac{\sin 2x}{x^3 + 3x}$;　　　　　　(8) $\lim\limits_{x \to 0} \dfrac{1 - \cos 2x}{x \sin 2x}$.

6. 求极限 $\lim\limits_{x \to 0} \dfrac{\sin(x^n)}{(\sin x)^m}$ $(m, n$ 为正整数).

1.10　函数的连续与间断

1.10.1　函数的连续性

客观世界的许多现象和事物不仅是运动变化的,而且其运动变化的过程往往是连续不断的,这些连续不断发展变化的事物在数学上的反映就是函数的连续性.

微积分学所研究的函数主要是连续函数.本节用极限来描述函数连续的概念,并讨论连续函数的性质以及初等函数的连续性.

当用图像表示函数 $y = f(x)$ 时,会发现有些函数曲线的大部分是连续不断的,只是在某些地方是断开的,例如

$$y = \begin{cases} x+1, & -1 \leqslant x \leqslant 0, \\ x, & 0 < x \leqslant 1, \end{cases}$$

在 $x = 0$ 处是断开的,而在 $[-1, 1]$ 的其他地方是连续不断的.又如,$y = x^2$ 在 $(-\infty, +\infty)$ 内都是连续不断的.因此,如果一个函数的图像在某一区间上是连续不断的,就称这个函数在这一区间上是**连续**的.

为描述函数的连续性,首先引入函数增量的概念.

设变量 u 从它的一个初值 u_1 变到终值 u_2,则终值与初值的差 $u_2 - u_1$ 称为变量 u 的**增量**(**改变量**),记作 Δu,即

$$\Delta u = u_2 - u_1,$$

增量 Δu 可以是正的,也可以是负的,在 Δu 为正的情形,变量 u 从 u_1 变到 $u_2 = u_1 + \Delta u$ 时是增大的;当 Δu 为负时,变量 u 是减小的.

定义 1.20 设函数 $y = f(x)$ 在点 x_0 的某邻域内有定义,当自变量 x 在 x_0 处取得增量 Δx 时,相应地,函数 $y = f(x)$ 从 $f(x_0)$ 变到 $f(x_0 + \Delta x)$,则称

$$\Delta y = f(x_0 + \Delta x) - f(x_0)$$

为函数 $y = f(x)$ 的对应增量(见图 1-12).

假如保持 x_0 不变而让自变量的增量 Δx 变动,一般说来,函数 y 的增量 Δy 也要随着变动,现在对连续性的概念可以这样描述:当 Δx 趋于零时,函数 y 的对应增量 Δy 也趋于零,即

$$\lim_{\Delta x \to 0} \Delta y = 0,$$

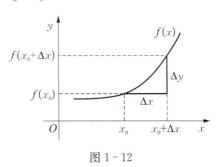

图 1-12

或

$$\lim_{\Delta x \to 0} [f(x_0 + \Delta x) - f(x_0)] = 0,$$

则称函数 $y = f(x)$ 在点 x_0 处是连续的,即有下述定义:

定义 1.21 设函数 $y = f(x)$ 在点 x_0 的某一邻域内有定义,如果当自变量在点 x_0 的增量 Δx 趋于零时,函数 $y = f(x)$ 对应的增量 Δy 也趋于零,即

$$\lim_{\Delta x \to 0} \Delta y = 0,$$

或

$$\lim_{\Delta x \to 0}[f(x_0 + \Delta x) - f(x_0)] = 0,$$

则称函数 $f(x)$ 在点 x_0 处连续，x_0 称为 $f(x)$ 的连续点.

注意 该定义表明，函数在一点连续的本质特征是：自变量变化很小时，对应的函数值的变化也很小.

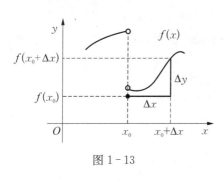

图 1-13

图 1-13 中的函数 $y = f(x)$，在 $\Delta x \to 0$ 时，Δy 不趋于零，所以 $y = f(x)$ 在点 x_0 处是不连续的.

例 1.57 证明 $y = x^3$ 在点 $x = x_0$ 处连续.

解 函数 $y = x^3$ 在 $x = x_0$ 的增量为 $\Delta y = (x_0 + \Delta x)^3 - (x_0)^3 = 3x_0^2 \Delta x + 3x_0(\Delta x)^2 + (\Delta x)^3,$

由于 $\lim_{\Delta x \to 0} \Delta y = \lim_{\Delta x \to 0}[3x_0^2 \Delta x + 3x_0(\Delta x)^2 + (\Delta x)^3] = 0$，所以函数 $y = x^3$ 在 $x = x_0$ 处连续.

连续的定义还能写成另外的形式，若令 $x = x_0 + \Delta x$，即 $\Delta x = x - x_0$，注意到 x_0 是固定的，从而当 $\Delta x \to 0$ 时，就意味着 $x \to x_0$，则有

$$\Delta y = f(x_0 + \Delta x) - f(x_0) = f(x) - f(x_0).$$

因此函数连续的定义又可叙述为以下：

定义 1.22 设函数 $y = f(x)$ 在点 x_0 的某一邻域有定义，如果函数 $f(x)$ 当 $x \to x_0$ 时的极限存在，且等于它在点 x_0 处的函数值 $f(x_0)$，即

$$\lim_{x \to x_0} f(x) = f(x_0),$$

则称函数 $f(x)$ 在点 x_0 处连续.

从定义可知，函数 $f(x)$ 在点 x_0 处连续必须满足下列 3 个条件：

(1) $f(x)$ 在点 x_0 处有定义，即有确定的函数值 $f(x_0)$；

(2) 极限 $\lim_{x \to x_0} f(x)$ 存在，即左、右极限存在且相等；

(3) $\lim_{x \to x_0} f(x) = f(x_0)$，即极限值 $\lim_{x \to x_0} f(x)$ 等于函数值 $f(x_0)$.

注意 若有一个条件不满足，则函数 $f(x)$ 在点 $x = x_0$ 处不连续.不连续的点称为函数 $f(x)$ 的间断点.

例 1.58 设 $f(x) = \begin{cases} x+1, & x \neq 1, \\ 1, & x = 1, \end{cases}$ 讨论 $f(x)$ 在点 $x = 1$ 处的连续性.

解　因为 $f(x)$ 在 $x=1$ 处有定义，$f(1)=1,\lim\limits_{x\to 1}(x+1)=2\neq f(1)$，所以 $f(x)$ 在 $x=1$ 处不连续.

1.10.2　左连续与右连续

若函数 $f(x)$ 在区间 $(a,x_0]$ 有定义，且 $\lim\limits_{x\to x_0^-}f(x)=f(x_0)$，则称函数 $f(x)$ 在点 x_0 处左连续.

若函数 $f(x)$ 在区间 $[x_0,b)$ 有定义，且 $\lim\limits_{x\to x_0^+}f(x)=f(x_0)$，则称函数 $f(x)$ 在点 x_0 处右连续.

定理 1.12　函数 $f(x)$ 在点 x_0 处连续的充分必要条件是函数 $f(x)$ 在点 x_0 处既左连续又右连续.

例 1.59　设 $f(x)=\begin{cases} \dfrac{1}{x}\sin x, & x<0, \\ k, & x=0, \\ x\cdot\sin\dfrac{1}{x}+1, & x>0, \end{cases}$（$k$ 为常数），试确定 k 的值，使函数 $f(x)$ 在 $x=0$ 处连续.

解　因为 $\lim\limits_{x\to 0^-}f(x)=\lim\limits_{x\to 0^-}\dfrac{1}{x}\sin x=1$，$\lim\limits_{x\to 0^+}f(x)=\lim\limits_{x\to 0^+}\left(x\sin\dfrac{1}{x}+1\right)=1$，所以，要使 $f(x)$ 在 $x=0$ 处连续，必须有 $f(0)=\lim\limits_{x\to 0}f(x)=1$，

根据题意，$f(0)=k$，因此当 $k=1$ 时，函数在 $x=0$ 处连续.

1.10.3　连续函数与连续区间

在某区间内每一点都连续的函数，称为该区间内的**连续函数**，或者称函数在该区间内连续.

如果函数 $f(x)$ 在开区间 (a,b) 内连续，且在左端点 $x=a$ 处右连续，在右端点 $x=b$ 处左连续，则称函数 $f(x)$ 在闭区间 $[a,b]$ 上连续.

连续函数的图形是一条连续而不间断的曲线.

在前面已经指出，基本初等函数 $f(x)$ 在其定义域内任一点 x_0 处满足

$$\lim_{x\to x_0}f(x)=f(x_0),$$

现在有了连续性的概念，可将此结论表述为：

基本初等函数在其定义域内每点处均连续，也就是说，基本初等函数在其定义域内是连续的.

1.10.4 函数的间断点

为了深刻理解函数连续性的概念,讨论函数不连续的情况十分必要.

设函数 $f(x)$ 在点 x_0 的某个去心邻域内有定义.如果 x_0 不是函数 $f(x)$ 的连续点,就称 x_0 是 $f(x)$ 的**间断点**.

显然,如果有下列 3 种情形中的任何一种发生,则点 x_0 就是函数 $f(x)$ 的间断点:

(1) $f(x)$ 在点 x_0 处没有定义;

(2) 极限 $\lim\limits_{x \to x_0} f(x)$ 不存在;

(3) 虽然 $f(x_0)$ 有定义,且 $\lim\limits_{x \to x_0} f(x)$ 存在,但极限值不等于函数值,即 $\lim\limits_{x \to x_0} f(x) \neq f(x_0)$.

函数的间断点通常分为两类:

1. 第一类间断点

即左右极限均存在,其中还包括两种情况.

(1) 若函数 $f(x)$ 当 $x \to x_0$ 时,左、右极限都存在但不相等,则称点 x_0 为 $f(x)$ 的**跳跃间断点**.

例如,函数 $f(x) = \begin{cases} x^2 + 1, & x < 0, \\ 0, & x = 0, \\ x - 1, & x > 0, \end{cases}$

当 $x \to 0$ 时,由于

$$\lim_{x \to 0^-} f(x) = \lim_{x \to 0^-} (x^2 + 1) = 1,$$

$$\lim_{x \to 0^+} f(x) = \lim_{x \to 0^+} (x - 1) = -1.$$

该函数在 $x = 0$ 处的左、右极限均存在但不相等.因此,$x = 0$ 是函数的跳跃间断点.

(2) 若函数 $f(x)$ 当 $x \to x_0$ 时,左、右极限都存在且相等,即极限存在,但不等于函数值或函数无定义,则称点 x_0 为 $f(x)$ 的**可去间断点**.

例如,函数 $y = \dfrac{\sin x}{x}$ 除了 $x = 0$ 之外有定义,$x = 0$ 是间断点,但

$$\lim_{x \to 0} \frac{\sin x}{x} = 1,$$

如果补充定义,当 $x = 0$ 时 $y = 1$,则函数 y 在 $x = 0$ 处连续,因此 $x = 0$ 称为函数

$y = \dfrac{\sin x}{x}$ 的可去间断点.

再例如,函数 $f(x) = \begin{cases} x, & x \neq 1, \\ \dfrac{1}{2}, & x = 1, \end{cases}$

在 $x = 1$ 处有定义, $f(1) = \dfrac{1}{2}$, 但是 $\lim\limits_{x \to 1} f(x) = \lim\limits_{x \to 1} x = 1$, 可见

$$\lim_{x \to 1} f(x) \neq f(1),$$

故 $x = 1$ 是 $f(x)$ 的间断点.如果改变函数在 $x = 1$ 处的定义,令 $f(1) = 1$,则 $f(x)$ 在 $x = 1$ 处连续,因此 $x = 1$ 也称为该函数的可去间断点.

一般地,对可去间断点,只要补充定义 $f(x_0)$ 或重新定义 $f(x_0)$,令 $f(x_0) = \lim\limits_{x \to x_0} f(x)$,则函数 $f(x)$ 将在 x_0 处连续.由于函数在 x_0 处的间断性可通过再定义 $f(x_0)$ 去除,故称 x_0 是函数 $f(x)$ 的可去间断点.

2. 第二类间断点

即左右极限中至少有一个为无穷或不存在.

通常有无穷间断点和振荡间断点.

1) 无穷间断点

例如,正切函数 $y = \tan x$ 在 $x = \dfrac{\pi}{2}$ 处没有定义,且因为

$$\lim_{x \to \frac{\pi}{2}} \tan x = \infty,$$

故称 $x = \dfrac{\pi}{2}$ 是函数 $y = \tan x$ 的无穷间断点.

一般来说,如果 x_0 是函数 $f(x)$ 的间断点,且

$$\lim_{x \to x_0} f(x) = \infty,$$

则称 x_0 为 $f(x)$ 的**无穷间断点**.

2) 振荡间断点

例如,函数 $y = \sin \dfrac{1}{x}$ 在 $x = 0$ 处没有定义,且当 $x \to 0$ 时,函数在 -1 与 1 之间无限次地变动,故极限不存在,则称 $x = 0$ 是函数 $y = \sin \dfrac{1}{x}$ 的**振荡间断点**.

一般来说,在 $x \to x_0$ 的过程中,若函数值 $f(x)$ 无限地在两个不同数之间变

动,则称 x_0 为 $f(x)$ 的振荡间断点.

习　题　1.10

1. 研究下列函数的连续性,并画出函数图像:

(1) $f(x)=\begin{cases} x, & -1\leqslant x\leqslant 1, \\ 1, & x<-1 \text{ 或 } x>1; \end{cases}$

(2) $f(x)=\begin{cases} x^2, & 0\leqslant x\leqslant 1, \\ 2-x, & 1<x\leqslant 2. \end{cases}$

2. 讨论下列函数在 $x_0=0$ 处的连续性:

(1) $f(x)=\begin{cases} \dfrac{1}{x}, & x<0, \\ 0, & x=0, \\ x\sin\dfrac{1}{x}, & x>0; \end{cases}$ 　(2) $f(x)=\begin{cases} \dfrac{\sin 2x}{x}, & x<0, \\ 1, & x=0, \\ \dfrac{\sin(1+2x)}{x}, & x>0; \end{cases}$

(3) $f(x)=\begin{cases} x^2\sin\dfrac{1}{x}, & x\neq 0, \\ 0, & x=0; \end{cases}$ 　(4) $f(x)=\begin{cases} \mathrm{e}^x, & x\leqslant 0, \\ \dfrac{\sin x}{x}, & x>0. \end{cases}$

3. 指出下列函数的间断点及其类型:

(1) $y=\dfrac{x^2-1}{x^2-3x+2}$; 　(2) $y=\dfrac{1+x}{2-x^2}$; 　(3) $y=\dfrac{|x|}{x}$;

(4) $y=\dfrac{x^2-4}{x-2}$; 　(5) $y=\dfrac{x}{\tan x}$; 　(6) $y=\cos^2\dfrac{1}{x}$;

(7) $y=\begin{cases} x-1, & x\leqslant 1, \\ 3-x, & x>1; \end{cases}$ 　(8) $y=\dfrac{1}{x}\ln(1-x)$.

4. 函数 $f(x)=\begin{cases} 2x, & 0\leqslant x<1, \\ 3-x, & 1\leqslant x\leqslant 2, \end{cases}$ 在闭区间 $[0,2]$ 上是否连续?

5. 设函数 $f(x)=\begin{cases} \mathrm{e}^x, & x<0, \\ a+x, & x\geqslant 0, \end{cases}$ 问 a 为何值时,$f(x)$ 在 $(-\infty,+\infty)$ 内连续?

6. 讨论 $f(x)=\begin{cases} \dfrac{1}{1+\mathrm{e}^{\frac{1}{x}}}, & x\neq 0, \\ 0, & x=0, \end{cases}$ 在 $x=0$ 处的左、右连续性.

7. 设 $f(x) = \begin{cases} a + x^2, & x < 0, \\ 1, & x = 0, \\ \ln(b + x + x^2), & x > 0, \end{cases}$ 在 $x = 0$ 处连续, 试确定 a, b 的值.

1.11　连续函数的运算与性质

1.11.1　连续函数的算术运算

由极限在某点连续的定义和极限的四则运算法则, 可得出:

定理 1.13　若函数 $f(x)$, $g(x)$ 在点 x_0 处连续, 则

$$Cf(x)(C \text{ 为常数}), f(x) \pm g(x), f(x) \cdot g(x), \frac{f(x)}{g(x)}(g(x_0) \neq 0),$$

在点 x_0 处也连续.

1.11.2　复合函数的连续性

定理 1.14　若 $\lim\limits_{x \to x_0} \varphi(x) = a$, $u = \varphi(x)$, 函数 $f(u)$ 在点 a 处连续, 则有

$$\lim\limits_{x \to x_0} f[\varphi(x)] = f(a) = f[\lim\limits_{x \to x_0} \varphi(x)].$$

注意　在定理 1.14 的条件下, 求复合函数 $f[\varphi(x)]$ 的极限时, 极限符号与函数符号 f 可以交换次序.

在定理 1.13 的条件下, 若做代换 $u = \varphi(x)$, 则求 $\lim\limits_{x \to x_0} f[\varphi(x)]$ 就转化为求 $\lim\limits_{u \to a} f(u)$, 这里 $\lim\limits_{x \to x_0} \varphi(x) = a$. 假定 $\varphi(x)$ 在点 x_0 处连续, 即

$$\lim\limits_{x \to x_0} \varphi(x) = \varphi(x_0),$$

则可得到下列结论:

定理 1.15　设函数 $u = \varphi(x)$ 在点 x_0 处连续, 且 $\varphi(x_0) = u_0$, 而函数 $y = f(u)$ 在点 $u = u_0$ 处连续, 则复合函数 $f[\varphi(x)]$ 在点 x_0 处也连续.

例 1.60　讨论函数 $y = \sin\dfrac{1}{x}$ 的连续性.

解　函数 $y = \sin\dfrac{1}{x}$ 可看作由 $y = \sin u$ 及 $u = \dfrac{1}{x}$ 复合而成.

$\sin u$ 在 $(-\infty, +\infty)$ 上连续, $\dfrac{1}{x}$ 在 $(-\infty, 0)$ 和 $(0, +\infty)$ 上连续.

根据定理 1.15 可得：函数 $\sin\dfrac{1}{x}$ 在区间 $(-\infty,0)$ 和 $(0,+\infty)$ 内是连续的.

1.11.3　初等函数的连续性

定理 1.16　基本初等函数在其定义域内是连续的.

因初等函数是由基本初等函数经过有限次四则运算和复合运算所构成的, 故有：

定理 1.17　一切初等函数在其定义区间内都是连续的.

注意　所谓定义区间是指包含在定义域内的区间.

根据函数 $f(x)$ 在点 x_0 连续的定义, 如果已知 $f(x)$ 在点 x_0 连续, 那么求 $f(x)$ 当 $x \to x_0$ 时的极限, 只要求 $f(x)$ 在点 x_0 处的函数值就行了. 因此, 上述关于初等函数连续性的结论提供了一个求极限的方法：如果 $f(x)$ 是初等函数, 且 x_0 是 $f(x)$ 在定义区间内的点, 则

$$\lim_{x \to x_0} f(x) = f(x_0).$$

例如点 $x_0 = \dfrac{\pi}{2}$ 是初等函数 $f(x) = \ln \sin x$ 的一个定义区间 $(0,\pi)$ 内的点, 所以

$$\lim_{x \to \frac{\pi}{2}} \ln \sin x = \ln \sin \frac{\pi}{2} = 0.$$

1.11.4　闭区间上连续函数的性质

闭区间上的连续函数有很多重要性质, 其中不少性质从几何直观上看是很明显的, 但证明却并不容易, 因此, 这些性质仅以定理的形式叙述出来, 略去证明. 此外还需说明这些性质对于开区间内的连续函数或者闭区间上的非连续函数, 一般是不成立的.

先说明最大值和最小值的概念, 对于在区间 I 上有定义的函数 $f(x)$, 如果有 $x_0 \in I$, 使得对于任意 $x \in I$ 都满足

$$f(x) \leqslant f(x_0)(f(x) \geqslant f(x_0)),$$

则称 $f(x_0)$ 是函数 $f(x)$ 在区间 I 上的最大值(最小值).

定理 1.18(最值定理)　在闭区间上连续的函数一定有最大值和最小值.

注意　如果函数在开区间内连续或在闭区间上有间断点, 那么函数在该区间

上不一定有界也不一定有最大值或最小值.例如函数 $y=\tan x$ 在开区间 $\left(-\dfrac{\pi}{2},\dfrac{\pi}{2}\right)$ 内是连续的,但它在开区间 $\left(-\dfrac{\pi}{2},\dfrac{\pi}{2}\right)$ 内无界且既无最大值又无最小值.

定理 1.19(有界性定理) 在闭区间上连续的函数一定在该区间上有界.

如果 $f(x_0)=0$,则称 x_0 为函数 $f(x)$ 的零点.

定理 1.20(零点定理) 设函数 $f(x)$ 在闭区间 $[a,b]$ 上连续,且 $f(a)$ 与 $f(b)$ 异号,即

$$f(a)\cdot f(b)<0,$$

则在开区间 (a,b) 内至少有函数 $f(x)$ 的一个零点,即至少存在一点 ξ,使得

$$f(\xi)=0.$$

定理 1.21(介值定理) 设函数 $f(x)$ 在闭区间 $[a,b]$ 上连续,A 和 B 分别为 $f(x)$ 在 $[a,b]$ 上的最大值与最小值,则对任意介于 B 与 A 之间的实数 c,在 $[a,b]$ 上至少存在一点 ξ,使得

$$f(\xi)=c.$$

推论 1.6 在闭区间上连续的函数必取得介于最大值 M 与最小值 m 之间的任何值.

例 1.61 证明方程

$$\frac{1}{x-1}+\frac{1}{x-2}+\frac{1}{x-3}=0,$$

有分别包含于 $(1,2)$,$(2,3)$ 内的两个实根.

证 当 $x\neq 1,2,3$,用 $(x-1)(x-2)(x-3)$ 乘方程两端,得

$$(x-2)(x-3)+(x-1)(x-3)+(x-1)(x-2)=0.$$

设 $f(x)=(x-2)(x-3)+(x-1)(x-3)+(x-1)(x-2)$,

则 $f(1)=(-1)\cdot(-2)=2>0$,$f(2)=1\cdot(-1)=-1<0$,$f(3)=2\cdot 1=2>0$.

由零点定理知,$f(x)$ 在 $(1,2)$ 与 $(2,3)$ 内至少各有一个零点,即原方程在 $(1,2)$ 与 $(2,3)$ 内至少各有一个实根.

例 1.62 证明:方程 $2^x=x^2$ 在 $(-1,1)$ 内必有实根.

证 令 $F(x) = 2^x - x^2$，则 $F(x)$ 在 $(-1, 1)$ 内连续，且

$$F(-1) = -\frac{1}{2} < 0, \ F(1) = 1 > 0,$$

由零点定理，知道 $F(x)$ 在 $(-1, 1)$ 内一定有零点，即方程 $2^x = x^2$ 在 $(-1, 1)$ 内一定有实根.

> **习 题 1.11**

1. 求函数 $f(x) = \dfrac{x^3 + 3x^2 - x - 3}{x^2 + x - 6}$ 的连续区间，并求极限 $\lim\limits_{x \to 0} f(x)$，$\lim\limits_{x \to -3} f(x)$，$\lim\limits_{x \to 2} f(x)$.

2. 求下列极限：

(1) $\lim\limits_{x \to 0} \sqrt{x^2 - 2x + 5}$；

(2) $\lim\limits_{x \to \frac{\pi}{4}} (\sin 2x)^3$；

(3) $\lim\limits_{x \to \frac{\pi}{4}} \ln(2\sin 2x)$；

(4) $\lim\limits_{x \to 0} \ln \dfrac{\sin x}{x}$；

(5) $\lim\limits_{x \to 0} \dfrac{\ln(1 + x^2)}{\sin(1 + x^2)}$；

(6) $\lim\limits_{x \to \infty} \mathrm{e}^{\frac{1}{x}}$.

3. 证明：方程 $x^5 - 3x = 1$ 在 $(1, 2)$ 内至少有一个根.

4. 证明：方程 $x^2 \cos x - \sin x = 0$ 在 $\left(\pi, \dfrac{3\pi}{2}\right)$ 内至少有一个根.

5. 证明：方程 $x^5 - 2x^2 + x + 1 = 0$ 在 $(-1, 1)$ 内至少有一个根.

6. 设 $f(x) = \mathrm{e}^x - 2$，求证在区间 $(0, 2)$ 内至少有一个点 x_0，使得 $\mathrm{e}^{x_0} - 2 = x_0$.

7. 证明：若 $f(x)$ 在 $(-\infty, +\infty)$ 内连续，且 $\lim\limits_{x \to \infty} f(x)$ 存在，则 $f(x)$ 必在 $(-\infty, +\infty)$ 内有界.

8. 设 $f(x)$ 在 $[0, 2a]$ 上连续，且 $f(0) = f(2a)$，证明：在 $[0, a]$ 上至少有一个点 ξ，使得 $f(\xi) = f(\xi + a)$.

9. 证明若 $f(x)$ 在 $[a, b]$ 上连续，$a < x_1 < x_2 < \cdots < x_n < b$，则在 $[x_1, x_n]$ 上必有 ξ，使得

$$f(\xi) = \frac{f(x_1) + f(x_2) + \cdots + f(x_n)}{n}.$$

本 章 小 结

函数、极限与连续

函数概念
实数与区间、邻域
函数的定义
函数的特性(有界、单调、奇偶和周期性)
反函数
基本初等函数
复合函数
常用的经济函数

极限概念
极限的定义与性质(数列、函数)
无穷大与无穷小
极限运算法则
极限存在准则
两个重要极限
无穷小的比较
等价无穷小

连续概念
函数的增量
连续函数的定义
函数的左、右极限
连续函数与连续区间
函数的间断点及分类
连续函数的运算与性质
复合函数的连续性
初等函数的连续性
闭区间上连续函数的性质

习 题 1

1. 求下列函数的定义域:

(1) $y = \arcsin \dfrac{1}{2}(x^2 - x)$;

(2) $y = \dfrac{\ln(1 - 2x)}{x^2 - 1}$;

(3) $y = \arccos \sqrt{\dfrac{x-1}{x+1}}$;

(4) $y = \sqrt{-\sin^2 \pi x}$.

2. 判断下列各组中的两个函数是否相同,并说明理由:

(1) $y=\sin(\arcsin x)$，$y=x$；

(2) $y=\ln\dfrac{x+1}{x-1}$，$y=\ln(x+1)-\ln(x-1)$；

(3) $y=\sqrt{1-\sin^2 x}$，$y=\cos x$；

(4) $y=|x|$，$x\in\{0,1\}$；$y=x^2$，$x\in\{0,1\}$.

3. 设 $f(x)=\begin{cases}1,&x\geqslant 0,\\0,&x<0,\end{cases}$ $g(x)=\begin{cases}0,&x\geqslant 0,\\1,&x<0,\end{cases}$ 求函数 $F(x)=f(x)g(x)$，$H(x)=f(x)+g(x)$ 的表达式.

4. 设 $f(x)$ 函数的定义域是 $[0,1)$，求 $f(x^2)$ 的定义域.

5. 已知 $f(x)$ 是定义在 $[-1,1]$ 上的奇函数，当 $x>0$ 时，$f(x)=x^2+x+1$，求 $f(x)$ 的表达式.

6. 设 $f(x)$ 是以 3 为周期的奇函数，且 $f(-1)=-1$，求 $f(7)$.

7. 设函数 $y=f(x)$，$x\in(-\infty,+\infty)$ 的图形关于 $x=a$，$x=b$ 均对称 $(a\neq b)$，试证明 $y=f(x)$ 是周期函数，并求其周期.

8. 求下列函数的反函数：

(1) $y=\dfrac{2^x}{2^x+1}$；   (2) $y=\ln(x+2)+1$.

9. 设 $f\left(\dfrac{1}{x}\right)=x+\sqrt{1+x^2}$，求 $f(x)$.

10. 设 $f(x)=\begin{cases}x+1,&x\leqslant 1,\\2x-1,&x>1,\end{cases}$ 求 $f(x+1)$，$f(\ln x)$，$f(\sin x)$.

11. 设 $f(x+1)=\begin{cases}x^2,&0\leqslant x\leqslant 1,\\2x,&1<x\leqslant 2,\end{cases}$ 求 $f(x)$.

12. 指出下列函数是由哪些函数复合而成的：

(1) $y=\dfrac{1}{(2x+5)^2}$；   (2) $y=(\sin x+\cos x+3)^2+1$；

(3) $y=\sin\sqrt{\ln(x^2+1)}$；   (4) $y=\sin^2(\lg(3x+5))$.

13. 设某行业只有两家企业提供给市场某种产品，两家企业的产品供给量与市场价格的函数关系分别为

$$Q_1=-8+2p,\quad Q_2=-10+2.8p,$$

求市场的总供给量与价格的函数关系.

14. 某厂生产某种产品 1 000 t，当销量不超过 700 t 时，售价为 130 元/t，当超过 700 t 时，超过的部分按原价格的 9 折销售，求销售总收入与总销售量的函数

关系.

15. 已知 $x_n = \dfrac{1}{3} + \dfrac{1}{15} + \cdots + \dfrac{1}{4n^2-1}$，求 $\lim\limits_{x\to\infty} x_n$.

16. 证明：函数 $f(x)=3\,|\,x\,|$ 当 $x\to 0$ 时的极限为 0.

17. 根据定义证明：$y = \dfrac{x^2-16}{x+4}$ 为当 $x\to 4$ 时的无穷小.

18. 计算下列极限：

(1) $\lim\limits_{x\to 1}\dfrac{x^n-1}{x-1}\,(n\in\mathbf{N})$；

(2) $\lim\limits_{x\to 4}\dfrac{\sqrt{2x+1}-3}{\sqrt{x-2}-\sqrt{2}}$；

(3) $\lim\limits_{x\to\infty}(\sqrt{(x+p)(x+q)}-x)$；

(4) $\lim\limits_{x\to\infty}\dfrac{x^2+1}{x^3+x}(3+\cos x)$.

19. 计算下列极限：

(1) $\lim\limits_{n\to\infty}2^n\sin\dfrac{x}{2^n}\,(x\neq 0)$；

(2) $\lim\limits_{x\to\infty}\dfrac{3x^2+5}{5x+3}\sin\dfrac{2}{x}$.

20. 设 $x_1=1$，$x_{n+1}=1+\dfrac{x_n}{1+x_n}\,(n=1,2,3,\cdots)$，求 $\lim\limits_{x\to\infty} x_n$.

21. 当 $x\to 0$ 时，证明 $\arctan x \sim x$.

22. 求极限 $\lim\limits_{x\to 0}\dfrac{\sqrt{1+x\sin x}-\cos x}{\sin^2\dfrac{x}{2}}$.

23. 设 $p(x)$ 是多项式，且 $\lim\limits_{x\to\infty}\dfrac{p(x)-x^3}{x^2}=2$，$\lim\limits_{x\to 0}\dfrac{p(x)}{x}=1$，求 $p(x)$.

24. 已知 $\lim\limits_{x\to 1}\dfrac{x^2+ax+b}{x-1}=3$，求 a，b 的值.

25. 判断函数 $y=\dfrac{x}{\tan x}$ 在 $x=k\pi$ 及 $x=k\pi+\dfrac{\pi}{2}\,(k\in\mathbf{Z})$ 处间断点的类型.

26. 设 $\lim\limits_{x\to 0}\dfrac{f(x)}{x}=a$，$a$ 为常数，求 $\lim\limits_{x\to 0}f(x)\sin\dfrac{1}{x}$.

2 导 数 与 微 分

微积分主要是继欧氏几何之后,数学上的一个重大创造.它的产生是为了解决四类科学问题:第一类是物理学上已知物体移动的距离表示为时间的函数,求任意时刻速度和加速度,或已知加速度表示为时间的函数,求速度和距离;第二类是求曲线的切线问题;第三类是求函数的最大值和最小值问题;第四类是求曲线长,曲线围成区域的面积,曲面围成立体体积的问题.

微积分学是高等数学最基本、最重要的组成部分,是许多现代数学分支的基础.导数和微分是一元函数微分学中两个基本概念,它们都反映了函数的局部性质,两者既有内在联系又有本质区别:导数反映了函数相对于自变量的变化快慢程度,即函数的变化率;微分表达了当自变量有微小变化时,函数变化的近似值.

2.1 导 数 概 念

2.1.1 引例

1. 变速直线运动的瞬时速度

从物理学中知道,如果物体做直线运动,它所移动的路程 s 是时间 t 的函数,记为 $s = s(t)$,则从时刻 t_0 到 $t_0 + \Delta t$ 的时间间隔内它的平均速度为

$$\frac{\Delta s}{\Delta t} = \frac{s(t_0 + \Delta t) - s(t_0)}{\Delta t},$$

在匀速运动中,这个比值是常量,但在变速运动中,它不仅与 t_0 有关,而且与 Δt 也有关.当 Δt 很小时,显然 $\frac{\Delta s}{\Delta t}$ 与在 t_0 时刻的速度相近似.如果当 Δt 趋于零时,平均速度 $\frac{\Delta s}{\Delta t}$ 的极限存在,那么这个极限值称为物体在时刻 t_0 时的瞬时速度,简称速度,记作 $v(t_0)$,即

$$v(t_0) = \lim_{\Delta t \to 0} \frac{s(t_0 + \Delta t) - s(t_0)}{\Delta t}.$$

2. 平面曲线的切线

中学数学将切线定义为与曲线只交于一点的直线.这种定义只适用于少数几种曲线,如圆、椭圆等,而对其他曲线就不一定合适了,现重新定义曲线切线如下:

设点 M 是曲线 $y=f(x)$ 上的一个定点,点 N 是动点,当 N 沿曲线趋向于点 M 时,如果割线 MN 的极限位置 MT 存在,则称直线 MT 为曲线 $y=f(x)$ 在点 M 处的切线.

如图 2-1 所示,在曲线上 M 点附近另取一动点 $N(x_0+\Delta x,y_0+\Delta y)$,过点 M、N 作割线 MN,设其与 x 轴正向的夹角为 φ,如图易知割线的斜率为

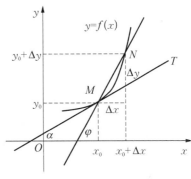

图 2-1

$$\tan\varphi=\frac{\Delta y}{\Delta x}=\frac{f(x_0+\Delta x)-f(x_0)}{\Delta x},$$

当 $\Delta x\to 0$ 时,点 N 沿曲线无限接近于定点 M,从而割线 MN 也绕点 M 转动而趋近于它的极限位置——直线 MT,此直线称为曲线 $y=f(x)$ 在点 M 处的切线.设切线的倾角为 α,显然,切线 MT 的斜率为

$$\tan\alpha=\lim_{\Delta x\to 0}\tan\varphi=\lim_{\Delta x\to 0}\frac{\Delta y}{\Delta x}=\lim_{\Delta x\to 0}\frac{f(x_0+\Delta x)-f(x_0)}{\Delta x}.$$

3. 产品总成本的变化率

设某产品的总成本 C 是产量 x 的函数,即 $C=f(x)$,当产量由 x_0 变到 $x_0+\Delta x$ 时,总成本相应的改变量为

$$\Delta C=f(x_0+\Delta x)-f(x_0),$$

当产量由 x_0 变到 $x_0+\Delta x$ 时,总成本的平均变化率为

$$\frac{\Delta C}{\Delta x}=\frac{f(x_0+\Delta x)-f(x_0)}{\Delta x},$$

当 $\Delta x\to 0$ 时,如果极限

$$\lim_{\Delta x\to 0}\frac{\Delta C}{\Delta x}=\lim_{\Delta x\to 0}\frac{f(x_0+\Delta x)-f(x_0)}{\Delta x}$$

存在,则称此极限是产量为 x_0 时总成本的变化率.

以上三个问题的实际意义虽然不同,但都是计算函数的增量与自变量增量的

比,当自变量趋近于零的极限,即

$$\lim_{\Delta x \to 0} \frac{\Delta y}{\Delta x} = \lim_{\Delta x \to 0} \frac{f(x_0 + \Delta x) - f(x_0)}{\Delta x}.$$

2.1.2 导数的定义

定义 2.1   设函数 $y = f(x)$ 在点 x_0 的某个邻域内有定义. 当 x 在 x_0 处有增量 Δx 时,相应函数也取得相应的改变量为

$$\Delta y = f(x_0 + \Delta x) - f(x_0).$$

如果 Δy 与 Δx 之比当 $\Delta x \to 0$ 时的极限存在,即

$$\lim_{\Delta x \to 0} \frac{\Delta y}{\Delta x} = \lim_{\Delta x \to 0} \frac{f(x_0 + \Delta x) - f(x_0)}{\Delta x} \qquad (2-1)$$

存在,则称函数在 x_0 处可导,并称这个极限值为函数 $y = f(x)$ 在点 x_0 处的**导数**. 记为:

$$f'(x_0),\ y'(x_0),\ y'\Big|_{x=x_0},\ \frac{\mathrm{d}y}{\mathrm{d}x}\Big|_{x=x_0},\ \frac{\mathrm{d}f}{\mathrm{d}x}\Big|_{x=x_0},$$

即

$$f'(x_0) = \lim_{\Delta x \to 0} \frac{f(x_0 + \Delta x) - f(x_0)}{\Delta x},$$

此时,称函数 $f(x)$ 在点 x_0 处可导.

注意
$$\frac{\Delta y}{\Delta x} = \frac{f(x_0 + \Delta x) - f(x_0)}{\Delta x}$$

表示函数 $f(x)$ 在点 x_0 与 $x_0 + \Delta x$ 两点间的平均变化率,而导数

$$f'(x_0) = \lim_{\Delta x \to 0} \frac{\Delta y}{\Delta x} = \lim_{\Delta x \to 0} \frac{f(x_0 + \Delta x) - f(x_0)}{\Delta x}$$

表示函数 $f(x)$ 在点 x_0 处的变化率.

导数概念是函数变化率这一概念的精确描述,它撇开了自变量和因变量所代表的几何或物理等方面的特殊意义,纯粹从数量方面来表达函数变化率的本质.

导数的定义也可采取不同的表达形式:

例如在式 $(2-1)$ 中,令 $h = \Delta x$,则

$$f'(x_0) = \lim_{h \to 0} \frac{f(x_0 + h) - f(x_0)}{h};$$

令 $x = x_0 + \Delta x$，则

$$f'(x_0) = \lim_{h \to 0} \frac{f(x) - f(x_0)}{x - x_0}.$$

若式(2-1)极限不存在,则称函数在该点不可导.如果不可导的原因是由于当 $\Delta x \to 0$ 时, $\frac{\Delta y}{\Delta x} \to \infty$,往往称函数 $y = f(x)$ 在点 x_0 处的导数为无穷大.

例 2.1 已知 $f'(x_0)$ 存在,求

$$\lim_{h \to 0} \frac{f(x_0 + h) - f(x_0 - h)}{h}.$$

解 原式 $= \lim_{h \to 0} \dfrac{[f(x_0 + h) - f(x_0)] + [f(x_0) - f(x_0 - h)]}{h}$

$= \lim_{h \to 0} \dfrac{f(x_0 + h) - f(x_0)}{h} + \lim_{h \to 0} \dfrac{f(x_0 - h) - f(x_0)}{-h}$

$= f'(x_0) + f'(x_0) = 2f'(x_0).$

若函数 $f(x)$ 在区间 (a, b) 内每一点都可导,则称 $f'(x)$ 为在区间 (a, b) 内 $f(x)$ 对 x 的**导函数**,简称**导数**.记作:

$$f'(x)、y'、\frac{\mathrm{d}y}{\mathrm{d}x} \text{ 或 } \frac{\mathrm{d}f}{\mathrm{d}x},$$

即

$$f'(x) = \lim_{\Delta x \to 0} \frac{f(x + \Delta x) - f(x)}{\Delta x}.$$

显然, $f'(x_0)$ 就是导(函)数 $f'(x)$ 在点 x_0 的值.

根据导数的定义求导,一般包含以下三个步骤:

(1) 求增量: $\Delta y = f(x + \Delta x) - f(x)$;

(2) 算比值: $\dfrac{\Delta y}{\Delta x} = \dfrac{f(x + \Delta x) - f(x)}{\Delta x}$;

(3) 取极限: $y' = f'(x) = \lim_{\Delta x \to 0} \dfrac{f(x + \Delta x) - f(x)}{\Delta x}$.

例 2.2 按定义求函数 $y = \sqrt{1 - x}$ 的导数.

解　因为 $\Delta y = \sqrt{1-(x+\Delta x)} - \sqrt{1-x} = \dfrac{-\Delta x}{\sqrt{1-(x+\Delta x)} + \sqrt{1-x}}$,

所以　　　　$\dfrac{\Delta y}{\Delta x} = -\dfrac{1}{\sqrt{1-(x+\Delta x)} + \sqrt{1-x}}$,

所以 $y' = \lim\limits_{\Delta x \to 0} \dfrac{\Delta y}{\Delta x} = -\lim\limits_{\Delta x \to 0} \dfrac{1}{\sqrt{1-(x+\Delta x)} + \sqrt{1-x}} = -\dfrac{1}{2\sqrt{1-x}}$.

2.1.3　左、右导数

求函数 $y = f(x)$ 在点 x_0 处的导数时,如果只考虑单侧极限,我们可以引入左右导数的概念.

如果极限 $\lim\limits_{x \to x_0^-} \dfrac{f(x)-f(x_0)}{x-x_0}$ 存在,则称此极限值为 $f(x)$ 在点 x_0 处的**左导数**,记为 $f'_-(x_0)$,即

$$f'_-(x_0) = \lim_{x \to x_0^-} \frac{f(x)-f(x_0)}{x-x_0};$$

如果极限 $\lim\limits_{x \to x_0^+} \dfrac{f(x)-f(x_0)}{x-x_0}$ 存在,则称此极限值为 $f(x)$ 在点 x_0 处的**右导数**,记为 $f'_+(x_0)$,即

$$f'_+(x_0) = \lim_{x \to x_0^+} \frac{f(x)-f(x_0)}{x-x_0}.$$

定理 2.1　函数 $f(x)$ 在点 x_0 处可导的充要条件是:函数 $f(x)$ 在点 x_0 处的左、右导数均存在且相等,即

$$f'_-(x_0) = f'_+(x_0) = f'(x_0).$$

注意　(1) 此结论常用于判定分段函数在分段点处是否可导;

(2) 如果 $f(x)$ 在开区间 (a,b) 内可导,且 $f'_+(a)$ 及 $f'_-(b)$ 都存在,则称 $f(x)$ 在闭区间 $[a,b]$ 上可导.

例 2.3　判断函数 $f(x) = \begin{cases} 2x, & x>0 \\ 0, & x=0 \\ x^2, & x<0 \end{cases}$　在 $x=0$ 处的可导性.

解　由于

$$f'_+(0) = \lim_{x \to 0^+} \frac{f(x) - f(0)}{x - 0} = \lim_{x \to 0^+} \frac{2x - 0}{x - 0} = \lim_{x \to 0^+} 2 = 2,$$

$$f'_-(0) = \lim_{x \to 0^-} \frac{f(x) - f(0)}{x - 0} = \lim_{x \to 0^-} \frac{x^2 - 0}{x - 0} = \lim_{x \to 0^-} x = 0,$$

因而 $f'_+(0) \neq f'_-(0)$，故而函数在 $x = 0$ 处不可导.

注意 在求分段函数在分段处的导数时，一定要用左右导数的定义去求.而不能先求导数再取导数的极限，这样就默认导函数是连续的，造成错误.

2.1.4 用定义计算导数

下面根据导数的定义求一些简单函数的导数:

例 2.4 求函数 $f(x) = \cos x$ 的导数.

解
$$f'(x) = \lim_{\Delta x \to 0} \frac{f(x + \Delta x) - f(x)}{\Delta x} = \lim_{\Delta x \to 0} \frac{\cos(x + \Delta x) - \cos x}{\Delta x}$$

$$= \lim_{\Delta x \to 0} \frac{-2\sin\frac{2x + \Delta x}{2}\sin\frac{\Delta x}{2}}{\Delta x} = -\lim_{\Delta x \to 0} \sin\left(x + \frac{\Delta x}{2}\right)\frac{\sin\frac{\Delta x}{2}}{\frac{\Delta x}{2}}$$

$$= -\sin x.$$

例 2.5 求对数函数 $f(x) = \log_a x \,(a > 0, a \neq 1)$ 的导数.

解
$$f'(x) = \lim_{\Delta x \to 0} \frac{f(x + \Delta x) - f(x)}{\Delta x} = \lim_{\Delta x \to 0} \frac{\log_a(x + \Delta x) - \log_a x}{\Delta x}$$

$$= \lim_{\Delta x \to 0} \frac{\log_a\left(1 + \frac{\Delta x}{x}\right)}{\Delta x} = \lim_{\Delta x \to 0} \log_a\left(1 + \frac{\Delta x}{x}\right)^{\frac{1}{\Delta x}}$$

$$= \log_a \lim_{\Delta x \to 0}\left(1 + \frac{\Delta x}{x}\right)^{\frac{x}{\Delta x} \cdot \frac{1}{x}} = \log_a e^{\frac{1}{x}} = \frac{1}{x \ln a}.$$

例 2.6 求函数 $f(x) = |x|$ 在 $x = 0$ 处的导数.

解
$$\lim_{\Delta x \to 0} \frac{f(0 + \Delta x) - f(0)}{\Delta x} = \lim_{\Delta x \to 0} \frac{|\Delta x|}{\Delta x},$$

当 $\Delta x > 0$ 时，$\frac{|\Delta x|}{\Delta x} = 1$，故 $\lim\limits_{\Delta x \to 0} \frac{|\Delta x|}{\Delta x} = 1$；当 $\Delta x < 0$ 时，$\frac{|\Delta x|}{\Delta x} =$ -1，故 $\lim\limits_{\Delta x \to 0} \frac{|\Delta x|}{\Delta x} = -1$，所以 $\lim\limits_{\Delta x \to 0} \frac{f(0 + \Delta x) - f(0)}{\Delta x}$ 不存在,即函数 $f(x) =$

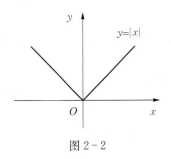

图 2-2

$|x|$ 在 $x=0$ 处不可导.函数图像如图 2-2 所示.

例 2.7　用定义求函数 $f(x)=x^n$(n 为正整数)的导数.

解　利用二项展开式,我们可以将极限转换为

$$\lim_{h\to 0}\frac{(x+h)^n-x^n}{h}$$

$$=\lim_{h\to 0}\frac{C_n^1 hx^{n-1}+C_n^2 h^2 x^{n-2}+\cdots+C_n^n h^n}{h}$$

$$=\lim_{h\to 0}(nx^{n-1}+C_n^2 hx^{n-2}+\cdots+C_n^n h^{n-1})=nx^{n-1},$$

因而 $(x^n)'=nx^{n-1}$.

2.1.5　导数的几何意义

函数 $y=f(x)$ 在 x_0 的导数 $f'(x_0)$ 就是曲线 $y=f(x)$ 在点 $(x_0,f(x_0))$ 处的切线斜率.由于切线经过切点 (x_0,y_0),故可以将切线方程表示为

$$y-y_0=f'(x_0)(x-x_0).$$

同理,我们也可以求其法线方程.由于两条相垂直的直线斜率之积为 -1,又因法线方程也经过切点 (x_0,y_0),故法线方程可表示为

$$y-y_0=-\frac{1}{f'(x_0)}(x-x_0),\text{式中 } f'(x_0)\neq 0,\ f'(x_0)\neq\infty.$$

例 2.8　求曲线 $y=\cos x$ 在 $x=\dfrac{2\pi}{3}$ 与 $x=\pi$ 点处的切线的斜率.

解　因为 $y'=-\sin x$,得

$$k_1=-\sin x\Big|_{x=\frac{2\pi}{3}}=-\sin\frac{2\pi}{3}=-\frac{\sqrt{3}}{2},\ k_2=-\sin x\Big|_{x=\pi}=-\sin\pi=0.$$

例 2.9　设某种产品的收益 R 元与产量 x 吨的函数

$$R=R(x)=800x-\frac{x^2}{4}(x\geqslant 0).$$

求:(1) 生产 200 吨到 300 时总收益的平均变化率;

(2) 生产 100 吨时收益对产量的变化率.

解　(1) $\Delta x=300-200=100$,$\Delta R=R(300)-R(200)=67\ 500$,

故　　$$\frac{\Delta R}{\Delta x}=\frac{R(300)-R(200)}{\Delta x}=\frac{67\ 500}{100}=675\ \text{元 / 吨};$$

(2) 设产量由 x_0 变到 $x_0 + \Delta x$，则

$$\frac{\Delta R}{\Delta x} = \frac{R(x_0 + \Delta x) - R(x_0)}{\Delta x} = 800 - \frac{1}{2}x_0 - \frac{1}{4}\Delta x,$$

故　　　$R'(x_0) = \lim_{\Delta x \to 0} \frac{\Delta R}{\Delta x} = \lim_{\Delta x \to 0}\left(800 - \frac{1}{2}x_0 - \frac{1}{4}\Delta x\right) = 800 - \frac{1}{2}x_0,$

当 $x_0 = 100$ 时，收益对产量的变化率为：

$$R'(100) = 800 - \frac{1}{2} \times 100 = 750 \text{ 元 / 吨}.$$

2.1.6　函数可导性与连续性的关系

定理 2.2　若函数 $y = f(x)$ 在点 x_0 处可导，那么函数 $y = f(x)$ 在该点处必连续，即**可导必连续，但连续不一定可导.**

例 2.10　讨论函数 $f(x) = |x|$ 在 $x = 0$ 处的连续性与可导性.

解　如图 2-3，易证函数 $f(x) = |x|$ 在 $x = 0$ 处是连续的.例 2.6 已证明函数 $f(x) = |x|$ 在 $x = 0$ 处是不可导的.

注意　一般地，若曲线 $y = f(x)$ 的图形在点 x_0 处出现尖点，则它在该点不可导.因此，如果函数在一个区间内可导，则其图形不出现尖点，或者说是一条连续的光滑曲线.

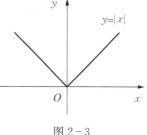

图 2-3

例 2.10 说明，函数在某点处连续是函数在该点处可导的必要条件，但不是充分条件；又由定理 2.2 可知，若函数在某点处不连续，则它在该点处一定不可导.

$$\vdash \textbf{习 题 2.1} \dashv$$

1. 利用导数的定义求下列导数：

(1) $y = \sin x$，求 y'；

(2) $y = \dfrac{1}{x^2}$，求 y'，$y'(1)$.

2. 设 $f(x)$ 在 x_0 处可导，求：

(1) $\lim\limits_{n \to \infty} n\left[f\left(x_0 - \dfrac{1}{n}\right) - f(x_0)\right]$；　　(2) $\lim\limits_{t \to 0} \dfrac{f(x_0 + 2t) - f(x_0 - 3t)}{t}$.

3. 设函数 $f(x)$ 在 $x = 0$ 处可导，且 $f(0) = 0$，求：

(1) $\lim\limits_{t \to 0} \dfrac{f(tx)}{t}\,(t \neq 0)$;　　　　　　(2) $\lim\limits_{x \to 0} \dfrac{f(tx) - f(-tx)}{x}$.

4. 设 $f(x)$ 在 $x = 2$ 处连续,且 $\lim\limits_{x \to 2} \dfrac{f(x)}{x - 2} = 2$,求 $f'(2)$.

5. 设 $f(x) = \begin{cases} x^2, & x \leqslant 1, \\ 2x, & x > 1, \end{cases}$ 求 $f'_-(1)$,$f'_+(1)$,并说明 $f'(1)$ 是否存在.

6. 设 $f(x) = \begin{cases} \dfrac{\sqrt{1 + x^2} - 1}{x}, & x \neq 0, \\ 0, & x = 0, \end{cases}$ 求 $f'(0)$.

7. 设 $f(x) = x \mid x \mid$,求 $f'(x)$.

8. 函数 $f(x) = \begin{cases} x^2 + 1, & 0 \leqslant x < 1, \\ 3x - 1, & 1 \leqslant x, \end{cases}$ 在点 $x = 1$ 处是否可导? 为什么?

9. 讨论函数 $y = \begin{cases} x \sin \dfrac{1}{x}, & x \neq 0, \\ 0, & x = 0, \end{cases}$ 在 $x = 0$ 处的连续性与可导性.

10. 已知曲线 $y = x^3 - 3a^2x + b$ 与 x 轴相切,求 a,b 的关系式.

11. 求曲线 $y = \mathrm{e}^x$ 在点 $(0, 1)$ 处的切线方程和法线方程.

12. 若 $f(x)$ 为偶函数,且 $f'(0)$ 存在,证明 $f'(0) = 0$.

13. 证明:双曲线 $xy = 1$ 上任一点处的切线与两坐标轴围成的三角形的面积为定值.

2.2　函数的求导法则

导数的定义不仅阐明了导数概念的实质,也给出了求函数 $y = f(x)$ 的导数的方法.但如果对每一个函数都直接用定义去求它的导数,那将是极为复杂和非常困难的.所以需要找到一些基本的导数公式与运算法则,借助它们来解决导数的计算.

2.2.1　导数的四则运算法则

定理 2.3　若函数 $u(x)$ 与 $v(x)$ 在点 x 处可导,则它们的和、差、积、商(分母不为零)在点 x 处也可导,且有:

(1) $[u(x) \pm v(x)]' = u'(x) \pm v'(x)$;

(2) $[u(x) \cdot v(x)]' = u'(x)v(x) + u(x)v'(x)$;

(3) $(Cv)' = Cv'$,C 为常数;

(4) $y' = \left(\dfrac{u}{v} \right)' = \dfrac{u'v - uv'}{v^2}$.

例 2.11　设 $y = x^2 - \sqrt{x} + 2$，求 y'.

解　$y' = (x^2 - \sqrt{x} + 2)' = (x^2)' + (\sqrt{x})' + (2)' = 2x - \dfrac{1}{2\sqrt{x}}$.

例 2.12　设 $y = \sec x$，求 y'.

解　$y' = (\sec x)' = \left(\dfrac{1}{\cos x} \right)' = \dfrac{(1)'\cos x - 1(\cos x)'}{\cos^2 x} = \dfrac{\sin x}{\cos^2 x} = \sec x \tan x$.

2.2.2　反函数的求导法则

定理 2.4　设函数 $x = \varphi(y)$ 在 y 的某个区间内单调、可导，且 $\varphi'(y) \neq 0$，则它的反函数 $y = f(x)$ 在对应区间上也单调、可导，而且

$$f'(x) = \dfrac{1}{\varphi'(y)}.$$

这就是说，反函数的导数等于直接函数的导数的倒数.

例 2.13　求指数函数 $y = a^x$ $(a > 0, a \neq 1)$ 的导数.

解　设 $x = \log_a y$ 为已知函数，则 $y = a^x$ 是它的反函数，函数 $x = \log_a y$ 在 $(0, +\infty)$ 内单调、可导，

且

$$(\log_a y)' = \dfrac{1}{y \ln a} \neq 0,$$

因此，$y = a^x$ 在 $(-\infty, +\infty)$ 内单调、可导，

且有

$$y' = (a^x)' = \dfrac{1}{(\log_a y)'} = y \ln a = a^x \ln a,$$

即

$$(a^x)' = a^x \ln a.$$

特别地，当 $a = e$ 时，$(e^x)' = e^x$.

例 2.14　求函数 $f(x) = \arcsin x$ 的导数.

解　利用反函数求导法求解. $y = \arcsin x$ 的反函数为 $x = \sin y$. 因而我们可以得到

$$\dfrac{dy}{dx} = \dfrac{1}{\dfrac{dx}{dy}} = \dfrac{1}{\cos y}.$$

当 $x=\sin y$ 时,可以解得 $\cos^2 y=1-\sin^2 y=1-x^2$. 由于 $y=\arcsin x$ 的值域为 $\left[-\dfrac{\pi}{2}, \dfrac{\pi}{2}\right]$. 在此区间上 $\cos y$ 恒为正.因此 $\cos y=\sqrt{1-x^2}$.

$$\frac{\mathrm{d}y}{\mathrm{d}x}=\frac{1}{\dfrac{\mathrm{d}x}{\mathrm{d}y}}=\frac{1}{\cos y}=\frac{1}{\sqrt{1-x^2}}.$$

例 2.15 求函数 $f(x)=\arctan x$ 的导数.

解 利用反函数求导法求解. $y=\arctan x$ 的反函数为 $x=\tan y$. 因而我们可以得到

$$\frac{\mathrm{d}y}{\mathrm{d}x}=\frac{1}{\dfrac{\mathrm{d}x}{\mathrm{d}y}}=\frac{1}{\left(\dfrac{\sin y}{\cos y}\right)'}=\frac{1}{\dfrac{\cos^2 y+\sin^2 y}{\cos^2 y}}=\cos^2 y.$$

当 $x=\tan y$ 时,可以解得 $\dfrac{1}{\cos^2 y}=\sec^2 y=1+\tan^2 y=1+x^2$. 因此

$$\frac{\mathrm{d}y}{\mathrm{d}x}=\frac{1}{1+x^2}.$$

2.2.3 复合函数的求导法则

定理 2.5 若函数 $u=g(x)$ 在点 x 处可导,而 $y=f(u)$ 在点 $u=g(x)$ 处可导,则复合函数 $y=f[g(x)]$ 在点 x 处可导,且其导数为

$$\frac{\mathrm{d}y}{\mathrm{d}x}=f'(u)\cdot g'(x) \quad \text{或} \quad \frac{\mathrm{d}y}{\mathrm{d}x}=\frac{\mathrm{d}y}{\mathrm{d}u}\cdot\frac{\mathrm{d}u}{\mathrm{d}x}.$$

复合函数的导数等于因变量对中间变量的导数乘以中间变量对自变量的导数.

由于复合函数求导时,必须由外向内一环一环地套下去,不能丢掉其中任何一环,因而复合函数求导法则被称为**链式法则**.

例 2.16 设 $y=\ln \tan x$,求 y'.

解 设 $y=\ln u$,$u=\tan x$. 因为

$$y_u'=\frac{1}{u}, \; u_x'=\sec^2 x,$$

所以 $y'=\dfrac{1}{u}\cdot\sec^2 x=\dfrac{1}{\tan x}\sec^2 x=\dfrac{1}{\sin x\cos x}$.

注意 应用复合函数的求导法则时,一定要分清复合过程,认清中间变量.运

算较熟练后,就不必再写出分解过程及中间变量.

例 2.17 设 $y = \sqrt[3]{1+\sin^2 x}$,求 y' .

解 $y' = \dfrac{1}{3}(1+\sin^2 x)^{-\frac{2}{3}} \cdot (1+\sin^2 x)'$

$\qquad = \dfrac{1}{3\sqrt[3]{(1+\sin^2 x)^2}} \cdot 2\sin x \cdot (\sin x)'$

$\qquad = \dfrac{1}{3\sqrt[3]{(1+\sin^2 x)^2}} \cdot 2\sin x \cos x = \dfrac{\sin 2x}{3\sqrt[3]{(1+\sin^2 x)^2}}.$

例 2.18 求函数 $f(x) = \begin{cases} x^2 \sin \dfrac{1}{x}, & x \neq 0 \\ 0, & x = 0 \end{cases}$ 的导数.

错解 当 $x \neq 0$ 时 $f'(x) = \left(x^2 \sin \dfrac{1}{x}\right)' = 2x\sin\dfrac{1}{x} + x^2 \cos\dfrac{1}{x}\left(-\dfrac{1}{x^2}\right) = 2x\sin\dfrac{1}{x} - \cos\dfrac{1}{x}.$ 当 $x = 0$ 时,由于 $\lim\limits_{x \to 0}\left(2x\sin\dfrac{1}{x} - \cos\dfrac{1}{x}\right)$ 不存在,故而函数在 $x = 0$ 处不可导.

解 当 $x \neq 0$ 时的导数的求法是正确的.但针对在 $x = 0$ 处的导数时,即我们在求分段处的导数时,不能用 $f'(0) = \lim\limits_{x \to 0} f'(x)$.这样我们就默认了导数 $f'(x)$ 在 $x = 0$ 处连续这个事实.这是错误的.我们应该利用导数的定义去求解分段处的导数.正确的做法是

$$f'(0) = \lim_{x \to 0}\frac{f(x) - f(0)}{x} = \lim_{x \to 0}\frac{x^2 \sin\dfrac{1}{x}}{x} = \lim_{x \to 0} x\sin\frac{1}{x} = 0.$$

从而 $f'(x) = \begin{cases} 2x\sin\dfrac{1}{x} - \cos\dfrac{1}{x}, & x \neq 0 \\ 0, & x = 0 \end{cases}$. 可以发现导函数 $f'(x)$ 在 $x = 0$ 处是不连续的, $x = 0$ 是 $f'(x)$ 的第二类无穷间断点.

2.2.4 初等函数的求导法则

1. 基本求导公式

(1) $C' = 0$(C 为任意常数);

(2) $(x^\alpha)' = \alpha x^{\alpha-1}$($\alpha$ 为任意实数, $\alpha \neq 0$);

(3) $(a^x)' = a^x \ln a$;

(4) $(e^x)' = e^x$;

(5) $(\log_a x)' = \dfrac{1}{x \ln a}$;　　　　(6) $(\ln x)' = \dfrac{1}{x}$;

(7) $(\sin x)' = \cos x$;　　　　(8) $(\cos x)' = -\sin x$;

(9) $(\tan x)' = \sec^2 x$;　　　　(10) $(\cot x)' = -\csc^2 x$;

(11) $(\sec x)' = \sec x \tan x$;　　　　(12) $(\csc x)' = -\csc x \cot x$;

(13) $(\arcsin x)' = \dfrac{1}{\sqrt{1-x^2}}$;　　　　(14) $(\arccos x)' = -\dfrac{1}{\sqrt{1-x^2}}$;

(15) $(\arctan x)' = \dfrac{1}{1+x^2}$;　　　　(16) $(\operatorname{arccot} x)' = -\dfrac{1}{1+x^2}$.

2. 函数的和、差、积、商的求导法则

(1) $(u \pm v)' = u' \pm v'$;　　　　(2) $(Cu)' = Cu'$（C 是常数）;

(3) $(uv)' = u'v + uv'$;　　　　(4) $\left(\dfrac{u}{v}\right)' = \dfrac{u'v - uv'}{v^2}$.

3. 反函数的求导法则

若函数 $x = \varphi(y)$ 在某区间 I_y 内可导、单调且 $\varphi'(y) \neq 0$，则它的反函数 $y = f(x)$ 在对应区间 I_x 内也可导，且

$$f'(x) = \frac{1}{\varphi'(y)} \quad \text{或} \quad \frac{\mathrm{d}y}{\mathrm{d}x} = \frac{1}{\dfrac{\mathrm{d}x}{\mathrm{d}y}}.$$

4. 复合函数的求导法则

设 $y = f(u)$，而 $u = \varphi(x)$ 且 $f(u)$ 及 $\varphi(x)$ 都可导，则复合函数 $y = f[\varphi(x)]$ 的导数为

$$\frac{\mathrm{d}y}{\mathrm{d}x} = \frac{\mathrm{d}y}{\mathrm{d}u} \cdot \frac{\mathrm{d}u}{\mathrm{d}x} \quad \text{或} \quad y' = f'(u) \cdot \varphi'(x).$$

习　题　2.2

1. 求下列函数的导数：

(1) $y = \sqrt{x} - \dfrac{1}{x} - 2\cos x + \ln 2$;　　(2) $y = 2^x + x^2 + \log_2 x$;

(3) $y = x^2 \ln x$;　　　　(4) $y = \mathrm{e}^x \cos x$;

(5) $y = x^2 \ln x \cos x$;　　　　(6) $y = x^2 \arctan x$;

(7) $y = \sin x \arcsin x$;
(8) $y = \dfrac{\tan x}{\arctan x}$;

(9) $y = \dfrac{\sec x}{x}$;
(10) $y = \dfrac{x \, \mathrm{e}^x}{x^2 + 1}$;

(11) $y = \dfrac{\mathrm{e}^x}{x \ln x}$;
(12) $y = \dfrac{1 + 2\sin x}{1 + 2\cos x}$;

(13) $y = x^5 + 4x^3 + 2x$;
(14) $y = \mathrm{e}^{-t} \sin t$.

2. 求下列函数的导数:

(1) $y = \mathrm{e}^{2x}$;
(2) $y = \ln(1 - x)$;

(3) $y = (\arccos x)^2$;
(4) $y = \mathrm{arccot}\, \dfrac{1}{x}$;

(5) $y = \sqrt[3]{(x^2 - 1)^2}$;
(6) $y = \ln \sin 2x$;

(7) $y = \sin \sqrt{2x + 1}$;
(8) $y = \dfrac{\mathrm{e}^{2x} - 1}{\mathrm{e}^{2x} + 1}$;

(9) $y = \arctan \dfrac{x + 1}{x - 1}$;
(10) $y = \sin^{n+1} x$;

(11) $y = \sqrt{1 + \ln^2 x}$;
(12) $y = \arcsin \dfrac{2x}{1 + x^2}$.

3. 设 $f(u)$ 为可导函数,且 $f(x + 3) = x^5$,求 $f'(x + 3)$, $f'(x)$.

4. 已知 $f\left(\dfrac{1}{x}\right) = \dfrac{x}{x + 1}$,求 $f'(x)$.

5. 求下列函数在指定点处的导数:

(1) $y = \mathrm{e}^{2x}(x^2 - 3x + 1)$,求 $y'(0)$;

(2) $f(x) = \dfrac{3}{3 - x} + \dfrac{x^2}{3}$,求 $f'(6)$;

(3) $f(x) = \dfrac{1 - \sqrt{x}}{1 + \sqrt{x}}$,求 $f'(4)$;

(4) $y = \dfrac{x \, \mathrm{e}^x}{\sin x + \cos x}$,求 $y'(0)$.

6. 设 $f(x)$ 为可导函数,求下列函数的导数:

(1) $y = f(x^2)$;
(2) $y = f^2(x)$;

(3) $y = f^2(x^2)$;
(4) $y = f(\sin^2 x) + f(\cos^2 x)$.

7. 设 $f(1 - x) = x \mathrm{e}^{-x}$,且 $f(x)$ 为可导函数,求 $f'(x)$.

8. 设 $f(x)=\begin{cases}1-\mathrm{e}^{\sin x}, & x\leqslant 0,\\ \dfrac{\ln(1+x^2)}{x}, & x>0,\end{cases}$ 求 $f'(x)$.

9. 一个人在患病期间的体温可以表示成 $T(t)=-0.1t^2+1.2t+98.6$,其中 T 是 t 时间(天)的华氏体温.

(1) 求体温关于时间的变化率;

(2) 求 $t=1.5$ 时的体温;

(3) 求 $t=1.5$ 时的变化率;

(4) 为什么 $T'(t)$ 的正负号会引起医生的注意?

2.3 导 数 的 应 用

2.3.1 瞬时变化率

1. 平均变化率

一般地,函数 $f(x)$ 在区间 $[x_1,\ x_2]$ 上的平均变化率为 $\dfrac{f(x_2)-f(x_1)}{x_2-x_1}$,如图 2-4 所示.平均变化率是曲线陡峭程度的"数量化",曲线陡峭程度是平均变化率的"视觉化".当 x_1 与 x_2 充分靠近时,我们认为其变化会变得相对平缓.

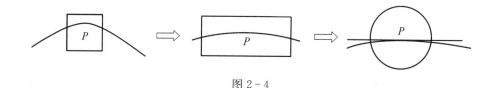

图 2-4

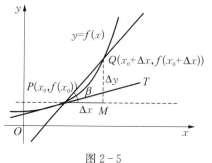

图 2-5

2. 瞬时变化率——导数

1)曲线的切线

如图 2-5.设曲线 c 是函数 $y=f(x)$ 的图像,点 $P(x_0,\ f(x_0))$ 是曲线 c 上一点,作割线 PQ,当点 Q 沿着曲线 c 无限地趋近于点 P,如果割线 PQ 无限地趋近于某一极限位置 PT,那么就把极限位置上的直线 PT 称为曲线 c 在点 P 处的切线.

割线 PQ 的斜率为 $k_{PQ} = \dfrac{f(x_0 + \Delta x) - f(x_0)}{\Delta x} = \dfrac{\Delta y}{\Delta x}$，即当 $\Delta x \to 0$ 时，

$\dfrac{f(x_0 + \Delta x) - f(x_0)}{\Delta x}$ 无限趋近于点 P 的斜率.

2）瞬时速度与瞬时加速度

运动物体经过某一时刻（某一位置）的速度，称为瞬时速度.

要确定物体在某一点 A 处的瞬时速度，从 A 点起取一小段位移 AA_1，求出物体在这段位移上的平均速度，这个平均速度可以近似地表示物体经过 A 点的瞬时速度.

当位移足够小时，物体在这段时间内的运动可认为是匀速的，所得的平均速度就等于物体经过 A 点的瞬时速度.

前面已经了解了一些关于瞬时速度的知识，知道物体做直线运动时，它的运动规律用函数表示为 $s = s(t)$，也称为物体的运动方程或位移公式.现在有两个时刻 t_0，$t_0 + \Delta t$，从 t_0 到 $t_0 + \Delta t$ 这段时间内，物体的位移、平均速度分别是：

位移为 $\qquad \Delta s = s(t_0 + \Delta t) - s(t_0)$（$\Delta t$ 称时间增量）；

平均速度 $\qquad \bar{v} = \dfrac{\Delta s}{\Delta t} = \dfrac{s(t_0 + \Delta t) - s(t_0)}{\Delta t}$.

根据对瞬时速度的直观描述，就当时间 Δt 足够短时，平均速度就等于瞬时速度.

从 t_0 到 $t_0 + \Delta t$，经过的时间是 Δt.时间 Δt 足够短，即 Δt 无限趋近于 0.当 $\Delta t \to 0$ 时，位移的平均变化率 $\dfrac{s(t_0 + \Delta t) - s(t_0)}{\Delta t}$ 无限趋近于一个常数，那么称这个常数为物体在 $t = t_0$ 的瞬时速度，即瞬时速度 $v(t) = s'(t)$.

同样，计算运动物体速度的平均变化率 $\dfrac{v(t_0 + \Delta t) - v(t_0)}{\Delta t}$，当 $\Delta t \to 0$ 时，平均速度 $\dfrac{v(t_0 + \Delta t) - v(t_0)}{\Delta t}$ 无限趋近于一个常数，那么这个常数称为在 $t = t_0$ 时的瞬时加速度，即瞬时加速度 $a(t) = v'(t)$.

2.3.2 质点的垂直运动模型

例 2.19 物体自由落体的运动方程 $s = s(t) = \dfrac{1}{2} g t^2$，其中位移单位 m，时间单

位 s, $g = 9.8$ m/s^2. 求 $t = 3$ 时的速度.

解　速度 $v(t) = s'(t) = gt$,从而 $v(3) = 3g = 29.4$ m/s.

2.3.3　经济学中的导数

1. 边际分析

在经济学中,习惯上用平均和边际这两个概念来描述一个经济变量 y 对于另一个经济变量 x 的变化,平均表示 x 在某一范围内取值 y 的平均变化.边际概念表示当 x 的改变量 Δx 趋于 0 时,y 的相应改变量 Δy 与 Δx 的比值的变化,即当 x 在某一给定值附近有微小变化时,y 的瞬时变化.

设函数 $y = f(x)$ 可导,函数值的增量与自变量的增量的比值

$$\frac{\Delta y}{\Delta x} = \frac{f(x_0 + \Delta x) - f(x_0)}{\Delta x},$$

表示 $f(x)$ 在 $(x_0, x_0 + \Delta x)$ 或 $(x_0 + \Delta x, x_0)$ 内的**平均变化率(速度)**.

根据导数的定义,导数 $f'(x_0)$ 表示 $f(x)$ 在点 $x = x_0$ 处的**变化率**,在经济学中,称其为 $f(x)$ 在点 $x = x_0$ 处的**边际函数值**.

当函数的自变量 x 在 x_0 处改变一个单位(即 $\Delta x = 1$)时,函数的增量为 $f(x_0 + 1) - f(x_0)$,但当 x 改变的"单位"很小时,或 x 的"一个单位"与 x_0 值相比很小时,则有近似式

$$\Delta f = f(x_0 + 1) - f(x_0) \approx f'(x_0).$$

此近似式表明:当自变量在 x_0 处产生一个单位的改变时,函数 $f(x)$ 的改变量可近似地用 $f'(x_0)$ 来表示.

在经济学中,解释边际函数值的具体意义时,通常略去"近似"两字,显然,如果 $f(x)$ 的图形(见图 2-6)的斜率 $f'(x_0)$ 在 x_0 附近变化不是很快,这种近似是可以接受的.

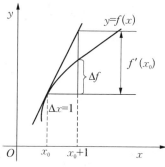

图 2-6

若将边际的概念具体用于不同的经济函数,则成本函数 $C(x)$、收入函数 $R(x)$ 与利润函数 $L(x)$ 关于生产水平 x 的导数分别称为**边际成本**、**边际收入**与**边际利润**,它们分别表示在一定的生产水平下再多生产一件产品而产生的成本、多售出一件产品而产生的收入与利润.

1)边际成本

设 $C(q)$ 表示生产 q 单位某种产品的总成本.

平均成本 $\overline{C}(q) = \dfrac{C(q)}{q}$ 表示生产 q 单位产品时,平均每单位产品的成本.

$C'(q)$ 表示产量为 q 时的**边际成本函数**(简称**边际成本**).

由微分近似公式,当 $|\Delta q|$ 很小时,有

$$C(q + \Delta q) - C(q) \approx C'(q)\Delta q,$$

在经济上对大量产品而言,1 被认为是很小的量,不妨令 $\Delta q = 1$,得

$$C(q+1) - C(q) \approx C'(q),$$

因此边际成本 $C'(q)$ 表示产量为 q 单位时再多生产一单位产品所需的成本,即表示生产第 $q+1$ 单位产品的成本.

例 2.20 设每月产量为 x 吨时,总成本函数为

$$C(x) = \frac{1}{4}x^2 + 8x + 4\,900 \text{ 元},$$

求最低平均成本和相应产量的边际成本.

解 平均成本为

$$\overline{C}(x) = \frac{C(x)}{x} = \frac{1}{4}x + 8 + \frac{4\,900}{x}, \text{ 根据基本不等式 } \frac{1}{4}x + \frac{4\,900}{x} \geqslant$$

$$2\sqrt{\frac{1}{4} \cdot 4\,900}, \text{ 当且仅当 } \frac{1}{4}x = \frac{4\,900}{x}, \text{ 即 } x = 140.$$

故 $x = 140$ 是 $\overline{C}(x)$ 的最小值点.因此,每月产量为 140 吨时,平均成本最低,其最低平均成本为

$$\overline{C}(140) = \frac{1}{4} \times 140 + 8 + \frac{4\,900}{140} = 78 \text{ 元}.$$

边际成本函数为 $C'(x) = \dfrac{1}{2}x + 8$. 故当产量为 140 吨时,边际成本为 78 元.

2) 边际收益

设 $R(q)$ 表示销售 q 单位某种商品的总收益.

平均收益 $\overline{R}(q) = \dfrac{R(q)}{q}$ 表示销售 q 单位商品时,平均每单位商品的收益.

$R'(q)$ 表示销量为 q 时的**边际收益**.

由微分近似公式,得

$$R(q+1) - R(q) \approx R'(q),$$

因此边际收益 $R'(q)$ 表示销量从 q 单位时再多销售一单位商品所得的收益,即表示销售第 $q+1$ 单位商品的收益.

例 2.21 设某产品的需求函数为 $Q=1\,000-100P$,求当需求量 $Q=300$ 时的总收入、平均收入和边际收入.

解 销售 Q 件价格为 P 的产品收入为 $R(Q)=PQ$,

由需求函数 $Q=1\,000-100P$ 得

$$P=10-0.01Q,$$

代入总收入函数,得

$$R(Q)=(10-0.01Q)Q=10Q-0.01Q^2,$$

平均收入函数为

$$\overline{R}(Q)=\frac{R(Q)}{Q}=10-0.01Q,$$

边际收入函数为 $R'(Q)=10-0.02Q$.

当 $Q=300$ 时的总收入为

$$R(300)=10\times300-0.01\times300^2=2\,100;$$

平均收入为 $\overline{R}(300)=10-0.01\times300=7$;

边际收入为 $R'(300)=10-0.02\times300=4$.

3) 边际利润

设 $L(q)=R(q)-C(q)$ 表示生产或销售 q 单位某种商品的总利润.

平均利润 $\overline{L}(q)=\dfrac{L(q)}{q}$ 表示生产或销售 q 单位商品时,平均每单位商品的利润.

$L'(q)$ 表示产量或销量为 q 时的**边际利润**.

由微分近似公式,得

$$R(q+1)-R(q)\approx R'(q),$$

因此边际利润 $L'(q)$ 表示产量或销量从 q 单位时再多生产或销售一单位商品所得的利润,即表示生产或销售第 $q+1$ 单位商品的利润.

例 2.22 设某厂在一个计算期内产品的产量 Q 与其成本 C 的关系为

$$C(Q)=1\,000+6Q-0.003Q^2+0.000\,001Q^3(元)$$

根据市场调研得知,每单位该种产品的价格为 6 元,当 $Q=2\,000$ 时,求其平均利润与边际利润.

解 总收入函数为 $R(Q)=6Q$,总利润函数为

$$L(Q)=R(Q)-C(Q)=6Q-(1\,000+6Q-0.003Q^2+0.000\,001Q^3)$$
$$=-1\,000+0.003Q^2-0.000\,001Q^3 \quad (Q>0)$$

其平均利润函数 $\bar{L}(Q)=\dfrac{L(Q)}{Q}=-\dfrac{1\,000}{Q}+0.003Q-0.000\,001Q^2$,即

$\bar{L}(2\,000)=1.5.$

其边际利润函数 $L'(Q)=0.006Q-0.000\,003Q^2$,即 $L'(2\,000)=0$,此时达到了供需平衡点.我们在下一章会讲到,这个点表示利润的最大值.

2. 弹性分析

在边际分析中所研究的是函数的绝对改变量与绝对变化率,经济学中常需研究一个变量对另一个变量的相对变化情况.

定义 2.2 设函数 $f(x)$ 在点 x_0 可导,函数的相对改变量

$$\frac{\Delta y}{y_0}=\frac{f(x_0+\Delta x)-f(x_0)}{y_0}$$

与自变量的相对改变量 $\dfrac{\Delta x}{x_0}$(它们分别表示函数与自变量变化的百分数)之比 $\dfrac{\Delta y/y_0}{\Delta x/x_0}$ 称为函数 $f(x)$ 在点 x_0 与点 $x_0+\Delta x$ 间的相对变化率,或称**两点间的弹性**.

而极限 $\lim\limits_{\Delta x\to 0}\dfrac{\Delta y/y_0}{\Delta x/x_0}$ 称为函数 $f(x)$ 在点 x_0 处的**弹性**(或**相对变化率**),记作

$$\frac{Ey}{Ex}\bigg|_{x=x_0} \quad \text{或} \quad \frac{E}{Ex}f(x)\bigg|_{x=x_0},$$

即

$$\frac{Ey}{Ex}\bigg|_{x=x_0}=\lim_{\Delta x\to 0}\frac{\Delta y/y_0}{\Delta x/x_0}=\frac{x_0}{y_0}\lim_{\Delta x\to 0}\frac{\Delta y}{\Delta x}=\frac{x_0}{f(x_0)}\cdot f'(x_0).$$

如果函数 $f(x)$ 在区间 (a,b) 内的每一点 x 处都存在弹性,则称函数 $f(x)$ 在区间 (a,b) 内有弹性,它是 x 的一个函数,一般记为

$$\frac{Ey}{Ex} = \frac{x}{f(x)} f'(x),$$

则

$$\frac{Ey}{Ex}\bigg|_{x=x_0} = \frac{x_0}{f(x_0)} f'(x_0).$$

注意 函数 $f(x)$ 在点 x 处的弹性 $\frac{Ey}{Ex}$ 反映随 x 的变化 $f(x)$ 变化幅度的大小,即 $f(x)$ 对 x 变化反应的强烈程度或灵敏度.数值上 $\frac{E}{Ex} f(x)$ 表示在点 x 处,当 x 发生 1‰的改变时,函数 $f(x)$ 近似地改变 $\frac{E}{Ex} f(x)$‰,在应用问题中解释弹性的具体意义时,通常略去"近似"两字.

已知某商品的需求函数 $Q = f(p)$,在点 p_0 可导,p 表示价格,Q 表示需求量,$\frac{\Delta Q/Q_0}{\Delta p/p_0}$ 称为该商品在 p_0 与 $p_0 + \Delta p$ 两点间的需求弹性,而

$$\lim_{\Delta p \to 0} \frac{\Delta Q/Q_0}{\Delta p/p_0} = \frac{p_0}{f(p_0)} f'(p_0),$$

称为该商品在点 p_0 处的**需求弹性**,记作

$$\eta(p)\bigg|_{p=p_0} = \eta(p_0) = \frac{p_0}{f(p_0)} f'(p_0).$$

注意 一般地,需求函数是单调减少函数,需求量随价格的提高而减少(当 $\Delta p > 0$ 时,$\Delta Q < 0$),故需求弹性一般是负值,它反映产品需求量对价格变动反应的强烈程度(灵敏度).

例 2.23 求函数 $y = 3 + 2x$ 在 $x = 3$ 处的弹性.

解 由 $y' = 2$,得

$$\frac{Ey}{Ex} = y' \frac{x}{y} = \frac{2x}{3+2x}, \quad \frac{Ey}{Ex}\bigg|_{x=3} = \frac{2 \times 3}{3 + 2 \times 3} = \frac{2}{3}.$$

例 2.24 设某种商品的需求量 x 与价格 p 的关系为

$$Q(p) = 1\,600 \left(\frac{1}{4}\right)^p,$$

(1) 求需求弹性 $\eta(p)$;

（2）当商品价格 $p=10$ 元时，再提高 1%，求该商品需求量的变化情况.

解 （1）需求弹性为

$$\eta(p)=p\cdot\frac{Q'(p)}{Q(p)}=p\cdot\frac{\left[1\,600\left(\frac{1}{4}\right)^p\right]'}{1\,600\left(\frac{1}{4}\right)^p}=p\cdot\frac{1\,600\left(\frac{1}{4}\right)^p\ln\frac{1}{4}}{1\,600\left(\frac{1}{4}\right)^p}=p\cdot\ln\frac{1}{4}$$

$$=(-2\ln 2)p\approx-1.39p,$$

需求弹性为负，说明商品价格 p 提高 1% 时，商品需求量 Q 将减少 1.39%.

（2）当商品价格 $p=10$ 元时，$\eta(10)=-1.39\times10=-13.9$，这表示价格 $p=10$ 元时，价格提高 1%，商品的需求量将减少 13.9%，若价格降低 1%，商品的需求量将增加 13.9%.

习 题 2.3

1. 设产品的需求函数为 $Q=100-5p$，其中 p 为价格，x 为需求量，求边际收入函数及 $Q=20$，50 和 70 的边际收入.

2. 某商品的需求函数为 $Q=Q(p)=75-p^2$，

（1）求 $p=6$ 时的需求价格弹性，并给出适当的经济解释；

（2）求 $p=4$ 时，若价格上涨 1%，总收入是增加还是减少？变化多少？

3. 设某产品的需求方程和总成本函数分别为

$$p+0.1x=80,\ c(x)=5\,000+20x.$$

式中，x 为销售量，p 为价格，求边际利润函数，并计算 $x=150$ 和 $x=400$ 时的边际利润.

4. 设某商品的需求函数为 $Q=e^{-\frac{p}{4}}$，求需求弹性函数及 $p=3$，$p=4$，$p=5$ 时需求弹性.

5. 求下列函数的弹性：

（1）$y=e^{kx}$；　　　　　　　　（2）$y=4-\sqrt{x}$；

（3）$y=kx^a$；　　　　　　　　（4）$y=10\sqrt{9-x}$.

2.4 高 阶 导 数

定义 2.3 函数 $f(x)$ 的导数 $f'(x)$（亦称一阶导数）一般仍是 x 的函数，如果

$f'(x)$ 还是可导的,则把 $f'(x)$ 的导数称为 $f(x)$ 的**二阶导数**,记作

$$y'', f''(x) \quad 或 \quad \frac{\mathrm{d}^2 y}{\mathrm{d}x^2}, \frac{\mathrm{d}^2 f}{\mathrm{d}x^2}.$$

一般地,$n-1$ 阶导数 $f^{(n-1)}(x)$ 的导数叫做 $f(x)$ 的 **n 阶导数**,记作

$$y^{(n)}, f^{(n)}(x) \quad 或 \quad \frac{\mathrm{d}^n y}{\mathrm{d}x^n}, \frac{\mathrm{d}^n f}{\mathrm{d}x^n}, n \geqslant 4.$$

注意　二阶及二阶以上的导数统称为**高阶导数**.一般来说,三阶导数仍记为 y'''.

由函数的高阶导数的定义知,求函数的高阶导数就是按求导法则和求导公式逐阶进行求导.

例 2.25　已知质点的运动规律为

$$s = 3t^3 - \frac{1}{2}g s^2, 求 \ t = 1 \ 时的加速度.$$

解　由力学知识可知,加速度 a 是速度 v 对时间的变化率,即

$$a = \frac{\mathrm{d}v}{\mathrm{d}t} = v', 而 \ v = \frac{\mathrm{d}s}{\mathrm{d}t}, 于是$$

$$a = \frac{\mathrm{d}v}{\mathrm{d}t} = \frac{\mathrm{d}}{\mathrm{d}t}\left(\frac{\mathrm{d}s}{\mathrm{d}t}\right) = \frac{\mathrm{d}^2 s}{\mathrm{d}t^2},$$

即加速度 a 是 s 对时间 t 的二阶导数(物理意义).

$$v = \frac{\mathrm{d}s}{\mathrm{d}t} = \left(3t^3 - \frac{1}{2}g t^2\right)' = 9t^2 - gt, \ a = \frac{\mathrm{d}v}{\mathrm{d}t} = (9t^2 - gt)' = 18t - g,$$

所以 $a \big|_{t=1} = 18 - g$.

例 2.26　设 $y = \ln(1 + x^2)$,求 y''.

解　$y' = \dfrac{2x}{1+x^2}$, $y'' = \left(\dfrac{2x}{1+x^2}\right)' = \dfrac{2(1+x^2) - 2x \cdot 2x}{(1+x^2)^2} = \dfrac{2(1-x^2)}{(1+x^2)^2}$.

例 2.27　求函数 $y = a^x$ 的 n 阶导数.

解　直接计算得 $y' = a^x \ln a$, $y'' = a^x (\ln a)^2$, $y^{(n)} = a^x (\ln a)^n$.

例 2.28　求函数 $y = (x-3)^m$ 的 n 阶导数.

解　直接计算得 $y' = m (x-3)^{m-1}$, $y'' = m(m-1)(x-3)^{m-2}$,总结可得

$$y^{(n)} = m(m-1)\cdots(m-n+1)(x-3)^{m-n}.$$

特别地,当 $m = -1$ 时,$\left(\dfrac{1}{x-3}\right)^{(n)} = (-1)^n \dfrac{n!}{(x-3)^{n+1}}$.

例 2.29 求函数 $y = \ln(x-3)$ 的 n 阶导数,$n \geqslant 2$.

解 直接计算得 $y' = \dfrac{1}{x-3}$. 此时,利用上面一个例子的结果,可得

$$y^{(n)} = \left(\frac{1}{x-3}\right)^{(n-1)} = (-1)^{n-1} \frac{(n-1)!}{(x-3)^n}.$$

例 2.30 求 $y = \sin x$ 的 n 阶导数.

解
$$y' = (\sin x)' = \cos x = \sin\left(x + \frac{\pi}{2}\right),$$

$$y'' = (\cos x)' = -\sin x = \sin\left(x + 2 \cdot \frac{\pi}{2}\right),$$

$$y''' = (-\sin x)' = -\cos x = \sin\left(x + 3 \cdot \frac{\pi}{2}\right),$$

$$\cdots\cdots$$

$$y^{(n)} = (\sin x)^{(n)} = \sin\left(x + n \cdot \frac{\pi}{2}\right).$$

例 2.31 求函数 $y = \dfrac{1}{x^2 - 3x + 2}$ 的 n 阶导数.

解 注意到 $y = \dfrac{1}{(x-1)(x-2)} = \dfrac{1}{x-2} - \dfrac{1}{x-1}$,从而利用例 2.28 的结果,可得

$$y^{(n)} = \left(\frac{1}{x-2}\right)^{(n)} - \left(\frac{1}{x-1}\right)^{(n)} = (-1)^n n! \left(\frac{1}{(x-2)^{n+1}} - \frac{1}{(x-1)^{n+1}}\right).$$

例 2.32 求函数 $y = \ln(x^2 - 3x + 2)$ 的 n 阶导数.

解 注意到 $y = \ln(x-1)(x-2) = \ln|x-1| + \ln|x-2|$,故而利用例 2.29 的结果,可得

$$y^{(n)} = \left(\frac{1}{x-2}\right)^{(n-1)} - \left(\frac{1}{x-1}\right)^{(n-1)}$$

$$= (-1)^{n-1}(n-1)! \left(\frac{1}{(x-2)^n} - \frac{1}{(x-1)^n}\right), \quad (n \geqslant 1, 0! = 1).$$

习 题 2.4

1. 求下列函数的二阶导数:

(1) $y = x^5 + 4x^3 + 2x$;　　　　(2) $y = e^{3x-2}$;

(3) $y = x \sin x$;　　　　(4) $y = e^{-t} \sin t$;

(5) $y = \dfrac{e^x}{x}$;　　　　(6) $y = \ln(x + \sqrt{1 + x^2})$;

(7) $y = x^2 \ln x$;　　　　(8) $y = \ln(1 - x^2)$;

(9) $y = \tan x$;　　　　(10) $y = \dfrac{1}{1 + x^2}$.

2. 设 $f(x)$ 二阶可导,求 $y = e^{f(x)}$ 的二阶导数.

3. 设 $f(x) = (3x + 1)^{10}$,求 $f'''(0)$.

4. 已知 $y = e^x \cos x$,求 $y^{(4)}$.

5. 验证:函数 $y = C_1 e^{\lambda x} + C_2 e^{-\lambda x}$($\lambda$,$C_1$,$C_2$ 是常数)满足关系式 $y'' - \lambda^2 y = 0$.

6. 设 $g'(x)$ 连续,且 $f(x) = (x - a)^2 g(x)$,求 $f''(a)$.

7. 求下列函数的 n 阶导数:

(1) e^x;　　　　(2) $x e^x$;　　　　(3) $y = x \ln x$;

(4) $y = \sin^2 x$;　　　(5) $y = \sin^4 x + \cos^4 x$;　　　(6) $y = \dfrac{1}{x + 1}$.

8. 设 $f(x) = x(x + 1)(x + 2) \cdots (x + n)$,求 $f'(0)$.

2.5　隐函数的导数

2.5.1　隐函数的导数

前面讨论的函数都是用一个变量明显地表示另一个变量的形式,例如

$$y = x^2 \cos x$$

用 $y = f(x)$ 表示的函数称为**显函数**.然而,表示函数的变量间对应关系的方法有多种,如果函数的自变量 x 和因变量 y 之间的函数关系 F 由方程 $F(x, y) = 0$ 所确定,则称方程 $F(x, y) = 0$ 确定了一个隐函数,例如

$$x^2 + y^2 = 25 \quad 或 \quad x^3 + y^3 = 6xy$$

所确定的函数 $y(x)$ 称为**隐函数**.

对于某些特殊情形的隐函数可以化为显函数,称为**隐函数的显化**.例如解方程 $x^2 + y^2 = 25$,可以得到 $y = \pm\sqrt{25 - x^2}$,因而由确定的隐函数化成了显函数

$$f(x) = \sqrt{25 - x^2} \quad \text{和} \quad g(x) = -\sqrt{25 - x^2}.$$

类似方程 $x^3 + y^3 = 6xy$ 确定的隐函数 $y(x)$,是无法显化为初等函数的.因此需要一种方法,可以直接通过方程求出所确定的隐函数的导数,而不需要显化隐函数.

例 2.33 求由方程 $x^3 + y^3 = 6xy$ 所确定的隐函数 $y(x)$ 的导数 $\dfrac{\mathrm{d}y}{\mathrm{d}x}$.

解 方程两边分别对 x 求导,注意 y 是 x 的函数 $y(x)$,得

$$3x^2 + 3y^2 \frac{\mathrm{d}y}{\mathrm{d}x} = 6y + 6x \frac{\mathrm{d}y}{\mathrm{d}x},$$

解得

$$\frac{\mathrm{d}y}{\mathrm{d}x} = \frac{2y - x^2}{y^2 - 2x}.$$

在这个结果中,分式中的 y 是由方程 $x^3 + y^3 = 6xy$ 所确定的隐函数.

注意 从本例可看出,求隐函数的导数时,只需将确定隐函数的方程两边分别对自变量 x 求导.当遇到含有因变量 y 时,把 y 当作中间变量看待,即 y 是 x 的函数,再按复合函数求导法则求之,然后从所得等式中解出 $\dfrac{\mathrm{d}y}{\mathrm{d}x}$.

例 2.34 求由方程 $y^5 + 2y - x - 3x^7 = 0$ 所确定的隐函数 y 在 $x = 0$ 处的导数 $\dfrac{\mathrm{d}y}{\mathrm{d}x}\Big|_{x=0}$.

解 方程两边分别对 x 求导,得

$$5y^4 \frac{\mathrm{d}y}{\mathrm{d}x} + 2 \frac{\mathrm{d}y}{\mathrm{d}x} - 1 - 21x^6 = 0,$$

由此得

$$\frac{\mathrm{d}y}{\mathrm{d}x} = \frac{1 + 21x^6}{5y^4 + 2},$$

因为当 $x = 0$ 时,从原方程得 $y = 0$,所以

$$\frac{\mathrm{d}y}{\mathrm{d}x}\Big|_{x=0} = \frac{1}{2}.$$

例 2.35 求由方程 $e^y = xy$ 所确定的隐函数 $y(x)$ 的二阶导数 $\dfrac{d^2 y}{dx^2}$.

解 应用隐函数的求导方法,得

$$e^y \frac{dy}{dx} = y + x \frac{dy}{dx},$$

于是

$$\frac{dy}{dx} = \frac{y}{e^y - x},$$

上式两边再对 x 求导,得

$$\frac{d^2 y}{dx^2} = \frac{\dfrac{dy}{dx}(e^y - x) - y\left(e^y \dfrac{dy}{dx} - 1\right)}{(e^y - x)^2}$$

$$= \frac{\dfrac{y}{e^y - x}(e^y - x) - y\left(e^y \dfrac{y}{e^y - x} - 1\right)}{(e^y - x)^2}$$

$$= \frac{2(e^y - x)y - y^2 e^y}{(e^y - x)^3}.$$

注意 求隐函数的二阶导数时,在得到一阶导数的表达式后,再进一步求二阶导数的表达式,此时,要注意将一阶导数的表达式代入其中.

例 2.36 已知 $xy - \sin(\pi y^2) = 0$, 求 $y'\big|_{(0, -1)}$.

解 方程两边对 x 求导,得

$$(xy)'_x - \left[\sin(\pi y^2)\right]'_x = 0,$$

即

$$y + xy' - \cos(\pi y^2) 2\pi y y' = 0,$$

故

$$y' = \frac{-y}{x - 2\pi y \cos(\pi y^2)}, \quad y'\big|_{(0, -1)} = \frac{1}{2\pi \cdot \cos \pi} = -\frac{1}{2\pi}.$$

例 2.37 证明双曲线 $xy = a^2$ 上任意一点的切线与两坐标轴形成的三角形的面积等于常数 $2a^2$.

证 两边求导数将 $y + xy' = 0 \Rightarrow y' = -\dfrac{y}{x}$.

在双曲线 $xy = a^2$ 上任取一点 (x_0, y_0),过此点的切线斜率为

$$k = y'\Big|_{x=x_0} = -\frac{y}{x}\Big|_{(x_0,y_0)} = -\frac{y_0}{x_0},$$

故切线方程为

$$y - y_0 = -\frac{y_0}{x_0}(x - x_0),$$

此切线在 y 轴与 x 轴上的截距分别为 $2y_0$、$2x_0$,故此三角形面积为

$$\frac{1}{2}\mid 2y_0 \mid \cdot \mid 2x_0 \mid = 2 \mid x_0 \cdot y_0 \mid = 2a^2.$$

例 2.38 求由方程 $y\sin x + \ln y = 1$ 所确定的隐函数的导数 y'.

解 将方程两边同时对 x 求导,得

$$y'\sin x + y\cos x + \frac{1}{y} \cdot y' = 0,$$

解得

$$y' = \frac{-y^2\cos x}{1 + y\sin x}.$$

例 2.39 设 $\arctan\dfrac{y}{x} = \ln\sqrt{x^2 + y^2}$ 确定了 y 是 x 的函数,求 y'.

解 先将方程化简,得

$$\arctan\frac{y}{x} = \frac{1}{2}\ln(x^2 + y^2),$$

再将方程两边对 x 求导,得

$$\frac{1}{1+\left(\dfrac{y}{x}\right)^2} \cdot \left(\frac{y}{x}\right)' = \frac{1}{2(x^2+y^2)} \cdot (x^2+y^2)',$$

即

$$\frac{1}{1+\left(\dfrac{y}{x}\right)^2} \cdot \frac{xy'-y}{x^2} = \frac{1}{2(x^2+y^2)} \cdot (2x + 2yy'),$$

化简,得

$$xy' - y = x + yy',$$

解得

$$y' = \frac{x+y}{x-y}.$$

例 2.40　已知 $y = f\left(\dfrac{3x-2}{3x+2}\right)$，且 $f'(x) = x^2$，求 $\dfrac{\mathrm{d}y}{\mathrm{d}x}\Big|_{x=0}$.

解　$\dfrac{\mathrm{d}y}{\mathrm{d}x} = f'\left(\dfrac{3x-2}{3x+2}\right) \cdot \left(\dfrac{3x-2}{3x+2}\right)' = \left(\dfrac{3x-2}{3x+2}\right)^2 \cdot \dfrac{12}{(3x+2)^2},$

所以 $\dfrac{\mathrm{d}y}{\mathrm{d}x}\Big|_{x=0} = 3.$

2.5.2　对数求导法

这个方法适用于幂指函数(形如 $f(x)^{g(x)}$ 的函数)以及由多个因子积、商形式构成的函数.例如 $y = (3x-1)^{\frac{5}{3}}\sqrt{\dfrac{x-1}{x-2}}$, $y = x^x (x > 0)$ 的求导问题.

对数求导法的具体方法：先在两边取以 e 为底的对数,并利用对数的性质化简,再两边同时对自变量 x 求导数,然后求得 y'.

事实上,若令 $y = f(x)^{g(x)}$,则 $\ln y = g(x)\ln f(x)$. 两边对 x 求导数可得

$$\frac{y'}{y} = g'(x)\ln f(x) + \frac{g(x)}{f(x)}f'(x),$$

从而 $y' = f(x)^{g(x)}\left(g'(x)\ln f(x) + \dfrac{g(x)}{f(x)}f'(x)\right).$

例 2.41　已知 $y = (3+x^2)^{\cos x}$，求 y'.

解　两边取对数,得

$$\ln y = \cos x \cdot \ln(3+x^2),$$

两边对 x 求导,得

$$\frac{1}{y}y' = -\sin x \cdot \ln(3+x^2) + \cos x \cdot \frac{2x}{3+x^2},$$

于是得到

$$y' = (3 + x^2)^{\cos x} \cdot \left[-\sin x \ln(3 + x^2) + \frac{2x \cos x}{3 + x^2} \right].$$

例 2.42 求函数 $y = \sqrt[4]{\dfrac{x(x-1)}{(x-2)(x+3)}}$ 的导数 $(x > 2)$.

解 将等式两边取对数得

$$\ln y = \frac{1}{4} \left[\ln x + \ln(x-1) - \ln(x-2) - \ln(x-3) \right],$$

两边对 x 求导得

$$\frac{1}{y} \cdot y' = \frac{1}{4} \left(\frac{1}{x} + \frac{1}{x-1} - \frac{1}{x-2} - \frac{1}{x-3} \right),$$

所以

$$y' = \frac{y}{4} \left(\frac{1}{x} + \frac{1}{x-1} - \frac{1}{x-2} - \frac{1}{x-3} \right)$$

$$= \frac{1}{4} \sqrt[4]{\frac{x(x-1)}{(x-2)(x+3)}} \left(\frac{1}{x} + \frac{1}{x-1} - \frac{1}{x-2} - \frac{1}{x-3} \right).$$

2.5.3 参数方程的导数

有些函数关系可以用参数方程 $\begin{cases} x = \varphi(t), \\ y = \psi(t), \end{cases}$ $\alpha \leqslant t \leqslant \beta$ 来确定.

对这类方程求导数,从中消去参数 t 有时会有困难.所以需要用一种方法能直接由参数方程求出它所确定的函数的导数.

根据复合函数的求导法则与反函数的求导法则,有

$$\frac{\mathrm{d}y}{\mathrm{d}x} = \frac{\mathrm{d}y}{\mathrm{d}t} \cdot \frac{\mathrm{d}t}{\mathrm{d}x} = \frac{\mathrm{d}y}{\mathrm{d}t} \cdot \frac{1}{\dfrac{\mathrm{d}x}{\mathrm{d}t}} = \frac{\psi'(t)}{\varphi'(t)},$$

即

$$\frac{\mathrm{d}y}{\mathrm{d}x} = \frac{\psi'(t)}{\varphi'(t)}, \tag{2-2}$$

也可写成

$$\frac{\mathrm{d}y}{\mathrm{d}x}=\frac{\mathrm{d}y/\mathrm{d}t}{\mathrm{d}x/\mathrm{d}t}\quad\text{或}\quad\frac{\mathrm{d}y}{\mathrm{d}x}=\frac{\mathrm{d}y}{\mathrm{d}t}\cdot\frac{\mathrm{d}t}{\mathrm{d}x},\qquad(2-3)$$

式(2-2)和式(2-3)就是由参数方程所确定的 x 的函数的导数公式.而对于二阶导数,我们可以这样来推导

$$\frac{\mathrm{d}^2y}{\mathrm{d}x^2}=\frac{\mathrm{d}}{\mathrm{d}x}\left(\frac{\mathrm{d}y}{\mathrm{d}x}\right)=\frac{\mathrm{d}}{\mathrm{d}t}\left(\frac{\psi'(t)}{\varphi'(t)}\right)\frac{\mathrm{d}t}{\mathrm{d}x}=\frac{\mathrm{d}}{\mathrm{d}t}\left(\frac{\psi'(t)}{\varphi'(t)}\right)\frac{1}{\frac{\mathrm{d}x}{\mathrm{d}t}}=\frac{\mathrm{d}}{\mathrm{d}t}\left(\frac{\psi'(t)}{\varphi'(t)}\right)\frac{1}{\varphi'(t)}.$$

例2.43　求下列由参数方程所确定的函数的一阶导数 $\dfrac{\mathrm{d}y}{\mathrm{d}x}$ 及二阶导数 $\dfrac{\mathrm{d}^2y}{\mathrm{d}x^2}$:

(1) $\begin{cases}x=\ln\tan t\\ y=\ln\tan\dfrac{t}{2}\end{cases}$; (2) $\begin{cases}x=(t^2+1)\mathrm{e}^t\\ y=t^2\mathrm{e}^{2t}\end{cases}$.

解　(1) 因 $x'_t=\dfrac{1}{\tan t}\cdot\sec^2 t=\dfrac{1}{\sin t\cos t}$, $y'_t=\dfrac{1}{\tan\dfrac{t}{2}}\cdot\sec^2\dfrac{t}{2}\cdot\dfrac{1}{2}=\dfrac{1}{\sin t}$,

故 $\dfrac{\mathrm{d}y}{\mathrm{d}x}=\dfrac{y'_t}{x'_t}=\cos t$, $\dfrac{\mathrm{d}^2y}{\mathrm{d}x^2}=\dfrac{\mathrm{d}\cos t}{\mathrm{d}t}\cdot\dfrac{\mathrm{d}t}{\mathrm{d}x}=-\sin^2 t\cos t.$

(2) 因 $x'_t=2t\mathrm{e}^t+(t^2+1)\mathrm{e}^t=(t+1)^2\mathrm{e}^t$, $y'_t=2t\mathrm{e}^{2t}+t^2\cdot 2\mathrm{e}^{2t}=2t(t+1)\mathrm{e}^{2t}$,

故 $\dfrac{\mathrm{d}y}{\mathrm{d}x}=\dfrac{y'_t}{x'_t}=\dfrac{2t\mathrm{e}^t}{t+1}$, $\dfrac{\mathrm{d}^2y}{\mathrm{d}x^2}=\dfrac{\mathrm{d}\left(\dfrac{2t\mathrm{e}^t}{t+1}\right)}{\mathrm{d}t}\cdot\dfrac{\mathrm{d}t}{\mathrm{d}x}=\dfrac{2(t^2+t+1)}{(t+1)^4}.$

例2.44　求由参数方程 $\begin{cases}x=a\cos t\\ y=b\sin t\end{cases}$ 确定的函数的导数.

解

因为　　　　　　$\dfrac{\mathrm{d}x}{\mathrm{d}t}=-a\sin t$, $\dfrac{\mathrm{d}y}{\mathrm{d}t}=b\cos t$,

所以　　　　　　$\dfrac{\mathrm{d}y}{\mathrm{d}x}=\dfrac{\mathrm{d}y/\mathrm{d}t}{\mathrm{d}x/\mathrm{d}t}=\dfrac{b\cos t}{-a\sin t}=-\dfrac{b}{a}\cot t.$

例2.45　求曲线 $\begin{cases}x=2\mathrm{e}^t\\ y=\mathrm{e}^{-t}\end{cases}$ 在点 $(2,1)$ 处的切线方程和法线方程.

解　对应于点 $(2,1)$ 的参数 $t=0$,
所以

$$k = y'_x = \frac{y'_t}{x'_t} = \frac{e^{-t}(-1)}{2e^t}\bigg|_{t=0} = -\frac{1}{2},$$

故切线方程为

$$y - 1 = -\frac{1}{2}(x - 2),$$

即

$$x + 2y - 4 = 0.$$

法线方程为

$$y - 1 = 2(x - 2),$$

即

$$2x - y - 3 = 0.$$

习 题 2.5

1. 求下列方程所确定的隐函数的导数：

(1) $2x^3 + y^3 - 3xy = 0$;　　　　　　(2) $xy = e^{x+y}$;

(3) $x^2 + xy + y^2 = 1$;　　　　　　　(4) $y = x e^y + 2$;

(5) $e^{xy} + y^3 - 5x = 0$;　　　　　　(6) $xy - \sin(\pi y) = 0$.

2. 求下列方程所确定的隐函数 $y = y(x)$ 的二阶导数：

(1) $x^2 + 4y^2 = 4$;　　　　　　　　　(2) $y = \tan(x + y)$;

(3) $y = \cos(x + y)$;　　　　　　　　(4) $x e^y - y + 10 = 0$.

3. 求隐函数 $e^y + xy = e$ 在 $x = 0$ 处的一阶导数与二阶导数.

4. 利用对数求导法求下列函数导数：

(1) $y = (1 + x^2)^{\tan x}$;　　　　　　(2) $y = \dfrac{\sqrt{x+2}\,(3-x)^4}{(x+1)^5}$;

(3) $y = \sqrt{\dfrac{x(x^2+1)}{(x^2-1)^3}}$;　　　　(4) $y = \dfrac{(x+1)^2\sqrt{3x-2}}{x^3\sqrt{2x+1}}$.

5. 求曲线 $x^{\frac{2}{3}} + y^{\frac{2}{3}} = a^{\frac{2}{3}}$ 在点 $\left(\dfrac{\sqrt{2}a}{4}, \dfrac{\sqrt{2}a}{4}\right)$ 处的切线方程和法线方程.

6. 求曲线 $y - x e^x = 1$ 在点 $(0, 1)$ 处的切线方程和法线方程.

7. 求由下列参数方程所确定的函数的一阶导数与二阶导数：

(1) $\begin{cases} x = 3t^2, \\ y = 2t^3; \end{cases}$　　　　　　　(2) $\begin{cases} x = e^t \cos t, \\ y = e^t \sin t; \end{cases}$

$$(3)\begin{cases} x = 1 - t^2, \\ y = t - t^3; \end{cases} \qquad\qquad (4)\begin{cases} x = \cos^2 t, \\ y = \sin^2 t. \end{cases}$$

8. 求曲线 $\begin{cases} x = \dfrac{1}{2}t^2 \\ y = 1 - t \end{cases}$ 在的点 $\left(\dfrac{1}{2}, 0\right)$ 处的切线方程与法线方程.

2.6 函数的微分

导数表示函数在点 x 处的变化率,它描述函数在点 x 处相对于自变量变化的快慢程度.在实际问题中,有时需要了解当自变量有微小的改变时,函数改变了多少,即

$$\Delta y = f(x + \Delta x) - f(x).$$

这个问题初看起来似乎只要做减法运算就可以了,然而,对于较复杂的函数 $f(x)$,差值 $\Delta y = f(x + \Delta x) - f(x)$ 却是一个更复杂的表达式,不易求出其值,因此,需要设法将 Δy 表示成 Δx 的线性函数,即**线性化**,从而把复杂问题化为简单问题,微分就是实现这种线性化的一种数学模型.

2.6.1 微分的定义

如图 2 - 7 所示,设一边长为 x 的正方形,它的面积 $S = x^2$, 是 x 的函数.若边长由 x_0 增加到 $x_0 + \Delta x$,那么将得到正方形面积的增量为

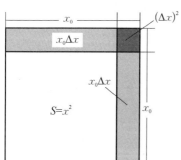

图 2 - 7

$$\Delta S = (x_0 + \Delta x)^2 - (x_0)^2 = 2x_0 \Delta x + (\Delta x)^2.$$

这个增量很显然是由两部分组成,第一部分 $2x_0 \Delta x$ 是 Δx 的线性函数,第二部分 $(\Delta x)^2$ 是较 Δx 高阶无穷小量即 $(\Delta x)^2 = o(\Delta x)$,所以引起正方形面积的改变量主要是由第一部分 $2x_0 \Delta x$ 来决定的,即 $\Delta S \approx 2x_0 \Delta x$, 由此产生的误差是一个较 Δx 为高阶的无穷小量,即以 Δx 为边的小正方形面积.

一般地,如果函数 $y = f(x)$ 满足一定条件,则函数的增量 Δy 可表示为

$$\Delta y = A \Delta x + o(\Delta x),$$

式中 A 是不依赖于 Δx 的常数,因此 $A \Delta x$ 是 Δx 的线性函数,且它与 Δy 之差

$$\Delta y - A \Delta x = o(\Delta x)$$

是比 Δx 高阶的无穷小.所以,当 $A \neq 0$,且 $|\Delta x|$ 很小时,可以近似地用 Δx 的线性函数 $A \Delta x$ 来代替 Δy.

定义 2.4 设函数 $y = f(x)$ 在某区间内有定义,x_0 及 $x_0 + \Delta x$ 在这区间内,如果函数的增量 $\Delta y = f(x_0 + \Delta x) - f(x_0)$,可表示为

$$\Delta y = A \Delta x + o(\Delta x),$$

式中 A 是不依赖于 Δx 的常数,那么称函数 $y = f(x)$ 在点 x_0 **可微**,而 $A \Delta x$ 称为函数 $y = f(x)$ 在点 x_0 的**微分**,记作 $\mathrm{d}y$,即

$$\mathrm{d}y = A \Delta x = A \mathrm{d}x$$

就称微分 $\mathrm{d}y$ 为函数增量 Δy 的线性主部.

注意 (1) $\mathrm{d}y$ 是自变量的改变量 Δx 的线性函数;

(2) $\Delta y - \mathrm{d}y = o(\Delta x)$ 是比 Δx 高阶的无穷小;

(3) 当 $A \neq 0$ 时, $\mathrm{d}y$ 与 Δy 是等价无穷小,因为 $\dfrac{\Delta y}{\mathrm{d}y} = 1 + \dfrac{o(\Delta x)}{A \cdot \Delta x} \to 1(\Delta x \to 0)$;

(4) 当 $|\Delta x|$ 很小时,$\Delta y \approx \mathrm{d}y$(线性主部).

2.6.2 函数可微的条件

若函数 $y = f(x)$ 在 x_0 处可微,那么根据定义,$\Delta y = A \Delta x + o(\Delta x)$.将这个式子两边同时除以 Δx 后令 $\Delta x \to 0$,我们可以得到

$$\lim_{\Delta x \to 0} \frac{\Delta y}{\Delta x} = \lim_{\Delta x \to 0} \left(A + \frac{o(\Delta x)}{\Delta x} \right) = A,$$

其中 $\lim\limits_{\Delta x \to 0} \dfrac{o(\Delta x)}{\Delta x} = 0$ 是因为 $o(\Delta x)$ 是比 Δx 更高阶的无穷小量.而上式可以改写为

$$\lim_{h \to 0} \frac{f(x_0 + h) - f(x_0)}{h} = A,$$

这表明上式左端的极限存在且等于 A,这正是函数 $y = f(x)$ 在 x_0 处可导的定义,而且我们同时可以得到 $A = f'(x_0)$.

另一方面,若函数 $y=f(x)$ 在 x_0 处可导,那么 $\lim\limits_{\Delta x \to 0} \dfrac{\Delta y}{\Delta x}=f'(x_0)$. 根据本书定理 1.6,可以将 $\dfrac{\Delta y}{\Delta x}$ 写为

$$\frac{\Delta y}{\Delta x}=f'(x_0)+\alpha,$$

其中 $\alpha \to 0$(当 $\Delta x \to 0$). 这表明 $\Delta y=f'(x_0)\Delta x+\alpha \Delta x$. 由于 $\lim\limits_{\Delta x \to 0} \dfrac{\alpha \Delta x}{\Delta x}=\lim\limits_{\Delta x \to 0} \alpha=0$, 故而 $\alpha \Delta x=o(\Delta x)$. 这表明存在一个与 Δx 无关的 $A=f'(x_0)$, 使得 $\Delta y=A\Delta x+o(\Delta x)$. 这正是函数 $y=f(x)$ 在 x_0 处可微的定义. 因此我们有以下定理,

定理 2.6 函数 $y=f(x)$ 在点 x_0 可微的充分必要条件是函数 $y=f(x)$ 在点 x_0 可导. 可见,对于一元函数,函数可导与函数可微是等价的. 即:**可导必可微,可微必可导.**

求导数和求微分的方法,统称为**微分法**.

记号 $\dfrac{\mathrm{d}y}{\mathrm{d}x}$ 作为一个整体用来表示导数,此记号可以理解为函数的微分与自变量的微分之商,所以导数也称为微商.

例 2.46 求函数 $y=\mathrm{e}^x$ 分别在点 $x=0$ 与 $x=1$ 处的微分.

解 函数 $y=\mathrm{e}^x$ 在 $x=0$ 处的微分为

$$\mathrm{d}y=(\mathrm{e}^x)'\Big|_{x=0} \mathrm{d}x=\mathrm{d}x,$$

函数 $y=\mathrm{e}^x$ 在 $x=1$ 处的微分为

$$\mathrm{d}y=(\mathrm{e}^x)'\Big|_{x=1} \mathrm{d}x=\mathrm{e}\mathrm{d}x.$$

例 2.47 求函数 $y=f(x)=x^3$ 当 $x=2$, $\Delta x=0.01$ 时的增量 Δy 与微分 $\mathrm{d}y$.

解
$$\Delta y=f(2.01)-f(2)=2.01^3-2^3=0.120\ 601,$$
$$\mathrm{d}y=f'(2)\Delta x=(x^3)'\Big|_{x=2} \cdot 0.01=0.12.$$

2.6.3 基本初等函数的微分公式与微分运算法则

1. 基本初等函数的微分公式

可通过表 2-1 与基本函数的求导公式进行对照.

表 2 - 1

导 数 公 式	微 分 公 式
$(x^{\mu})' = \mu x^{\mu-1}$	$\mathrm{d}(x^{\mu}) = \mu x^{\mu-1}\,\mathrm{d}x$
$(\sin x)' = \cos x$	$\mathrm{d}(\sin x) = \cos x\,\mathrm{d}x$
$(\cos x)' = -\sin x$	$\mathrm{d}(\cos x) = -\sin x\,\mathrm{d}x$
$(\tan x)' = \sec^2 x$	$\mathrm{d}(\tan x) = \sec^2 x\,\mathrm{d}x$
$(\cot x)' = -\csc^2 x$	$\mathrm{d}(\cot x) = -\csc^2 x\,\mathrm{d}x$
$(\sec x)' = \sec x \tan x$	$\mathrm{d}(\sec x) = \sec x \tan x\,\mathrm{d}x$
$(\csc x)' = -\csc x \cot x$	$\mathrm{d}(\csc x) = -\csc x \cot x\,\mathrm{d}x$
$(a^x)' = a^x \ln a$	$\mathrm{d}(a^x) = a^x \ln a\,\mathrm{d}x$
$(\mathrm{e}^x)' = \mathrm{e}^x$	$\mathrm{d}(\mathrm{e}^x) = \mathrm{e}^x\,\mathrm{d}x$
$(\log_a x)' = \dfrac{1}{x \ln a}$	$\mathrm{d}(\log_a x) = \dfrac{1}{x \ln a}\mathrm{d}x$
$(\ln x)' = \dfrac{1}{x}$	$\mathrm{d}(\ln x) = \dfrac{1}{x}\mathrm{d}x$
$(\arcsin x)' = \dfrac{1}{\sqrt{1-x^2}}$	$\mathrm{d}(\arcsin x) = \dfrac{1}{\sqrt{1-x^2}}\mathrm{d}x$
$(\arccos x)' = -\dfrac{1}{\sqrt{1-x^2}}$	$\mathrm{d}(\arccos x) = -\dfrac{1}{\sqrt{1-x^2}}\mathrm{d}x$
$(\arctan x)' = \dfrac{1}{1+x^2}$	$\mathrm{d}(\arctan x) = \dfrac{1}{1+x^2}\mathrm{d}x$
$(\operatorname{arccot} x)' = -\dfrac{1}{1+x^2}$	$\mathrm{d}(\operatorname{arccot} x) = -\dfrac{1}{1+x^2}\mathrm{d}x$

2. 微分的四则运算法则

微分的四则运算法则如表 2 - 2 所示.

表 2 - 2

函数和、差、积、商的求导法则	函数和、差、积、商的微分法则
$(u \pm v)' = u' \pm v'$	$\mathrm{d}(u \pm v) = \mathrm{d}u \pm \mathrm{d}v$
$(Cu)' = Cu'$	$\mathrm{d}(Cu) = C\mathrm{d}u$
$(uv)' = u'v + uv'$	$\mathrm{d}(uv) = v\mathrm{d}u + u\mathrm{d}v$
$\left(\dfrac{u}{v}\right)' = \dfrac{u'v - uv'}{v^2}$	$\mathrm{d}\left(\dfrac{u}{v}\right) = \dfrac{v\mathrm{d}u - u\mathrm{d}v}{v^2}$

3. 微分形式不变性

事实上,若 $y=f(w)$,$w=\varphi(x)$ 都可导,那么它们的复合函数 $y=f(\varphi(x))$ 的微分为

$$\mathrm{d}y=f'(\varphi(x))\varphi'(x)\mathrm{d}x$$

又由于 $\mathrm{d}w=\varphi'(x)\mathrm{d}x$,那么我们可以得到 $\mathrm{d}y=f'(\varphi(x))\varphi'(x)\mathrm{d}x=f'(\varphi(x))\mathrm{d}w=f'(w)\mathrm{d}w$.

上述式子表明不论 u 是中间变量还是自变量,函数 $y=f(u)$ 的微分,其形式是一样的.由复合函数的微分法则,得到微分的这一重要性质称为**一阶微分形式不变性**.

例 2.48 求函数 $y=\mathrm{e}^{ax+bx^2}$ 的微分.

解一 利用 $\mathrm{d}y=f'(x)\mathrm{d}x$,得

$$\mathrm{d}y=(a+2bx)\mathrm{e}^{ax+bx^2}\mathrm{d}x\,;$$

解二 令 $u=ax+bx^2$,则 $y=\mathrm{e}^u$.

由微分的不变性,得

$$\mathrm{d}y=(\mathrm{e}^u)'\mathrm{d}u=\mathrm{e}^u\mathrm{d}u=\mathrm{e}^{ax+bx^2}\mathrm{d}(ax+bx^2)=(a+2bx)\mathrm{e}^{ax+bx^2}\mathrm{d}x.$$

2.6.4 微分的几何意义

为了对微分有比较直观的了解,首先说明微分的几何意义.

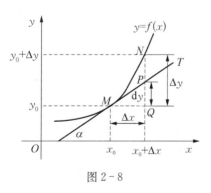

图 2-8

在直角坐标系中,函数 $y=f(x)$ 的图形是一条曲线,对于某一固定的 x_0 值,曲线上有一个确定点 $M(x_0,y_0)$,当自变量 x 有微小增量 Δx 时,就得到曲线上另一点 $N(x_0+\Delta x,y_0+\Delta y)$,从图 2-8 可知:

$$MQ=\Delta x,\ QN=\Delta y,$$

过点 M 作曲线的切线 MT,它的倾角为 α,则

$$QP=MQ\cdot\tan\alpha=\Delta x\cdot f'(x_0),$$

即

$$\mathrm{d}y=QP=f'(x_0)\mathrm{d}x.$$

由此可见,对于可微函数 $y=f(x)$ 而言,当 Δy 是曲线 $y=f(x)$ 上的点的纵

坐标的增量时,$\mathrm{d}y$ 就是曲线的切线上点的纵坐标的相应增量.当 $|\Delta x|$ 很小时,$|\Delta y - \mathrm{d}y|$ 比 $|\Delta x|$ 小得多.因此在点 M 的邻近,可以用切线段来近似代替曲线段,数学上称之为非线性函数的局部线性化.

2.6.5 函数的线性化

在许多问题中,经常会遇到一些复杂的计算公式,如果直接用这些公式进行计算,那是很费力的.利用微分往往可以把一些复杂的计算公式用简单的近似公式来代替.

如果 $y = f(x)$ 在点 x_0 处的导数 $f'(x_0) \neq 0$,且 $|\Delta x|$ 很小时,则有

$$\Delta y \approx \mathrm{d}y = f'(x_0)\Delta x,$$

这个式子也可以写为

$$\Delta y = f(x_0 + \Delta x) - f(x_0) \approx f'(x_0)\Delta x, \tag{2-4}$$

或

$$f(x_0 + \Delta x) \approx f(x_0) + f'(x_0)\Delta x, \tag{2-5}$$

在(2-5)式中,令 $x = x_0 + \Delta x$,即 $\Delta x = x - x_0$,则可改写为

$$f(x) \approx f(x_0) + f'(x_0)(x - x_0). \tag{2-6}$$

如果 $f(x_0)$ 与 $f'(x_0)$ 都容易计算,那么可利用式(2-4)近似计算 Δy,利用式(2-5)近似计算 $f(x_0 + \Delta x)$,或利用式(2-6)近似计算 $f(x)$.这种近似计算的实质是用 x 的线性函数 $f(x_0) + f'(x_0)(x - x_0)$ 近似表达函数 $f(x)$.从导数的几何意义可知,这也就是用曲线 $y = f(x)$ 在点 $(x_0, f(x_0))$ 处的切线近似代替该曲线(就切点邻近部分来说).

定义 2.5 如果 $f(x)$ 在点 x_0 处可微,那么线性函数

$$L(x) = f(x_0) + f'(x_0)(x - x_0)$$

称为 $f(x)$ 在点 x_0 处的**线性化**.近似式 $f(x) \approx L(x)$ 称为 $f(x)$ 在点 x_0 处的**标准线性近似**.点 x_0 称为该近似的**中心**.

几个常用的近似公式

当 $|x|$ 充分小,即当 $|x|$ 趋于零时有:

$$\sqrt[n]{1 \pm x} \approx 1 \pm \frac{x}{n}; \qquad \sin x \approx x; \qquad \tan x \approx x;$$

$$\mathrm{e}^x \approx 1 + x; \qquad \ln(1 + x) \approx x; \qquad \frac{1}{1 + x} \approx 1 - x.$$

例 2.49 求 $\sqrt{1.05}$ 的近似值.

解 令 $f(x) = \sqrt{x}$，则 $f'(x) = \dfrac{1}{2\sqrt{x}}$，取 $x_0 = 1$，$\Delta x = 0.05$，

于是有 $f(1) = 1$，$f'(1) = \dfrac{1}{2}$，因而

$$\sqrt{1.05} = f(1.05) = f(1+0.05) \approx f(1) + f'(1) \cdot 0.05 = 1.025,$$

直接开方,可得 $\sqrt{1.05} = 1.024\ 70$.

例 2.50 求 $\arctan 1.02$ 的近似值(精确到 0.001).

解 令 $f(x) = \arctan x$，于是 $f'(x) = \dfrac{1}{1+x^2}$，

$$\arctan 1.02 = f(1.02) = f(1+0.02) \approx f(1) + f'(1) \cdot 0.02$$
$$= \frac{\pi}{4} + \frac{1}{2} \cdot 0.02 \approx 0.795.$$

2.6.6 误差计算

许多实际问题中,由于测量仪器的精确度、测量的条件和方法等各种因素的影响,测量数据往往带有误差.误差是不可避免的.若根据带有一定误差的数据进行计算,其结果也会有误差,此误差称为**间接测量误差**.因此要对误差进行估计与控制,在实际工作中关于误差的问题不外乎两种情况:

(1) 由测得数据的误差估计其结果误差;

(2) 根据问题要求的结果误差选取适当精度的仪器和适当的测量方法.

如果某个量的精确值为 A,近似值为 a,则 $|A-a|$ 称为 a 的**绝对误差**,而 $\dfrac{|A-a|}{a}$ 称为 a 的**相对误差**.

在实际工作中,某个量的精确值往往是无法知道的,于是,绝对误差与相对误差也就无法精确地求得.但是根据测量仪器的精度等因素,有时能够将误差限制在某个范围内.

如果某个量精确值为 A,测得它的近似值为 a,又知道它的误差不超过 δ_A,即

$$|A-a| \leqslant \delta_A,$$

那么 δ_A 称为测量 A 的**绝对误差限**,$\dfrac{\delta_A}{|a|}$ 称为测量 A 的**相对误差限**.

通常把绝对误差限与相对误差限简称为**绝对误差**与**相对误差**.

例 2.51　设已测得一根圆轴的直径为 43 cm,并已知在测量中绝对误差不超过 0.2 cm,试求以此数据计算圆轴的横截面积时所引起的误差.

解　由题意圆轴的直径 $D = 43$ cm,其绝对误差 $|\Delta D| \leqslant 0.2$ cm,按照所测的直径计算圆轴的横截面积

$$S = f(D) = \frac{1}{4}\pi D^2 = \frac{1}{4}\pi \times 43^2 = 462.25\pi \text{ cm}^2,$$

它的绝对误差为

$$|\Delta S| \approx |dS| = \frac{1}{2}\pi D |\Delta D| \leqslant \frac{1}{2}\pi \times 43 \times 0.2 = 4.3\pi \text{ cm}^2,$$

它的相对误差为

$$\frac{|\Delta S|}{S} \approx \frac{|dS|}{S} \leqslant \frac{4.3\pi}{462.25\pi} \approx 0.009\,30 = 0.93\%.$$

习　题　2.6

1. 下列等式中正确的是(　　).

A. $d(c) = 0$(c 为常数)

B. $f''(x) = \dfrac{dy^2}{dx^2}$

C. $d(ax + b) = a$

D. $\dfrac{df(x)}{dg(x)} = d\left(\dfrac{f(x)}{g(x)}\right)$

2. 设 $y = x[\sin(\ln x) + \cos(\ln x)]$,则 $dy = ($　　$)$.

A. $2\cos\left(\dfrac{1}{\ln x}\right)dx$

B. $2\cos(\ln x)dx$

C. $2\sin(\ln x)dx$

D. $\sin(\ln x)dx$

3. 已知函数 $f(x) = \sqrt{1 + x}$,当 $|x|$ 很小时,$f(x)$ 可以近似表示为(　　).

A. $1 + \dfrac{x}{2}$　　　B. $1 + \dfrac{x}{3}$　　　C. $1 + x$　　　D. $1 + \dfrac{x}{4}$

4. 设 $y = f(\sin x)$,则 $dy = ($　　$)$.

A. $\sin x f'(x)dx$

B. $f'(\cos x)\cos x\, dx$

C. $f(\sin x)d(\sin x)$

D. $f'(\sin x)\cos x\, dx$

5. 设 $y = x + \dfrac{1}{x}$，求 $\mathrm{d}y\Big|_{x=2}$.

6. 已知 $y = x^3 - 1$，在点 $x = 2$ 处计算当 Δx 分别为 1，0.1，0.01 时的 Δy 及 $\mathrm{d}y$ 的值.

7. 求下列函数的微分：

(1) $y = x\cos 2x$；

(2) $y = x^2 \mathrm{e}^{-x}$；

(3) $y = \arctan\dfrac{1-x^2}{1+x^2}$；

(4) $y = \arcsin\sqrt{1-x^2}$；

(5) $y = \dfrac{\ln(1-x)}{x}$；

(6) $y = \dfrac{x}{\sqrt{x^2-1}}$；

(7) $y = \ln x + 2\sqrt{x}$；

(8) $y = \ln\sqrt{1-x^3}$；

(9) $y = (\mathrm{e}^x + \mathrm{e}^{-x})^2$；

(10) $y = \ln(x + \sqrt{x^2 \pm a^2})$.

8. 求方程 $2y - x = (x-y)\ln(x-y)$ 所确定的函数 $y = y(x)$ 的微分.

9. 当 $|x|$ 较小时，证明下列公式：

(1) $\sin x \approx x$；

(2) $\mathrm{e}^x \approx 1 + x$.

10. 计算下列各式的近似值：

(1) $\sqrt[6]{65}$；　　(2) $\cos 29°$；　　(3) $\sqrt[101]{1.01}$；　　(4) $\arcsin 0.500\,1$.

11. 选择合适的中心对函数 $f(x) = \dfrac{x}{1+x}$ 进行线性化，并估计在 $x = 1.1$ 处的函数值.

12. 求函数 $f(x) = \sqrt{1+x} + \sin x$ 在 $x = 0$ 处的线性化.

13. 设扇形的圆心角 $\alpha = 60°$，半径 $R = 100$ cm，如果 R 不变，α 减少 $30'$，问扇形的面积大约改变了多少？又如果 α 不变，R 增加 1 cm，问扇形的面积大约改变了多少？

14. 在下列各式等号右端的空白处填入适当的系数.

(1) $\mathrm{d}x = \underline{\qquad}\mathrm{d}(7x)$；

(2) $\mathrm{d}x = \underline{\qquad}\mathrm{d}(5x-1)$；

(3) $x\,\mathrm{d}x = \underline{\qquad}\mathrm{d}(x^2)$；

(4) $x\,\mathrm{d}x = \underline{\qquad}\mathrm{d}(1-4x^2)$；

(5) $\mathrm{e}^{-3x}\,\mathrm{d}x = \underline{\qquad}\mathrm{d}(\mathrm{e}^{-3x})$；

(6) $\sin 3x\,\mathrm{d}x = \underline{\qquad}\mathrm{d}(\cos 3x)$；

(7) $\dfrac{1}{x}\,\mathrm{d}x = \underline{\qquad}\mathrm{d}(2-3\ln x)$；

(8) $\dfrac{1}{1+4x^2}\,\mathrm{d}x = \underline{\qquad}\mathrm{d}(\arctan 2x)$.

本 章 小 结

导数与微分
- 导数计算
  - 导数的定义
  - 函数的左、右导数
  - 导数的几何意义
  - 函数的可导性与连续性的关系
- 导数概念
  - 导数的四则运算法则
  - 反函数的求导法则
  - 复合函数的求导法则
  - 初等函数的求导法则
  - 高阶导数
  - 隐函数的导数
  - 对数求导法
  - 参数方程表示的函数的导数
- 函数的微分
  - 微分的定义
  - 函数可微的条件
  - 基本初等函数的微分公式与运算法则
  - 微分的几何意义
  - 函数的线性化
  - 误差计算

习 题 2

1. 设 $f'(1) = 2$，求 $\lim\limits_{x \to 0} \dfrac{f(1-x) - f(1+x)}{\sin x}$.

2. 设 $f'(x)$ 存在，求 $\lim\limits_{h \to 0} \dfrac{f(x+2h) - f(x-2h)}{h}$.

3. 设 $f(x)$ 对任何 x 满足 $f(x+1) = 2f(x)$，$f(0) = 1$，$f'(0) = 1$，求 $f'(1)$.

4. 求 $y = \ln x + \mathrm{e}^x$ 的反函数 $x = x(y)$ 的导数.

5. 在抛物线 $y = x^2$ 上取横坐标为 $x_1 = 1$ 及 $x_2 = 3$ 的两点，作过这两点的割线，问抛物线上哪点的切线平行于这条割线?

6. 求与直线 $x + 9y - 1 = 0$ 垂直的曲线 $y = x^3 - 3x^2 + 5$ 的切线方程.

7. 设函数 $y = f(x)$ 由方程 $xy + 2\ln x = y^4$ 确定，求曲线在点 $(1, 1)$ 处的切线方程.

8. 设 $f(x^2+1)=x^4+x^2+1$，求 $f'(x^2+1)$.

9. 设函数 $f(x)=\begin{cases} x^2, & x\leqslant 1, \\ ax+b, & x>1, \end{cases}$ 为了使函数 $f(x)$ 在 $x=1$ 处连续且可导，a，b 应取什么值?

10. 求下列函数的导数：

(1) $y=(3x+5)^3(5x+4)^5$；

(2) $\arctan\dfrac{x+1}{x-1}$；

(3) $y=\dfrac{\ln x}{x^n}$；

(4) $y=e^{\tan\frac{1}{x}}$；

(5) $y=x^a+a^x+a^a$；

(6) $y=\sqrt{x+\sqrt{x}}$.

11. 设 $f(x)$ 为可导函数，求 $\dfrac{dy}{dx}$.

(1) $y=f(e^x+x^e)$；

(2) $y=f(e^x)e^{f(x)}$.

12. 设 $x>0$，且函数满足 $f(x)+2f\left(\dfrac{1}{x}\right)=\dfrac{3}{x}$，求 $f'(x)(x>0)$.

13. 卡铂抗癌化学药品的剂量与该药品的几个参数相关，也与患者的年龄、体重和性别有关，对于女性患者，下面给出关于某个药品的量的函数关系式：

$$D=0.85A(c+25), \quad c=(140-y)\frac{w}{72x},$$

式中 A 和 x 与使用哪种药品相关；D 是剂量，以毫克(mg)计；c 是肌酸清除率；y 是患者年龄(年)；w 是患者的体重(kg).

(1) 设患者为 45 岁的女性，且该药品有参数 $A=5$，$x=0.6$. 利用这一信息求 D 和 c 的函数式，使得 D 为 c 的函数而 c 为 w 的函数；

(2) 用(1)所得函数式计算 dD/dc；

(3) 用(1)所得函数式计算 dc/dw；

(4) 计算 dD/dw；

(5) 说明 dD/dw 的意义.

14. 求函数 $y=(1+x^2)\arctan x$ 的二阶导数.

15. 已知 $y=\dfrac{1}{x^2-5x+6}$，求 $y^{(n)}$.

16. 用对数求导法则求 $y=(\tan x)^{\sin x}+x^x$ 的导数.

17. 求下列函数的微分：

(1) $y=e^{-x}\cos(3-x)$；

(2) $y=\arcsin\sqrt{1-x^2}$.

18. 已知 $y = \cos x^2$，求 y'，y''.

19. 求 $f(x) = \sqrt{1+x} + \sin x - 0.5$ 在 $x = 0$ 处的线性化.

20. 求 $f(x) = \sqrt{1+x} + \dfrac{2}{1-x} - 3.1$ 在 $x = 0$ 处的线性化.

21. 若要确保立方体表面积的相对误差不超过 2%，则在测量立方体边长时应保持怎样的精度？并计算此时立方体体积的相对误差范围.

22. 讨论函数 $f(x) = \begin{cases} x\mathrm{e}^{\frac{1}{x}}, & x < 0, \\ \sin x, & x \geqslant 0, \end{cases}$ 在 $x = 0$ 处的连续性与可导性.

23. 已知 $y = y(x)$ 是由方程 $\sin y + x\mathrm{e}^y = 0$ 所确定的隐函数，求该方程对应的曲线在 $(0, 0)$ 处的切线方程.

24. 设 $f(x) = (x-a)h(x)$，$h(x)$ 在 $x = a$ 的某邻域内有定义，证明：$f(x)$ 在点 $x = a$ 可导的充分必要条件是 $\lim\limits_{x \to a} h(x)$ 存在.

3 中值定理与导数的应用

本章将进一步应用导数研究函数曲线的升降、极值、凹凸、拐点等性态,描绘函数的图形,应用导数求极限,以及解决经济(极值)数学模型等方面的一些实际应用问题.导数的应用十分广泛,为了本章及今后学习的需要,先介绍微分学中重要的中值定理,它是利用导数研究函数的理论基础,在实际应用上也有重要作用.

3.1 中 值 定 理

3.1.1 罗尔定理

引理 3.1(费马引理)   设函数 $f(x)$ 在点 x_0 的某邻域 $U(x_0)$ 内有定义,并且在 x_0 处可导,如果对任意的 $x \in U(x_0)$,有

$$f(x) \leqslant f(x_0)(或 f(x) \geqslant f(x_0)),$$

则
$$f'(x_0) = 0.$$

证   不妨设 $x \in U(x_0)$ 时,$f(x) \leqslant f(x_0)$,则对 $x_0 + \Delta x \in U(x_0)$,有

$$f(x_0 + \Delta x) \leqslant f(x_0),$$

从而当 $\Delta x > 0$ 时,$\dfrac{f(x_0 + \Delta x) - f(x_0)}{\Delta x} \leqslant 0$;当 $\Delta x < 0$ 时,

$\dfrac{f(x_0 + \Delta x) - f(x_0)}{\Delta x} \geqslant 0$;

由极限的保号性(上面两式加极限符号),以及函数 $f(x)$ 在 x_0 处可导,可得 $f'(x_0) = f'_+(x_0) \leqslant 0$,$f'(x_0) = f'_-(x_0) \geqslant 0$,所以,$f'(x_0) = 0$.

定理 3.1(罗尔定理)   若函数 $f(x)$ 满足下列条件:

(1) 在闭区间 $[a, b]$ 上连续;(2) 在开区间 (a, b) 内可导;(3) $f(a) = f(b)$.

则至少存在一点 $\xi \in (a, b)$,使得 $f'(\xi) = 0$.

先考察定理的几何意义.

在图 3-1 中,设曲线 AB 的方程为 $y=f(x)$ $(a \leqslant x \leqslant b)$. 罗尔定理的条件在几何上表示:$AB$ 弧是一条连续的曲线弧,除端点外处处具有不垂直于 x 轴的切线,且两个端点的纵坐标相等.定理的结论表达了这样一个几何事实:在曲线弧 AB 上至少有一点 C,在该点处曲线的切线是水平的,这启发了证明思路.

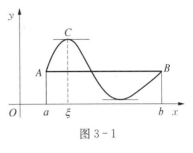

图 3-1

证 由于 $f(x)$ 在闭区间 $[a,b]$ 上连续,根据闭区间上连续函数的最大值和最小值定理,$f(x)$ 在闭区间 $[a,b]$ 上必定取得它的最大值 M 和最小值 m.这样有两种可能情形:

(1) $M=m$.这时 $f(x)$ 在区间 $[a,b]$ 上必然取相同的数值 M: $f(x) \equiv M$.由此有 $f'(x) \equiv 0$.因此可以取 (a,b) 内任意一点作为 ξ 而有 $f'(\xi)=0$.

(2) $M>m$.因为 $f(a)=f(b)$,所以 M 与 m 这两个数中至少有一个不等于 $f(x)$ 在区间 $[a,b]$ 的端点处的函数值.为确定起见,不妨设 $M \neq f(a)$(如果设 $m \neq f(a)$,证法类似),那么必定在开区间 (a,b) 内有一点 ξ 使 $f(\xi)=M$.下面证明 $f(x)$ 在点 ξ 处的导数等于零:$f'(\xi)=0$.

因为 ξ 是开区间 (a,b) 内的点,根据假设可知 $f'(\xi)$ 存在,即极限 $\lim\limits_{\Delta x \to 0} \dfrac{f(\xi+\Delta x)-f(\xi)}{\Delta x}$ 存在.而极限必定左、右极限都存在并且相等,因此

$$f'(\xi)=\lim_{\Delta x \to +0} \frac{f(\xi+\Delta x)-f(\xi)}{\Delta x}=\lim_{\Delta x \to -0} \frac{f(\xi+\Delta x)-f(\xi)}{\Delta x}.$$

由于 $f(\xi)=M$ 是 $f(x)$ 在 $[a,b]$ 上的最大值,因此不论 Δx 是正的还是负的,只要 $\xi+\Delta x$ 在 $[a,b]$ 上,总有 $f(\xi+\Delta x) \leqslant f(\xi)$,即 $f(\xi+\Delta x)-f(\xi) \leqslant 0$,

当 $\Delta x > 0$ 时,$\dfrac{f(\xi+\Delta x)-f(\xi)}{\Delta x} \leqslant 0$,从而,根据函数极限的性质,有

$$f'(\xi)=\lim_{\Delta x \to +0} \frac{f(\xi+\Delta x)-f(\xi)}{\Delta x} \leqslant 0.$$

同理,当 $\Delta x < 0$ 时,$\dfrac{f(\xi+\Delta x)-f(\xi)}{\Delta x} \geqslant 0$,必然有 $f'(\xi)=0$.

注意 (1) 该定理要求 $f(x)$ 满足三个条件,若不能同时满足三个条件,则结论就可能不成立.

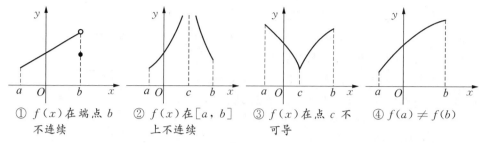

① $f(x)$ 在端点 b　　② $f(x)$ 在 $[a,b]$　　③ $f(x)$ 在点 c 不　　④ $f(a) \neq f(b)$
　不连续　　　　　　上不连续　　　　　　可导

图 3 - 2

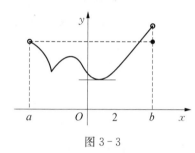

图 3 - 3

图 3 - 2 中的四个图形均不存在 ξ,使 $f'(\xi)=0$.

(2) 这些条件不是必要的.

图 3 - 3 中的函数 $y=f(x)$ 对定理中的三个条件均不满足,但也可能存在一点 ξ,使 $f'(\xi)=0$.

(3) 在一般情形下,罗尔定理只给出了结论中导函数的零点的存在性,通常这样的零点是不易求出的.

使得 $f'(x)=0$ 的点称为 $f(x)$ 的**驻点**.

罗尔定理常被用来判断函数 $f'(x)$ 的零点.

例3.1　函数 $f(x)=2x^2-x-3$ 在 $[-1,1.5]$ 上是否满足罗尔定理的所有条件? 如满足,请求出满足定理的数值 ξ.

解　$f(x)$ 显然在 $[-1,1.5]$ 上连续,在 $(-1,1.5)$ 内可导,且 $f(-1)=0=f(1.5)$,从而在 $[-1,1.5]$ 上满足罗尔定理的所有条件,若令 $f'(x)=4x-1=0$,则 $x=\dfrac{1}{4} \in (-1,1.5)$,即存在 $\xi=\dfrac{1}{4} \in (-1,1.5)$,使 $f'(\xi)=0$ 成立,说明罗尔定理正确.

例3.2　对函数 $f(x)=\sin^2 x$ 在区间 $[0,\pi]$ 上验证罗尔定理的正确性.

解　显然 $f(x)$ 在 $[0,\pi]$ 上连续,在 $(0,\pi)$ 内可导,且 $f(0)=f(\pi)=0$,而在 $(0,\pi)$ 内确存在一点 $\xi=\dfrac{\pi}{2}$,使得

$$f'\left(\frac{\pi}{2}\right)=(2\sin x \cos x)\big|_{x=\frac{\pi}{2}}=0.$$

例3.3　设 $f(x)$ 在 $[a,b]$ 上连续,在 (a,b) 内可导,且 $f(a)=f(b)=0$,证明:存在 $\xi \in (a,b)$,使 $f'(\xi)=f(\xi)$ 成立.

证 若 $f'(\xi)=f(\xi)$，我们两端同时乘以 $\mathrm{e}^{-\xi}$，可得 $0=\mathrm{e}^{-\xi}f'(\xi)-\mathrm{e}^{-\xi}f(\xi)=(\mathrm{e}^{-\xi}f(\xi))'$. 引进辅助函数 $\varphi(x)=f(x)\mathrm{e}^{-x}$.

由于 $\varphi(a)=\varphi(b)=0$，易知 $\varphi(x)$ 在 $[a,b]$ 上满足罗尔定理条件，且

$$\varphi'(x)=f'(x)\mathrm{e}^{-x}-f(x)\mathrm{e}^{-x},$$

因此，在 (a,b) 内至少存在一点 $\xi\in(a,b)$，使 $\varphi'(\xi)=0$，即 $f'(\xi)\mathrm{e}^{-\xi}-f(\xi)\mathrm{e}^{-\xi}=0$，因 $\mathrm{e}^{-\xi}\neq 0$，所以 $f'(\xi)=f(\xi)$.

例 3.4 设 $f(x)$ 在 $[0,1]$ 上连续，在 $(0,1)$ 内可导，且 $f(1)=0$，求证：存在 $\xi\in(0,1)$，使

$$f'(\xi)=-\frac{f(\xi)}{\xi}.$$

证 因为 $f'(\xi)=-\dfrac{f(\xi)}{\xi}$，即 $\xi f'(\xi)+f(\xi)=0$，令 $F(x)=xf(x)$，则 $F(x)$ 在 $[0,1]$ 上连续，在 $(0,1)$ 内可导，且 $F(0)=F(1)=0$，由罗尔定理，在 $(0,1)$ 内至少存在一点 ξ，使

$$F'(\xi)=0,$$

即

$$f(\xi)+\xi f'(\xi)=0,$$

所以

$$f'(\xi)=-\frac{f(\xi)}{\xi}.$$

例 3.5 证明方程 $x^7+5x^5-1=0$ 在 $[0,1]$ 上有且只有一个实根.

证明 令 $F(x)=x^7+5x^5-1$. 由于 $F(0)=-1$，$F(1)=5$，根据零点定理可得 $F(x)$ 在 $[0,1]$ 上至少存在一个零点 ξ. 下面证明 $F(x)$ 在 $[0,1]$ 上不会存在另一个零点 $\eta\neq\xi$. 不然，由于 $F(\xi)=F(\eta)=0$，应用罗尔定理可得一定存在一个 ψ，使得 $F'(\psi)=0$. 而

$$F'(\psi)=7x^6+25x^4>0,\ x\in(0,1),$$

这就产生了矛盾. 从而方程 $x^7+5x^5-1=0$ 在 $[0,1]$ 上有且只有一个实根.

3.1.2 拉格朗日中值定理

定理 3.1 中的第(3)个条件 $f(a)=f(b)$ 是非常特殊的，它使罗尔定理的应用受到了限制. 如果取消这个条件，仍保留另外两个条件，那么，罗尔定理的结论不能成立. 但对结论作相应的修改，就得到了微分学中的一个十分重要的定理——拉格

朗日中值定理.

定理 3.2(拉格朗日中值定理) 若函数 $f(x)$ 满足两个条件:

(1) 在闭区间 $[a,b]$ 上连续;(2) 在开区间 (a,b) 内可导.则在 (a,b) 内至少存在一点 ξ,使得

$$\frac{f(b)-f(a)}{b-a}=f'(\xi). \tag{3-1}$$

通常将式(3-1)写成:

$$f(b)-f(a)=f'(\xi)(b-a) \quad (a<\xi<b).$$

这两个公式均称为拉格朗日中值公式.式(3-1)的左端 $\dfrac{f(b)-f(a)}{b-a}$ 表示函数在闭区间 $[a,b]$ 上整体变化的平均变化率,右端 $f'(\xi)$ 表示开区间 (a,b) 内某点 ξ 处函数的局部变化率,于是,拉格朗日中值公式反映了可导函数在 $[a,b]$ 上的整体平均变化率与在 (a,b) 内某点 ξ 处函数的局部变化率的关系.若从力学角度看,式(3-1)表示整体上的平均速度等于某一内点处的瞬时速度.因此拉格朗日中值定理是联结局部与整体的纽带.

由图 3-4 可看出,式(3-1)的等式左端就是弦 AB 的斜率,而右端为曲线在点 M 处的切线的斜率.因此拉格朗日定理的几何意义是:如果连续曲线 $y=f(x)$ 的弧 AB 上除端点外处处具有不垂直于 x 轴的切线,那么这弧上至少有一点 M,使曲线在 M 点处的切线平行于弦 AB.

从罗尔定理的几何意义中看出,由于 $f(a)=f(b)$ 弦 AB 是平行于 x 轴的.因此点 M 处的切线实际上也平行于弦 AB.由此可见,罗尔定理是拉格朗日定理的特殊情形.

从上述拉格朗日定理与罗尔定理的关系,自然想到利用罗尔定理来证明拉格朗日定理.但在拉格朗日定理中,函数 $f(x)$ 不一定具备 $f(a)=f(b)$ 这个条件,为此设想构造一个与 $f(x)$ 有密切联系的函数 $\varphi(x)$(称为辅助函数),使 $\varphi(x)$ 满足条件 $\varphi(a)=\varphi(b)$.然后对 $\varphi(x)$ 应用罗尔定理,再把对 $\varphi(x)$ 所得的结论转化到 $f(x)$ 上,证得所要的结果.可以从定理的几何解释中来寻找辅助函数.

证 先从几何图形上入手分析,图 3-4 中 $[a,b]$ 上的一条连续曲线 $y=f(x)$,作弦 AB,它的方程是

$$y=f(a)+\frac{f(b)-f(a)}{b-a}(x-a).$$

由此可知拉格朗日中值定理的几何意义:如果连续曲线弧 AB 上处处具有不

垂直 x 轴的切线,则在该弧段上一定能找到一点 M,使得曲线在 M 处的切线与弦 AB 平行.

比较图 3-4 和图 3-5,可见拉格朗日定理与罗尔定理的差异仅在于弦是否平行于 x 坐标轴.若图 3-4 中的 $f(x)$ 能减掉弦下的 $\triangle ABC$,就可转化成罗尔问题,要减掉的部分应是弦对应的方程.

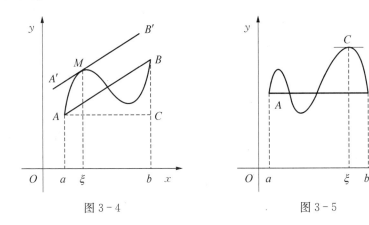

图 3-4   图 3-5

对此拉格朗日中值公式,使用变量代换法,可得到其他形式:

因为 ξ 在 (a,b) 之内,可令

$$\xi = a + \theta(b-a),\text{其中 } 0 < \theta < 1,$$

即得

$$f(b) - f(a) = f'[a + \theta(b-a)](b-a). \tag{3-2}$$

在上式中,再令 $a = x_0$,$b = x_0 + \Delta x$,即得

$$f(x_0 + \Delta x) - f(x_0) = f'(x_0 + \theta \Delta x)\Delta x \tag{3-3}$$

或

$$\Delta y = f'(x_0 + \theta \Delta x)\Delta x,\ 0 < \theta < 1,$$

(3-2) 与 (3-3) 也会在以后的学习中经常用到,在学习微分时,曾有表达式

$$\Delta y = f'(x_0)\Delta x + o(\Delta x),$$

或

$$\Delta y \approx \mathrm{d}y = f'(x_0)\Delta x.$$

它表明,函数的微分 $\mathrm{d}y = f'(x_0)\Delta x$ 是函数的增量 Δy 的近似表达式,一般地,以

$\mathrm{d}y$ 近似代替 Δy 时所产生的误差只有当 $\Delta x \to 0$ 时才趋于零,而在 $\Delta y = f'(x_0 + \theta\Delta x)\Delta x$ 中,尽管 θ 存在而未给出,但公式是准确的.从而拉格朗日中值定理又称为**有限增量定理**,它在微分学中占有重要地位,有时也称为**微分中值定理**.它精确地表达了函数在一个区间上的增量与函数在这个区间内的某点处的导数之间的关系.

前面讲到拉格朗日中值定理中的 ξ 只是存在而未具体给出,似乎不太令人满意,但在使用时,常常只要知道存在性就足够了,下面的推论和例题都说明了这一点.

推论 3.1 如果函数的导数在某一区间内恒等于零,则这个函数在这个区间内是常数.

这说明导数为零的函数为常数.

推论 3.2 如果两个函数的导数在某一区间内恒等,则这两个函数在这个区间内相差一常数.

这说明相差一常数的两函数的导数相等.

例 3.6 验证函数 $f(x) = \arctan x$ 在 $[0, 1]$ 上满足拉格朗日中值定理,并由结论求 ξ 值.

解 $f(x) = \arctan x$ 在 $[0, 1]$ 上连续,在 $(0, 1)$ 内可导,故满足拉格朗日中值定理的条件,则

$$f(1) - f(0) = f'(\xi)(1-0) \quad (0 < \xi < 1),$$

即

$$\arctan 1 - \arctan 0 = \frac{1}{1+x^2}\Big|_{x=\xi} = \frac{1}{1+\xi^2},$$

故

$$\frac{1}{1+\xi^2} = \frac{\pi}{4} \Rightarrow \xi = \sqrt{\frac{4-\pi}{\pi}} \quad (0 < \xi < 1).$$

例 3.7 若 $f(x)$ 是 $[a, b]$ 上的正值可微函数,则有点 $\xi \in (a, b)$,使

$$\ln\frac{f(b)}{f(a)} = \frac{f'(\xi)}{f(\xi)}(b-a).$$

解 构造辅助函数 $F(x) = \ln f(x)$,则 $F(x)$ 满足拉格朗日中值定理的条件,从而有 $\xi \in (a, b)$,使

$$F(b) - F(a) = F'(\xi)(b-a),$$

代入得 $\ln f(b) - \ln f(a) = \dfrac{f'(\xi)}{f(\xi)}(b-a)$,即

$$\ln\frac{f(b)}{f(a)}=\frac{f'(\xi)}{f(\xi)}(b-a).$$

例 3.8 试举例说明拉格朗日中值定理的条件缺一不可.

解 例如 $f_1(x)=\begin{cases}x^2,\ 0\leqslant x<1,\\ 3,\quad x=1,\end{cases}$ 不满足在闭区间上连续的条件,在开区间 $(0,1)$ 内不存在任何一点,使函数在该点的导数等于 3;又例如 $f_2(x)=\dfrac{1}{x}$, $x\in[a,b]$ 且 $ab<0$,不满足在开区间内可微的条件,在开区间 (a,b) 内不存在任何一点,使函数在该点的导数等于 $-\dfrac{1}{ab}$.

例 3.9 证明不等式 $1-\cos x\leqslant\dfrac{1}{2}x^2$, $x\in(0,1)$.

证明 利用三角恒等式,我们只需证明 $2\sin^2\dfrac{x}{2}\leqslant\dfrac{1}{2}x^2$, $x\in(0,1)$,也即 $\sin^2\dfrac{x}{2}\leqslant\dfrac{1}{4}x^2$.

事实上,令 $g(x)=\sin x$. 对 $g(x)$ 在 $(0,x)$ 上再次应用拉格朗日中值定理可得存在 $\eta\in(0,x)$,使得

$$\frac{\sin x-0}{x}=\frac{g(x)-g(0)}{x}=g'(\eta)=\cos\eta\leqslant 1.$$

这表明 $\sin x\leqslant x$. 从而 $\sin^2\dfrac{x}{2}\leqslant\dfrac{1}{4}x^2$. 原不等式得证.

3.1.3 柯西中值定理

定理 3.3(柯西中值定理) 若函数 $f(x)$ 与 $g(x)$ 满足:
① 在闭区间 $[a,b]$ 上连续;② 在开区间 (a,b) 内可导;③ 在开区间 (a,b) 内 $g'(x)\neq 0$,则至少存在一点 $\xi\in(a,b)$,使得

$$\frac{f(b)-f(a)}{g(b)-g(a)}=\frac{f'(\xi)}{g'(\xi)}.$$

证明略.

例 3.10 验证柯西中值定理对函数 $f(x)=x^3+1$, $g(x)=x^2$ 在区间 $[1,2]$ 上的正确性.

解 函数 $f(x)=x^3+1$, $g(x)=x^2$ 在闭区间 $[1,2]$ 上连续,在开区间 $(1,2)$

内可导,且 $g'(x)=2x\neq 0$,于是 $f(x)$,$g(x)$ 满足柯西中值定理的条件,由于

$$\frac{f(2)-f(1)}{g(2)-g(1)}=\frac{(2^3+1)-(1^3+1)}{2^2-1^2}=\frac{7}{3},\ \frac{f'(x)}{g'(x)}=\frac{3}{2}x,$$

令 $\frac{3}{2}x=\frac{7}{3}$,得 $x=\frac{14}{9}$,取 $\xi=\frac{14}{9}\in(1,2)$,则等式 $\dfrac{f(2)-f(1)}{g(2)-g(1)}=\dfrac{f'(\xi)}{g'(\xi)}$ 成立,这就验证了柯西中值定理对所给函数在所给区间上的正确性.

例 3.11　设 $f(x)$ 在 $[a,b]$ 上可导,$f(a)=f(b)$,试证明在 (a,b) 内必存在一点 ξ,使得

$$f(a)-f(\xi)=\xi f'(\xi),$$

类似上述这种含有中值 ξ 的等式,一般应考虑用微分中值定理去证明:

方法 1　用罗尔定理证明.

分析　要用罗尔定理证明一个含有中值 ξ 的等式,第一步要将等式通过移项的方法化为右端仅为零的等式,即

$$f(\xi)+\xi f'(\xi)-f(a)=0;$$

第二步将等式左端中的 ξ 都换为 x,并设

$$F'(x)=f(x)+xf'(x)-f(a);$$

第三步是要去找到满足上式的 $F(x)$,并在相应的区间 $[a,b]$ 上对 $F(x)$ 应用罗尔定理即可.本问题中可令 $F(x)$ 为

$$F(x)=xf(x)-f(a)x.$$

证　引入辅助函数

$$F(x)=xf(x)-f(a)x,$$

由题设知,$F(x)$ 在 $[a,b]$ 上连续,在 (a,b) 内可导,且 $F(a)=F(b)=0$,由罗尔定理知,在 (a,b) 内必存在一点 ξ,使得 $F'(\xi)=0$,即

$$f(\xi)+\xi f'(\xi)-f(a)=0,$$

$$f(a)-f(\xi)=\xi f'(\xi).$$

方法 2　用拉格朗日中值定理证明.

分析　要用拉格朗日中值定理证明一个含有中值 ξ 的等式,第一步要将含有 ξ 的项全部移到等式的右端,其余的项全部移到等式的左端,即作如下恒等变形:

$$f(a)=f(\xi)+\xi f'(\xi);\qquad(3-4)$$

第二步是把等式右端中的 ξ 都换为 x,并设

$$F'(x)=f(x)+xf'(x);$$

第三步是要去找到满足上式的 $F(x)$. 本问题中 $F'(x)$ 的原函数 $F(x)$ 为

$$F(x)=xf(x);$$

第四步确定了 $F'(x)$ 的原函数 $F(x)$ 后,针对相应的区间 $[a,b]$,验证 $(3-4)$ 式左端是否为

$$\frac{F(b)-F(a)}{b-a}\quad\text{或}\quad\frac{F(a)-F(b)}{a-b},$$

若是,则只要对 $F(x)$ 在 $[a,b]$ 上应用拉格朗日中值定理即可得到所要的结论;否则需另辟新径,考虑用罗尔定理或柯西中值定理等其他方法去解决问题.

在本问题中,由于 $f(a)=f(b)$,所以

$$\frac{F(b)-F(a)}{b-a}=\frac{bf(b)-af(a)}{b-a}=f(a),$$

因此,本问题可通过对函数 $F(x)$ 在 $[a,b]$ 上应用拉格朗日中值定理来证明.

证　引入辅助函数

$$F(x)=xf(x),$$

由题设知,$F(x)$ 在 $[a,b]$ 上满足拉格朗日中值定理条件,故在 (a,b) 内必存在一点 ξ,使得

$$\frac{F(b)-F(a)}{b-a}=F'(\xi),$$

$$\frac{bf(b)-af(a)}{b-a}=f(\xi)+\xi f'(\xi),$$

又由题设知 $f(a)=f(b)$,所以有

$$f(a)=f(\xi)+\xi f'(\xi),$$

$$f(a)-f(\xi)=\xi f'(\xi).$$

方法 3　用柯西中值定理证明.

分析　用柯西中值定理证明一个含有中值 ξ 的等式,其第一步也是将含有

ξ 的项全部移到等式的右端,其余的项全部移到等式的左端.即将作如下恒等变形:

$$f(a) = f(\xi) + \xi f'(\xi);$$

第二步是把等式右端化为分式形式,即作如下变形:

$$f(a) = \frac{f(\xi) + \xi f'(\xi)}{1}; \tag{3-5}$$

第三步把式(3-5)右端中的 ξ 全都换为 x,并设分子函数为 $F_1'(x)$,分母函数为 $F_2'(x)$.即设

$$F_1'(x) = f(x) + x f'(x), \; F_2'(x) = 1;$$

第四步是求 $F_1(x)$ 和 $F_2(x)$.本问题中的 $F_1(x)$ 和 $F_2(x)$ 分别为

$$F_1(x) = x f(x), \; F_2(x) = x;$$

第五步针对区间 $[a, b]$,验证式(3-5)左端是否为

$$\frac{F_1(b) - F_1(a)}{F_2(b) - F_2(a)} \quad 或 \quad \frac{F_1(a) - F_2(b)}{F_1(a) - F_2(b)},$$

若是,则只要对 $F_1(x)$ 和 $F_2(x)$ 在 $[a, b]$ 上应用柯西中值定理即可证得所要的结论;否则需另辟新径,考虑使用拉格朗日中值定理或罗尔定理等其他方法.

在本问题中,由于 $f(a) = f(b)$,所以

$$\frac{F_1(b) - F_1(a)}{F_2(b) - F_2(a)} = \frac{b f(b) - a f(a)}{b - a} = f(a),$$

故本问题可通过对函数 $F_1(x)$ 和 $F_2(x)$ 在 $[a, b]$ 上应用柯西中值定理来证明.

证 引入辅助函数

$$F_1(x) = x f(x), \; F_2(x) = x,$$

由题设知, $F_1(x)$ 和 $F_2(x)$ 在 $[a, b]$ 上连续,在 (a, b) 内可导,且在 (a, b) 内 $F_2'(x) = 1 \neq 0$,由柯西中值定理知,在 (a, b) 内必存在一点 ξ,使得

$$\frac{F_1(b) - F_1(a)}{F_2(b) - F_2(a)} = \frac{b f(b) - a f(a)}{b - a} = \frac{F_1'(\xi)}{F_2'(\xi)} = \frac{f(\xi) + \xi f'(\xi)}{1},$$

又由题设知 $f(a) = f(b)$,所以有

$$f(a) = f(\xi) + \xi f'(\xi),$$

即

$$f(a) - f(\xi) = \xi f'(\xi).$$

总结 上述 3 种方法利用了罗尔中值定理、拉格朗日中值定理及柯西中值定理证明含有中值 ξ 这种等式的一般方法和思路，一定要掌握其要领.在遇到具体问题时,应当用哪个定理去证明,这要视具体问题而定.但有时经过移项变形后,其特点往往是很明显的.这时根据罗尔定理、拉格朗日中值定理及柯西中值定理结论的特点,是比较容易做出选择的.

习 题 3.1

1. 验证下列函数在指定区间上是否满足罗尔定理的条件：

(1) $f(x) = \dfrac{1 + x^2}{x}$, $[-2, 2]$;   (2) $f(x) = |x|$, $[-1, 1]$;

(3) $f(x) = x^4$, $[-2, 2]$;   (4) $f(x) = x\sqrt{3-x}$, $[0, 3]$.

2. 验证罗尔中值定理对于函数 $y = 4x^3 - 5x^2 + x - 2$ 在区间 $[0, 1]$ 上的正确性.

3. 函数 $f(x) = x^3$, $g(x) = x^2 + 1$ 在区间 $[1, 2]$ 上是否满足柯西中值定理的条件？若满足,求出定理中的 ξ.

4. 不通过求函数 $f(x) = x(x-1)(x-2)(x-3)$ 的导数,说明 $f'(x) = 0$ 有几个实根,并指出各根所在的区间.

5. 证明：方程 $x^3 + x + C = 0$ (C 为非零常数)在区间 $(-|C|, |C|)$ 内有且仅有一个实根.

6. 利用中值定理证明下列不等式：

(1) $\arctan a - \arctan b < a - b$ $(0 < b < a)$;

(2) $\dfrac{b-a}{b} \leqslant \ln \dfrac{b}{a} \leqslant \dfrac{b-a}{a}$ $(0 < a \leqslant b)$;

(3) $e^x \geqslant ex$ $(x \geqslant 1)$;

(4) $x \leqslant \tan x$ $\left(0 \leqslant x < \dfrac{\pi}{2}\right)$.

7. 证明恒等式：$2\arctan x + \arcsin \dfrac{2x}{1+x^2} = \pi$, $x \geqslant 1$.

8. 已知函数 $f(x) = \sin x$, $g(x) = 1 + \cos x$, $x \in \left[0, \dfrac{\pi}{2}\right]$, 验证柯西中值定

理的正确性.

9. 设函数 $f(x)$ 在闭区间 $[a,b]$ 上满足罗尔中值定理的条件,且不恒等于常数,证明:在 (a,b) 内至少存在一点 ξ,使得 $f'(\xi) > 0$.

10. 证明:若函数 $f(x)$ 在 $(-\infty, +\infty)$ 内满足关系式 $f'(x) = f(x)$,且 $f(0) = 1$,那么 $f(x) = e^x$.

11. 设 $f(x)$ 在 $[a,b]$ 上连续在 (a,b) 内有二阶导数,且有 $f(a) = f(b) = 0$,$f(c) > 0 \ (a < c < b)$.

证明:在 (a,b) 内存在一个 ξ,使得 $f''(\xi) < 0$.

3.2　洛必达法则

在一些实际问题中,经常会遇到计算两个无穷小量之比的极限等问题,这种极限的结果,有时为零,有时为非零常数,有时又为无穷大量,因此称为未定型极限.对这类极限问题一般很难用极限四则运算法则来解决,而利用导数来计算这类极限却十分简便.

3.2.1　$\dfrac{0}{0}$ 型与 $\dfrac{\infty}{\infty}$ 型未定式

定理 3.4　设函数 $f(x)$ 与 $g(x)$ 满足下列条件:

(1) $\lim\limits_{x \to a} f(x) = \lim\limits_{x \to a} g(x) = 0$;

(2) 在点 a 的某邻域内(点 a 本身可以除外),$f'(x)$ 及 $g'(x)$ 存在且 $g'(x) \neq 0$;

(3) $\lim\limits_{x \to a} \dfrac{f'(x)}{g'(x)}$ 存在或为无穷大.则有

$$\lim_{x \to a} \frac{f(x)}{g(x)} = \lim_{x \to a} \frac{f'(x)}{g'(x)}.$$

这就是极限运算的**洛必达法则**.

例 3.12　求 $\lim\limits_{x \to 0} \dfrac{\sin 2x}{\sin 3x}$.

解　这是 $\dfrac{0}{0}$ 型未定式,由洛必达法则,得 $\lim\limits_{x \to 0} \dfrac{\sin 2x}{\sin 3x} = \lim\limits_{x \to 0} \dfrac{2\cos 2x}{3\cos 3x} = \dfrac{2}{3}$.

特别指出:如果 $\dfrac{f'(x)}{g'(x)}$ 仍满足定理的条件,还可对 $\dfrac{f'(x)}{g'(x)}$ 继续运用定理的结论,以此类推.

定理 3.5　设函数 $f(x)$ 与 $g(x)$ 满足下列条件:

(1) $\lim\limits_{x \to \infty} f(x) = \lim\limits_{x \to \infty} g(x) = 0$;

(2) 对充分大的 $|x|$, $f'(x)$ 及 $g'(x)$ 存在且 $g'(x) \neq 0$;

(3) $\lim\limits_{x \to \infty} \dfrac{f'(x)}{g'(x)}$ 存在或为无穷大. 则有

$$\lim_{x \to \infty} \frac{f(x)}{g(x)} = \lim_{x \to \infty} \frac{f'(x)}{g'(x)}.$$

凡属于未定式 $\dfrac{0}{0}$ 或 $\dfrac{\infty}{\infty}$, 不论自变量的变化趋向如何, 只要满足相应的条件, 就可以通过分子、分母分别求导再取极限来确定. 如仍为未定式, 满足洛必达法则的条件, 就可以继续使用此法则.

例 3.13 求 $\lim\limits_{x \to \infty} \dfrac{\ln(x+2) - \ln x}{\dfrac{1}{x}}$.

解 这是 $\dfrac{0}{0}$ 型未定式, $\lim\limits_{x \to \infty} \dfrac{\ln(x+2) - \ln x}{\dfrac{1}{x}} = \lim\limits_{x \to \infty} \dfrac{-\dfrac{2}{x^2 + 2x}}{-\dfrac{1}{x^2}} = 2.$

例 3.14 求 $\lim\limits_{x \to +\infty} \dfrac{\ln x}{\sqrt{x}}$.

解 这是 $\dfrac{\infty}{\infty}$ 型未定式, $\lim\limits_{x \to +\infty} \dfrac{\ln x}{\sqrt{x}} = \lim\limits_{x \to +\infty} \dfrac{\dfrac{1}{x}}{\dfrac{1}{2\sqrt{x}}} = \lim\limits_{x \to +\infty} \dfrac{2}{\sqrt{x}} = 0.$

一般地, 对于任何实数 $n > 0$, 均有 $\lim\limits_{x \to +\infty} \dfrac{\ln x}{x^n} = 0$.

例 3.15 求 $\lim\limits_{x \to +\infty} \dfrac{x^n}{\mathrm{e}^x}$ (n 为正整数).

解 这是 $\dfrac{\infty}{\infty}$ 型未定式, $\lim\limits_{x \to +\infty} \dfrac{x^n}{\mathrm{e}^x} = \lim\limits_{x \to +\infty} \dfrac{nx^{n-1}}{\mathrm{e}^x} = \cdots = \lim\limits_{x \to +\infty} \dfrac{n!}{\mathrm{e}^x} = 0.$

注意 当 n 不是正整数而是任意正数时, 极限仍为零.

对数函数 $\ln x$, 幂函数 $x^n (n > 0)$, 指数函数 e^x 均为当 $x \to +\infty$ 时的无穷大,

但从上面的例子可以看出,这三个函数增大的"速度"是不一样的,幂函数增大的"速度"比对数函数快得多,而指数函数增大的"速度"又比幂函数快得多.

洛必达法则虽然是求未定式的一种有效的方法,但若能与其他求极限的方法结合使用,效果会更好.例如,能化简时应尽可能先化简,可以应用等价无穷小替换或重要极限时,应尽可能应用,以便运算尽可能简捷.

例 3.16 求 $\lim\limits_{x\to0}\dfrac{\tan x-x}{x^2\tan x}$.

解 注意到 $\tan x\sim x$,则有

$$\lim_{x\to0}\frac{\tan x-x}{x^2\tan x}=\lim_{x\to0}\frac{\tan x-x}{x^3}=\lim_{x\to0}\frac{\sec^2x-1}{3x^2}=\lim_{x\to0}\frac{2\sec^2x\tan x}{6x}$$

$$=\frac{1}{3}\lim_{x\to0}\sec^2x\cdot\lim_{x\to0}\frac{\tan x}{x}=\frac{1}{3}.$$

例 3.17 求极限 $\lim\limits_{x\to0}\dfrac{\sin^2x-x^2\cos^2x}{x^2\sin^2x}$.

分析 虽然本题是 $\dfrac{0}{0}$ 型未定式,可以直接应用洛必达法则求极限.但如果先将极限形式作一些简化,然后再使用洛必达法则可使求解过程大幅度简化.

解

$$\lim_{x\to0}\frac{\sin^2x-x^2\cos^2x}{x^2\sin^2x}=\lim_{x\to0}\frac{(\sin x+x\cos x)(\sin x-x\cos x)}{x^4}$$

$$=\lim_{x\to0}\left(\frac{\sin x}{x}+\cos x\right)\cdot\lim_{x\to0}\frac{\sin x-x\cos x}{x^3}$$

$$=2\lim_{x\to0}\frac{\cos x-\cos x+x\sin x}{3x^2}$$

$$=2\lim_{x\to0}\frac{\sin x}{3x}=\frac{2}{3}.$$

例 3.18 验证极限 $\lim\limits_{x\to0}\dfrac{x^2\sin\dfrac{1}{x}}{\sin x}$ 存在,但不能用洛必达法则得出.

解 $\lim\limits_{x\to0}\dfrac{x^2\sin\dfrac{1}{x}}{\sin x}=\lim\limits_{x\to0}\dfrac{x}{\sin x}\cdot x\sin\dfrac{1}{x}=1\cdot0=0$,极限 $\lim\limits_{x\to0}\dfrac{x^2\sin\dfrac{1}{x}}{\sin x}$ 是存

在的.

但 $\displaystyle\lim_{x\to 0}\frac{\left(x^2\sin\dfrac{1}{x}\right)'}{(\sin x)'}=\lim_{x\to 0}\frac{2x\sin\dfrac{1}{x}-\cos\dfrac{1}{x}}{\cos x}$ 不存在, 不能用洛必达法则.

因此, 在利用洛必达法则求函数的极限时, 必须小心验证条件: 求导后函数的极限存在, 否则不能利用洛必达法则. 特别地, 若极限在振荡情况下不存在时, 只能说明洛必达失效, 而不是极限不存在.

例 3.19 求极限 $\displaystyle\lim_{x\to\infty}\frac{e^x+e^{-x}}{e^x-e^{-x}}$.

证明 若使用洛必达法则可以发现会出现如下循环的情况,

$$\lim_{x\to\infty}\frac{e^x+e^{-x}}{e^x-e^{-x}}=\lim_{x\to\infty}\frac{e^x-e^{-x}}{e^x+e^{-x}}=\lim_{x\to\infty}\frac{e^x+e^{-x}}{e^x-e^{-x}},$$

此时洛必达法则失效. 该题的极限应该按照如下方法求

$$\lim_{x\to\infty}\frac{e^x+e^{-x}}{e^x-e^{-x}}=\lim_{x\to\infty}\frac{e^{2x}+1}{e^{2x}-1}=\lim_{x\to\infty}\left(1+\frac{2}{e^{2x}-1}\right)=1.$$

3.2.2 其他类型的未定式

其他未定型 例如 $0\cdot\infty$、$\infty-\infty$、1^∞、∞^0、0^0 等. 可以设法将它们转化为未定式 $\dfrac{0}{0}$ 或 $\dfrac{\infty}{\infty}$ 后再来计算.

(1) 对于 $0\cdot\infty$ 型, 可将乘积化为除的形式, 即化为 $\dfrac{0}{0}$ 或 $\dfrac{\infty}{\infty}$ 型的未定式来计算.

例 3.20 求 $\displaystyle\lim_{x\to 0^+}x\ln x$.

解 $\displaystyle\lim_{x\to 0^+}x\ln x=\lim_{x\to 0^+}\frac{\ln x}{\dfrac{1}{x}}=\lim_{x\to 0^+}\frac{\dfrac{1}{x}}{-\dfrac{1}{x^2}}=0.$

(2) 对于 $\infty-\infty$ 型, 可利用通分化为 $\dfrac{0}{0}$ 或 $\dfrac{\infty}{\infty}$ 型的未定式来计算.

例 3.21 求 $\lim\limits_{x \to 0}\left[\dfrac{1}{x} - \dfrac{1}{\ln(1+x)}\right]$.

解 $\lim\limits_{x \to 0}\left[\dfrac{1}{x} - \dfrac{1}{\ln(1+x)}\right] = \lim\limits_{x \to 0}\dfrac{\ln(1+x) - x}{x\ln(1+x)} = \lim\limits_{x \to 0}\dfrac{\ln(1+x) - x}{x^2}$

$$= \lim\limits_{x \to 0}\dfrac{\dfrac{1}{1+x} - 1}{2x} = \lim\limits_{x \to 0}\dfrac{1 - (1+x)}{2x(1+x)} = -\dfrac{1}{2}.$$

例 3.22 求 $\lim\limits_{x \to 0}\left(\dfrac{1}{\sin x} - \dfrac{1}{x}\right)$.

解 $\lim\limits_{x \to 0}\left(\dfrac{1}{\sin x} - \dfrac{1}{x}\right) = \lim\limits_{x \to 0}\dfrac{x - \sin x}{x\sin x} = \lim\limits_{x \to 0}\dfrac{x - \sin x}{x^2} = \lim\limits_{x \to 0}\dfrac{1 - \cos x}{2x}$

$$= \lim\limits_{x \to 0}\dfrac{\sin x}{2} = 0.$$

例 3.23 求 $\lim\limits_{x \to \infty}\left[(2+x)\mathrm{e}^{\frac{1}{x}} - x\right]$.

解 原式 $= \lim\limits_{x \to \infty} x\left[\left(\dfrac{2}{x} + 1\right)\mathrm{e}^{\frac{1}{x}} - 1\right] = \lim\limits_{x \to \infty}\dfrac{\left(1 + \dfrac{2}{x}\right)\mathrm{e}^{\frac{1}{x}} - 1}{\dfrac{1}{x}}$,

直接用洛必达法则,计算量较大,为此作变量替换.

令 $t = \dfrac{1}{x}$,则当 $x \to \infty$ 时,$t \to 0$,所以

$$\lim\limits_{x \to \infty}\left[(2+x)\mathrm{e}^{\frac{1}{x}} - x\right] = \lim\limits_{t \to 0}\dfrac{(1+2t)\mathrm{e}^t - 1}{t} = \lim\limits_{t \to 0}\dfrac{2 + (2t+1)}{1}\mathrm{e}^t = 3.$$

(3) 对 0^0、1^∞、∞^0 型,可以先化为以 e 为底的指数函数的极限,再利用指数函数的连续性,化为直接求指数的极限.

例 3.24 求 $\lim\limits_{x \to 0^+} x^x$.

这是 0^0 型.

解 设 $y = x^x$,则 $\ln y = x\ln x$,$\lim\limits_{x \to 0^+}\ln y = \lim\limits_{x \to 0^+} x\ln x = 0$,

$$\lim\limits_{x \to 0^+} y = \lim\limits_{x \to 0^+}\mathrm{e}^{\ln y} = \mathrm{e}^{\lim\limits_{x \to 0^+}\ln y} = \mathrm{e}^0 = 1.$$

例 3.25 求 $\lim\limits_{x\to 1} x^{\frac{x}{x-1}}$.

解 这是 1^{∞} 型,设 $y = x^{\frac{x}{x-1}}$,则 $\ln y = \dfrac{x\ln x}{x-1}$.

$$\lim_{x\to 1}\ln y = \lim_{x\to 1}\frac{x\ln x}{x-1} = \lim_{x\to 1}\frac{\ln x + 1}{1} = 1,$$

所以 $\lim\limits_{x\to 1} y = \lim\limits_{x\to 1}\mathrm{e}^{\ln y} = \mathrm{e}^{\lim\limits_{x\to 1}\ln y} = \mathrm{e}^1 = \mathrm{e}.$

例 3.26 求 $\lim\limits_{x\to 0}\left(\dfrac{\sin x}{x}\right)^{\frac{1}{1-\cos x}}$.

解 这是 1^{∞} 型.

$$\lim_{x\to 0}\left(\frac{\sin x}{x}\right)^{\frac{1}{1-\cos x}} = \lim_{x\to 0}\mathrm{e}^{\frac{1}{1-\cos x}\ln\frac{\sin x}{x}} = \mathrm{e}^{\lim\limits_{x\to 0}\frac{\ln\frac{\sin x}{x}}{1-\cos x}},$$

由于 $\lim\limits_{x\to 0}\dfrac{\ln\dfrac{\sin x}{x}}{1-\cos x} = \lim\limits_{x\to 0}\dfrac{\dfrac{x}{\sin x}\left(\dfrac{\cos x}{x} - \dfrac{\sin x}{x^2}\right)}{\sin x} = \lim\limits_{x\to 0}\dfrac{x\cos x - \sin x}{x\sin^2 x}$

$$= \lim_{x\to 0}\frac{x\cos x - \sin x}{x^3} = \lim_{x\to 0}\frac{-x\sin x}{3x^2} = -\frac{1}{3}.$$

所以 $\quad \lim\limits_{x\to 0}\left(\dfrac{\sin x}{x}\right)^{\frac{1}{1-\cos x}} = \mathrm{e}^{-\frac{1}{3}}.$

例 3.27 求 $\lim\limits_{x\to+\infty} x^{\frac{1}{x}}$.

解 这是 ∞^0 型,设 $y = x^{\frac{1}{x}}$,则 $\ln y = \dfrac{\ln x}{x}$,

$\lim\limits_{x\to+\infty}\ln y = \lim\limits_{x\to+\infty}\dfrac{\ln x}{x} = \lim\limits_{x\to+\infty}\dfrac{1}{x} = 0$,所以,

$$\lim_{x\to+\infty} y = \lim_{x\to+\infty}\mathrm{e}^{\ln y} = \mathrm{e}^{\lim\limits_{x\to+\infty}\ln y} = \mathrm{e}^0 = 1.$$

例 3.28 求 $\lim\limits_{x\to 0^+}(\cos\sqrt{x})^{\frac{\pi}{x}}$.

解 1 这是 1^{∞} 型,利用洛必达法则.

$$\lim_{x\to 0^+}(\cos\sqrt{x})^{\frac{\pi}{x}} = \mathrm{e}^{\lim\limits_{x\to 0^+}\frac{\pi\ln\cos\sqrt{x}}{x}} = \mathrm{e}^{\pi\lim\limits_{x\to 0^+}\frac{-\sin\sqrt{x}}{\cos\sqrt{x}}\cdot\frac{1}{2\sqrt{x}}} = \mathrm{e}^{-\frac{\pi}{2}}.$$

解 2 利用两个重要极限.

$$\lim_{x \to 0^+} (\cos\sqrt{x})^{\frac{\pi}{x}} = \lim_{x \to 0^+} (1 + \cos\sqrt{x} - 1)^{\frac{\pi}{x}}$$

$$= \lim_{x \to 0^+} (1 + \cos\sqrt{x} - 1)^{\frac{1}{\cos\sqrt{x}-1} \cdot \frac{\cos\sqrt{x}-1}{x} \cdot \pi} = e^{-\frac{\pi}{2}}.$$

例 3.29 求 $\lim_{x \to +\infty} (e^{3x} - 5x)^{\frac{1}{x}}$.

解 这是 ∞^0 型.

$$\lim_{x \to +\infty} (e^{3x} - 5x)^{\frac{1}{x}} = \lim_{x \to +\infty} e^{\frac{1}{x}\ln(e^{3x}-5x)} = e^{\lim_{x \to +\infty} \frac{1}{x}\ln(e^{3x}-5x)}.$$

因为
$$\lim_{x \to +\infty} \frac{1}{x}\ln(e^{3x}-5x) = \lim_{x \to +\infty} \frac{\ln(e^{3x}-5x)}{x} = \lim_{x \to +\infty} \frac{\frac{3e^{3x}-5}{e^{3x}-5x}}{1}$$

$$= \lim_{x \to +\infty} \frac{3e^{3x}-5}{e^{3x}-5x} = \lim_{x \to +\infty} \frac{3e^{3x} \cdot 3}{e^{3x} \cdot 3 - 5}$$

$$= \lim_{x \to +\infty} \frac{9}{3 - \frac{5}{e^{3x}}} = 3,$$

所以 $\lim_{x \to +\infty} (e^{3x} - 5x)^{\frac{1}{x}} = e^3$.

例 3.30 设 $f(x)$ 有一阶导数, $f(0) = f'(0) = 1$, 求 $\lim_{x \to 0} \frac{f(\sin x) - 1}{\ln f(x)}$.

解 $\lim_{x \to 0} \frac{f(\sin x) - 1}{\ln f(x)} = \lim_{x \to 0} \frac{f'(\sin x)\cos x}{\frac{f'(x)}{f(x)}} = \frac{f'(0)\cos 0}{\frac{f'(0)}{f(0)}} = 1.$

例 3.31 设 $\lim \frac{f(x)}{g(x)}$ 是未定式极限, 如果 $\frac{f'(x)}{g'(x)}$ 的极限不存在, 且不为 ∞, 是否 $\frac{f(x)}{g(x)}$ 的极限也一定不存在? 举例说明.

解 不一定.

例如 $f(x) = x + \sin x$, $g(x) = x$, 显然 $\lim_{x \to \infty} \frac{f'(x)}{g'(x)} = \lim_{x \to \infty} \frac{1 + \cos x}{1}$ 极限不存在, 但是 $\lim_{x \to \infty} \frac{f(x)}{g(x)} = \lim_{x \to \infty} \frac{x + \sin x}{x} = 1$ 极限存在.

最后值得指出的是, 本节定理给出的是求未定式的一种方法. 当定理的条件满足时, 所求的极限当然存在(或为 ∞); 但当定理的条件不满足时, 所求极限不一定不存在,也就是说当 $\lim \dfrac{f'(x)}{g'(x)}$ 不存在时(等于无穷大的情况除外)$\lim \dfrac{f(x)}{g(x)}$ 仍有可能存在.

习 题 3.2

1. 求下列未定式的极限:

(1) $\lim\limits_{x \to 0} \dfrac{x - \arcsin x}{\sin^3 x}$;

(2) $\lim\limits_{x \to 0} \dfrac{\mathrm{e}^x - \mathrm{e}^{-x}}{\sin x}$;

(3) $\lim\limits_{x \to 0} \dfrac{\tan x - x}{x - \sin x}$;

(4) $\lim\limits_{x \to a} \dfrac{a^x - x^a}{x - a}$;

(5) $\lim\limits_{x \to \frac{\pi}{2}} \dfrac{\ln \sin x}{(\pi - 2x)^2}$;

(6) $\lim\limits_{x \to 0} \dfrac{\cos x - \sqrt{1 + x}}{x^3}$;

(7) $\lim\limits_{x \to +\infty} \dfrac{\ln \left(1 + \dfrac{1}{x}\right)}{\operatorname{arccot} x}$;

(8) $\lim\limits_{x \to 1}(1 - x) \tan \dfrac{\pi x}{2}$;

(9) $\lim\limits_{x \to \infty} x(\mathrm{e}^{\frac{1}{x}} - 1)$;

(10) $\lim\limits_{x \to 1}\left(\dfrac{x}{x - 1} - \dfrac{1}{\ln x}\right)$;

(11) $\lim\limits_{x \to \infty}\left(\cot x - \dfrac{1}{x}\right)$

(12) $\lim\limits_{x \to 0^+}\left(\dfrac{\sin x}{x}\right)^{\frac{1}{x^2}}$;

(13) $\lim\limits_{x \to 0^+}(\cot x)^{\sin x}$;

(14) $\lim\limits_{x \to 0} \dfrac{x^2 \sin \dfrac{1}{x}}{\sin x}$;

(15) $\lim\limits_{x \to 1} \dfrac{x^x - x}{\ln x - x + 1}$;

(16) $\lim\limits_{x \to \infty} \dfrac{x - \sin x}{x + \cos x}$;

(17) $\lim\limits_{x \to 0}\left(\dfrac{(1 + x)^{\frac{1}{x}}}{\mathrm{e}}\right)^{\frac{1}{x}}$;

(18) $\lim\limits_{x \to 0^+} \dfrac{\ln \sin 3x}{\ln \sin x}$;

(19) $\lim\limits_{x \to \infty} x(\mathrm{e}^{\frac{2}{x}} - 1)$;

(20) $\lim\limits_{x \to 0}(1 + x)^{\cot 2x}$.

2. 问 a,b 取何值时,有 $\lim\limits_{x \to 0}\left(\dfrac{\sin 3x}{x^3} + \dfrac{a}{x^2} + b\right) = 0$.

3. 验证极限 $\lim\limits_{x \to \infty} \dfrac{x + \sin x}{2x}$ 存在,但不能用洛必达法则计算出来.

4. 若 $f(x)$ 有二阶导数,证明 $f''(x) = \lim\limits_{h \to 0} \dfrac{f(x+h) - 2f(x) + f(x-h)}{h^2}$.

5. 设 $g(x)$ 在 $x=0$ 处二阶可导,且 $g(0)=0$,试确定 a 的值使 $f(x)$ 在 $x=0$ 处可导,并求 $f'(0)$,其中 $f(x) = \begin{cases} \dfrac{g(x)}{x}, & x \neq 0, \\ a, & x = 0. \end{cases}$

3.3 泰 勒 公 式

3.3.1 泰勒公式的几何意义

泰勒公式的几何意义是利用多项式函数来逼近原函数.由于多项式函数可以任意次求导,易于计算,且便于求解极值或者判断函数的性质,因此可以通过泰勒公式获取函数的信息;同时,对于这种近似,必须提供误差分析,来提供近似的可靠性.

n 阶泰勒公式:如果 $f(x)$ 在含有 x_0 的某个开区间 (a, b) 内具有 $n+1$ 阶的导数,则对任意的 $x \in (a, b)$,有:

$$f(x) = f(x_0) + f'(x_0)(x - x_0) + \frac{f''(x_0)}{2!}(x - x_0)^2$$

$$+ \cdots + \frac{f^{(n)}(x_0)}{n!}(x - x_0)^n + R_n(x),$$

式中,$R_n(x)$ 为泰勒公式的余项,有以下几种形式:

$R_n(x) = \dfrac{f^{(n+1)}(\xi)}{(n+1)!}(x - x_0)^{n+1} \ (x_0 \leqslant \xi \leqslant x)$,此时 $R_n(x)$ 称为拉格朗日型余项;

$R_n(x) = o[(x - x_0)^n]$,此时 $R_n(x)$ 称为皮亚诺型余项;

$R_n(x) = \dfrac{f^{(n+1)}(\xi)}{n!}(x - \xi)^n(x - x_0) \ (x_0 \leqslant \xi \leqslant x)$,此时 $R_n(x)$ 称为柯西余项;

当 $n = 1$ 时,有

$$P_1(x) = f(x_0) + f'(x_0)(x - x_0)$$

是 $y=f(x)$ 的曲线在点 x_0 处的切线方程,即函数 $f(x)$ 的一次近似,其中 $f'(x_0)$ 是切线的斜率.

当 $n=2$ 时,有

$$P_2(x)=f(x_0)+f'(x_0)(x-x_0)+\frac{f''(x_0)}{2!}(x-x_0)^2$$

是 $y=f(x)$ 的曲线在点 x_0 的"二次切线",即函数 $f(x)$ 的二次近似,简单作图可以看出二次切线与曲线的接近程度比切线要好.可以想象,当用于逼近的多项式函数的次数越来越高时,对函数的逼近越好,误差也越小,即更加精准地反映了原函数.

3.3.2 n 阶麦克劳林公式

在 n 阶泰勒公式中,取 $x_0=0$ 代入得麦克劳林公式,即函数 $f(x)$ 的麦克劳林公式是函数在特殊点 $x_0=0$ 的泰勒公式.函数 $f(x)$ 的麦克劳林公式如下:

$$f(x)=f(0)+f'(0)x+\frac{f''(0)}{2!}x^2+\cdots+\frac{f^{(n)}(0)}{n!}x^n+R_n(x),$$

式中 $R_n(x)=\dfrac{f^{(n+1)}(\theta x)}{(n+1)!}x^{n+1}(0<\theta<1)$ 或 $R_n(x)=o(x^n)$.

常见的初等函数的麦克劳林公式:

(1) $\mathrm{e}^x=1+x+\dfrac{x^2}{2!}+\cdots+\dfrac{x^n}{n!}+o(x^n)$;

(2) $\sin x=x-\dfrac{x^3}{3!}+\dfrac{x^5}{5!}-\cdots+(-1)^n\dfrac{x^{2n+1}}{(2n+1)!}+o(x^{2n+2})$;

(3) $\cos x=1-\dfrac{x^2}{2!}+\dfrac{x^4}{4!}-\dfrac{x^6}{6!}+\cdots+(-1)^n\dfrac{x^{2n}}{(2n)!}+o(x^{2n+1})$;

(4) $\ln(1+x)=x-\dfrac{x^2}{2}+\dfrac{x^3}{3}-\cdots+(-1)^n\dfrac{x^{n+1}}{n+1}+o(x^{n+1})$;

(5) $\dfrac{1}{1-x}=1+x+x^2+\cdots+x^n+o(x^n)$;

(6) $(1+x)^m=1+mx+\dfrac{m(m-1)}{2!}x^2+\cdots+\dfrac{m(m-1)\cdots(m-n+1)}{n!}x^n+o(x^n)$.

下面介绍两种计算函数的泰勒公式的方法：直接展开法和间接法.

1. **直接展开法**

直接展开法的基本思路是利用泰勒公式展开,即若函数具有 $n+1$ 阶导数,求函数 $f(x)$ 的前 n 阶导数 $f^m(x)(m=1, 2, \cdots, n)$,并代入 x_0 的值,得到前 n 项系数.

例 3.32 求函数 $f(x)=\sqrt{x}$ 按 $(x-4)$ 的幂展开的带有拉格朗日型余项的三阶泰勒公式.

解 求 $f(x)$ 按 $(x-x_0)$ 的幂展开的 n 阶泰勒公式,则依次求 $f(x)$ 直到 $n+1$ 阶的导数在 $x=x_0$ 处的值,然后代入公式即可.

$$f'(x)=\frac{1}{2\sqrt{x}},\ f''(x)=-\frac{1}{4}x^{-\frac{3}{2}},$$

$$f'''(x)=\frac{3}{8}x^{-\frac{5}{2}},\ f^{(4)}(x)=-\frac{15}{16}x^{-\frac{7}{2}},$$

故
$$f'(4)=\frac{1}{4},\ f''(4)=-\frac{1}{32},\ f'''(4)=\frac{3}{256}.$$

将以上结果代入泰勒公式,得

$$f(x)=f(4)+\frac{f'(4)}{1!}(x-4)+\frac{f''(4)}{2!}(x-4)^2+\frac{f'''(4)}{3!}(x-4)^3+$$

$$\frac{f^{(4)}(\xi)}{4!}(x-4)^4$$

$$=2+\frac{1}{4}(x-4)-\frac{1}{64}(x-4)^2+\frac{1}{512}(x-4)^3-\frac{5}{128\xi^{\frac{7}{2}}}(x-4)^4,$$

式中 ξ 介于 x 与 4 之间.

2. **间接法**

间接法主要是利用常用已知初等函数的泰勒公式,通过对函数求导、积分、变量代换等,变形为已知展式的函数的组合,计算得到函数的泰勒公式.在计算中,间接法具有较高的灵活性,计算量相对于直接法而言要小,常用于一般计算.为了更好掌握间接法,需要熟悉基本的变形或者变量代换的方法.

例 3.33 把 $f(x)=\dfrac{1+x+x^2}{1-x+x^2}$ 在 $x=0$ 点展开到含 x^4 项,并求 $f'''(0)$.

解

$$f(x) = \frac{1 + x + x^2}{1 - x + x^2} = \frac{1 - x + x^2 + 2x}{1 - x + x^2} = 1 + \frac{2x}{1 - x + x^2}$$

$$= 1 + 2x(1 + x)\frac{1}{1 + x^3} = 1 + 2x(1 + x)(1 - x^3 + o(x^3))$$

$$= 1 + 2x + 2x^2 - 2x^4 + o(x^4),$$

又由泰勒公式知 x^3 前的系数 $\dfrac{f'''(0)}{3!} = 0$，从而 $f'''(0) = 0$.

注意　此题利用间接法与直接展开法. 当 $f(x)$ 为有理分式时通常利用已知的结论 $\dfrac{1}{1 - x} = 1 + x + x^2 + \cdots + x^n + o(x^n)$.

例 3.34　把函数 $f(x) = \sin x^2$ 展开成含 x^{14} 项的带有皮亚诺型余项的麦克劳林公式.

解　间接法,由已知函数 $\sin x = x - \dfrac{x^3}{3!} + \dfrac{x^5}{5!} - \dfrac{x^7}{7!} + o(x^7)$, 作变量代换 $x \to x^2$, 易得

$$\sin x^2 = x^2 - \frac{x^6}{3!} + \frac{x^{10}}{5!} - \frac{x^{14}}{7!} + o(x^{14}).$$

例 3.35　把函数 $f(x) = \cos^2 x$ 展开成含 x^6 项的带有皮亚诺型余项的麦克劳林公式.

解　间接法,由 $\cos x = 1 - \dfrac{x^2}{2!} + \dfrac{x^4}{4!} - \dfrac{x^6}{6!} + o(x^6)$, 易得

$$\cos 2x = 1 - 2x^2 + \frac{4x^4}{3!} - \frac{2^6 x^6}{6!} + o(x^6),$$

故

$$\cos^2 x = \frac{1}{2}(1 + \cos 2x) = 1 - x^2 + \frac{2x^4}{3!} - \frac{2^5 x^6}{6!} + o(x^6).$$

3.3.3　泰勒公式的应用

泰勒公式主要运用于求函数极限,误差估计和一些不等式的证明,下面举例介绍.

例 3.36　求极限 $\lim\limits_{x \to 0} \dfrac{a^x + a^{-x} - 2}{x^2}$, $(a > 0)$.

解
$$a^x = \mathrm{e}^{x\ln a} = 1 + x\ln a + \frac{x^2}{2}\ln^2 a + o(x^2),$$

$$a^{-x} = 1 - x\ln a + \frac{x^2}{2}\ln^2 a + o(x^2),$$

$$a^x + a^{-x} - 2 = x^2\ln^2 a + o(x^2),$$

故 $\displaystyle\lim_{x\to 0}\frac{a^x + a^{-x} - 2}{x^2} = \lim_{x\to 0}\frac{x^2\ln^2 a + o(x^2)}{x^2} = \ln^2 a.$

例 3.37 验证当 $0 < x \leqslant \dfrac{1}{2}$ 时,按公式 $\mathrm{e}^x \approx 1 + x + \dfrac{x^2}{2} + \dfrac{x^3}{6}$ 计算 e^x 的近

似值时,所产生的误差小于 0.01,并求 $\sqrt{\mathrm{e}}$ 的近似值,使误差小于 0.01.

解 利用泰勒公式估计误差,即估计拉格朗日余项的范围.

$$|R_3(x)| = \left|\frac{\mathrm{e}^{\xi}}{4!}x^4\right| \leqslant \left|\frac{\mathrm{e}^{\frac{1}{2}}}{4!}x^4\right| \leqslant \left|\frac{2}{4!}\,\frac{1}{2^4}\right| = \frac{1}{192} < 0.01,$$

$$\sqrt{\mathrm{e}} \approx 1 + \frac{1}{2} + \frac{1}{8} + \frac{1}{48} \approx 0.646.$$

例 3.38 设 $x > 0$,证明:$x - \dfrac{x^2}{2} < \ln(1+x).$

解 $\ln(1+x) = x - \dfrac{x^2}{2} + \dfrac{x^3}{3(1+\xi)^3}$ (ξ 介于 0 与 x 之间),

由于 $x > 0$,故 $\dfrac{x^3}{3(1+\xi)^3} > 0$,因此

$\ln(1+x) = x - \dfrac{x^2}{2} + \dfrac{x^3}{3(1+\xi)^3} > x - \dfrac{x^2}{2}$,结论成立.

例 3.39 证明函数 $f(x)$ 是 n 次多项式的充要条件是 $f^{(n+1)}(x) \equiv 0$.

解 将 $f(x)$ 按照麦克劳林公式形式展开,根据已知条件,得结论.

必要性:易知,若 $f(x)$ 是 n 次多项式,则有 $f^{(n+1)}(x) \equiv 0$.

充分性:因 $f^{(n+1)}(x) \equiv 0$,故 $f(x)$ 的 n 阶麦克劳林公式为

$$f(x) = f(0) + f'(0)x + \frac{f''(0)x^2}{2!} + \frac{f'''(0)x^3}{3!} + \cdots + \frac{f^{(n)}(0)x^n}{n!} + \frac{f^{(n+1)}(\xi)x^{n+1}}{(n+1)!}$$

$$= f(0) + f'(0)x + \frac{f''(0)x^2}{2!} + \frac{f'''(0)x^3}{3!} + \cdots + \frac{f^{(n)}(0)x^n}{n!},$$

即 $f(x)$ 是 n 次多项式,结论成立.

习 题 3.3

1. 求下列函数在指定点处带有拉格朗日余项的泰勒公式:

(1) $f(x) = x^3 + 4x^2 + 5$, $x = 1$;　　　　(2) $f(x) = \dfrac{1}{x}$, $x = -1$;

(3) $f(x) = \dfrac{1}{x+1}$, $x = 0$;　　　　(4) $f(x) = x e^x$, $x = 0$.

2. 将多项式 $f(x) = x^4 - 5x^3 + 2x + 4$ 展开成 $x - 3$ 的多项式.

3. 应用麦克劳林公式,按 x 的幂展开函数 $f(x) = (x^2 - 3x + 1)^3$.

4. 求函数 $f(x) = \sin^2 x$ 的带有拉格朗日型余项的 $(2n)$ 阶麦克劳林展式.

5. 求函数 $f(x) = \arcsin x$ 的带有拉格朗日型余项的 3 阶麦克劳林展式.

6. 求函数 $f(x) = \ln x$ 按 $x - 2$ 的幂展开的带有皮亚诺型余项的 n 阶泰勒公式.

7. 利用泰勒公式求下列极限:

(1) $\lim\limits_{x \to 0} \left(\dfrac{1}{x} - \dfrac{1}{\sin x} \right)$;　　　　(2) $\lim\limits_{x \to 0} \dfrac{e^x \sin x - x(1+x)}{x^3}$.

3.4　函数单调性、凹凸性与极值

前面已讲过用初等数学的方法研究一些函数的单调性和某些简单函数的性质,但这些方法使用范围较狭小,并且有些需要借助某些的技巧,因而不具有一般性.本节将以导数为工具,介绍判断函数单调性的简单且具有一般性的方法.

3.4.1　函数的单调性

如何利用导数研究函数的单调性质? 先从几何图形来观察.

若区间 (a, b) 内,曲线 $y = f(x)$ 是上升的,即函数 $f(x)$ 是单调增加的,则曲线 $y = f(x)$ 上每一点的切线斜率都非负,即 $f'(x) \geqslant 0$(见图 3 - 6).

若区间 (a, b) 内,曲线 $y = f(x)$ 是下降的,即函数 $f(x)$ 是单调减少的,则曲线 $y = f(x)$ 上每一点的切线斜率都非正,即 $f'(x) \leqslant 0$(见图 3 - 7).

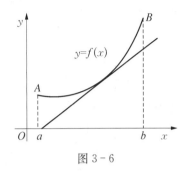

图 3-6

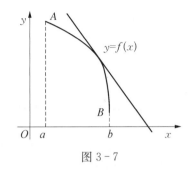

图 3-7

反过来,能否用导数的符号来判别函数的单调性呢?

定理 3.6　设函数 $f(x)$ 在 $[a,b]$ 上连续,在 (a,b) 内可导,那么:

(1) 如果在 (a,b) 内 $f'(x) \geqslant 0$,则 $f(x)$ 在区间 (a,b) 内单调增加;

(2) 如果在 (a,b) 内 $f'(x) \leqslant 0$,则 $f(x)$ 在区间 (a,b) 内单调减少.

注意　(1) 如果把这个判定定理中的开区间换成其他各种区间(包括无穷区间),结论也成立.

(2) 函数的单调性是一个区间上的性质,要用导数在这一区间上的符号来判定,而不能用导数在一点处的符号来判别函数在一个区间上的单调性.

(3) 区间中个别点导数为零并不影响函数在该区间上的单调性.例如 $y = x^3$ 在其定义域 $(-\infty, +\infty)$ 内是单调增加的,但其导数 $y' = 3x^2$ 在 $x = 0$ 处为零.

(4) 如果函数在定义域区间上连续,除去有限个导数不存在的点外导数存在且连续,那么只要用方程 $f'(x) = 0$ 的根及 $f'(x)$ 不存在的点来划分函数 $f(x)$ 的定义区间,就能保证 $f'(x)$ 在各个部分区间内保持固定符号,因而函数 $f(x)$ 的每个部分区间上单调.说明区间内个别点导数为零不影响区间的单调性.

如果函数在其定义域的某个区间内是单调的,则该区间称为函数的**单调区间**.

讨论函数单调性的步骤:

(1) 求出函数的定义域;

(2) 求 $f'(x)$;令 $f'(x) = 0$,求出各驻点及 $f'(x)$ 不存在的点;

(3) 列表,根据 $f'(x)$ 在各区间内的符号,得出增、减性的结论.

例 3.40　讨论函数 $y = x - \sin x$ 在 $[0, 2\pi]$ 的单调性.

解　因为在 $(0, 2\pi)$ 内,$y' = 1 - \cos x > 0$,

所以函数 $y = x - \sin x$ 在 $[0, 2\pi]$ 上单调增加.

例 3.41　求函数 $y = x^3 - 3x$ 的单调区间.

解　函数 $y = x^3 - 3x$ 在它的定义区间 $(-\infty, +\infty)$ 内有连续的导数

$$y' = 3x^2 - 3 = 3(x+1)(x-1),$$

令 $y'=0$，得它在定义区间内的两个根 $x_1=-1$，$x_2=1$，这两个根把 $(-\infty,+\infty)$ 分成三个部分区间 $(-\infty,-1]$，$(-1,1)$，$[1,+\infty)$，如表 3-1 所示：

表 3-1

x	$(-\infty,-1)$	$(-1,1)$	$(1,+\infty)$
$f'(x)$	$+$	$-$	$+$
$f(x)$	↗	↘	↗

因此，$f(x)$ 在 $(-\infty,-1]$，$[1,+\infty)$ 上单调增加，在 $[-1,1]$ 上单调减少.

例 3.42 求函数 $f(x)=2x^3-9x^2+12x-3$ 的单调区间.

解 函数的定义域为 $(-\infty,+\infty)$，

因为 $f'(x)=6x^2-18x+12=6(x-1)(x-2)$，令 $f'(x)=0$，得 $x_1=1$，$x_2=2$，如表 3-2 所示：

表 3-2

x	$(-\infty,1)$	$(1,2)$	$(2,+\infty)$
$f'(x)$	$+$	$-$	$+$
$f(x)$	↗	↘	↗

所以 $f(x)$ 在 $(-\infty,1]$，$[2,+\infty)$ 上单调增加，在 $[1,2]$ 上单调减少，可得函数的图形（见图 3-8）：

例 3.43 求函数 $y=\sqrt[3]{(2x-a)(a-x)^2}$ 的单调区间，其中 $a>0$.

解 函数的定义域为 $(-\infty,+\infty)$，

$$y'=\frac{2}{3}\cdot\frac{2a-3x}{\sqrt[3]{(2x-a)^2(a-x)}},\ \ 令\ y'=0,\ 得$$

$x_1=\dfrac{2}{3}a$，另在 $x_2=\dfrac{a}{2}$，$x_3=a$ 处 y' 不存在，如表 3-3 所示：

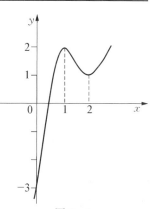

图 3-8

表 3-3

x	$\left(-\infty,\dfrac{a}{2}\right)$	$\left(\dfrac{a}{2},\dfrac{2}{3}a\right)$	$\left(\dfrac{2}{3}a,a\right)$	$(a,+\infty)$
y'	$+$	$+$	$-$	$+$
y	↗	↗	↘	↗

所以 $f(x)$ 在 $\left(-\infty, \dfrac{a}{2}\right]$，$\left[\dfrac{a}{2}, \dfrac{2}{3}a\right]$，$[a, +\infty)$ 上单调增加，在 $\left[\dfrac{2}{3}a, a\right]$ 上单调减少.

下面举一些用函数的单调性证明不等式和判断方程根个数的例子.

例 3.44　证明当 $x > 0$ 时，$x > \ln(1+x)$.

证　设 $f(x) = x - \ln(1+x)$. 因为 $f(x)$ 在 $[0, +\infty)$ 上连续，在 $(0, +\infty)$ 内可导，且 $f'(x) = \dfrac{x}{1+x}$，当 $x > 0$ 时，$f'(x) > 0$，又 $f(0) = 0$，故当 $x > 0$ 时，$f(x) > f(0) = 0$，所以 $x > \ln(1+x)$.

例 3.45　证明方程 $x^5 + x + 1 = 0$ 在区间 $(-1, 0)$ 内有且只有一个实根.

证　令 $f(x) = x^5 + x + 1$，因为 $f(x)$ 在 $[-1, 0]$ 上连续，且

$$f(-1) = -1 < 0, \quad f(0) = 1 > 0,$$

根据零点定理 $f(x)$ 在 $(-1, 0)$ 内有一个零点.另一方面，对于任意实数 x，有

$$f'(x) = 5x^4 + 1 > 0,$$

所以 $f(x)$ 在 $(-\infty, +\infty)$ 内严格单调增加，因此曲线 $y = f(x)$ 与 x 轴至多只有一个交点.

综上所述，方程 $x^5 + x + 1 = 0$ 在区间 $(-1, 0)$ 内有且只有一个实根.

例 3.46　证明方程 $\ln x = \dfrac{x}{e} - 1$ 在区间 $(0, +\infty)$ 内有两个实根.

证　令 $f(x) = \ln x - \dfrac{x}{e} + 1$，欲证题设结论等价于证 $f(x)$ 在 $(0, +\infty)$ 内有两个零点，计算得 $f'(x) = \dfrac{1}{x} - \dfrac{1}{e} = 0$，得 $x = e$，因 $f(e) = 1$，$\lim\limits_{x \to 0^+} f(x) = -\infty$，故 $f(x)$ 在 $(0, e)$ 内有一零点，又因在 $(0, e)$ 内 $f'(x) > 0$，故 $f(x)$ 在 $(0, e)$ 内单调增加，此零点唯一.

另一方面，

$$\lim_{x \to +\infty} f(x) = \lim_{x \to +\infty}\left(\ln x - \frac{x}{e} + 1\right) = -\infty,$$

故在 $(e, +\infty)$ 内有一零点.又在 $(e, +\infty)$ 内 $f'(x) < 0$，所以 $f(x)$ 在 $(e, +\infty)$ 内单调减少，此零点也唯一.

因此，$f(x)$ 在 $(0, +\infty)$ 内有且仅有两个零点.

3.4.2 曲线的凹凸性

在研究函数图形的变化状况时,知道曲线的上升或下降是有益的,但还不能完全反映它的变化规律.如图 3-9 的曲线有不同的弯曲状况.从左向右,曲线先是凹的,后是凸的,而 P 点是弯曲状况的转折点.因此,研究函数图形时,考察它的弯曲方向以及扭转弯曲方向的点是很必要的.

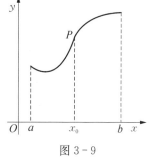

图 3-9

从几何上看(见图 3-10),在凹的曲线段上任取两点 x_1, x_2,连接这两点的弦总在曲线弧的上方,即有 $f\left(\dfrac{x_1+x_2}{2}\right) < \dfrac{1}{2}[f(x_1)+f(x_2)]$.类似地,在凸的曲线段上任取两点 x_1, x_2,则有 $f\left(\dfrac{x_1+x_2}{2}\right) > \dfrac{1}{2}[f(x_1)+f(x_2)]$,于是很自然地得到了凹凸性的定义.

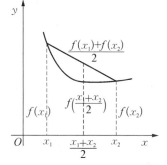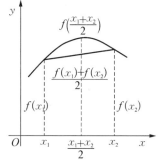

图 3-10

定义 3.1 设 $f(x)$ 在区间 I 内连续,如果对 I 上任意两点 x_1, x_2,恒有

$$f\left(\frac{x_1+x_2}{2}\right) < \frac{f(x_1)+f(x_2)}{2},$$

则称 $f(x)$ 在区间 I 上的图形是(**向上**)**凹的**(或凹弧);如果恒有

$$f\left(\frac{x_1+x_2}{2}\right) > \frac{f(x_1)+f(x_2)}{2},$$

则称 $f(x)$ 在区间 I 上的图形是(**向上**)**凸的**(或凸弧).

曲线的凹凸具有明显的几何意义,对于凹曲线,当 x 逐渐增加时,其上每一点的切线的斜率是逐渐增加的,即导函数 $f'(x)$ 是单调增加函数.如果二阶导数存在,必有 $f''(x) > 0$.而对于凸曲线,其上每一点的切线的斜率是逐渐减少的,即导

函数 $f'(x)$ 是单调减少函数.如果二阶导数存在,必有 $f''(x)<0$. 于是有下面判断曲线凹凸性的定理.

定理 3.7 设 $f(x)$ 在 $[a,b]$ 上连续,在 (a,b) 内具有一阶和二阶导数,则

(1) 若在 (a,b) 内,$f''(x)>0$,则 $f(x)$ 在 $[a,b]$ 上图形是上凹(简称凹的);

(2) 若在 (a,b) 内,$f''(x)<0$,则 $f(x)$ 在 $[a,b]$ 上图形是上凸(简称凸的).

例 3.47 判定 $y=x^4-2x^3+1$ 的凹凸性.

解 因为 $y'=4x^3-6x^2$,$y''=12x^2-12x=12x(x-1)$,

所以,当 $-\infty<x<0$ 时,$y''>0$,是凹弧;

当 $0<x<1$ 时,$y''<0$,是凸弧;当 $1<x<+\infty$ 时,$y''>0$,是凹弧.

例 3.48 讨论 $y=\sqrt[3]{x}$ 的凹凸性.

解 因为 $y'=\dfrac{1}{3}x^{-\frac{2}{3}}$,$y''=-\dfrac{2}{9}x^{-\frac{5}{3}}$,

当 $x=0$ 时,一阶、二阶导数均不存在,

当 $x<0$ 时,$y''>0$,是凹弧;当 $x>0$ 时,$y''<0$,是凸弧,

点 $(0,0)$ 是使该曲线由凸变凹的分界点,此类分界点称为曲线的拐点.

定义 3.2 连续曲线上的凹弧与凸弧的分界点称为曲线的**拐点**.

根据定理 3.7,二阶导数 $f''(x)$ 的符号是判断曲线凹向性的依据.因此,若 $f''(x)$ 在点 x_0 的左、右两侧邻近处异号,则点 $(x_0,f(x_0))$ 就是曲线的一个拐点,所以要寻找拐点,只要找出使 $f''(x)$ 符号发生变化的分界点即可.如果函数 $f(x)$ 在区间 (a,b) 内具有二阶连续导数,则在这样的分界点处必有 $f''(x)=0$;此外,使 $f(x)$ 的二阶导数不存在的点,也可能是使 $f''(x)$ 符号发生变化的分界点.

判别曲线的凹向与拐点的一般步骤:

(1) 确定函数的定义域;

(2) 求 $f''(x)$,并找出定义域内 $f''(x)=0$ 或 $f''(x)$ 不存在的点,这些分界点将定义域分成若干区间;

(3) 列表判别 $f''(x)$ 在各区间内的符号,从而确定曲线的凹向及拐点.

例 3.49 求曲线 $y=x^3-3x^2+3x+5$ 的凹凸区间和拐点.

解 $y'=3x^2-6x+3$;$y''=6x-6$,令 $y''=0$,得 $x=1$,如表 3-4 所示:

表 3-4

x	$(-\infty,1)$	1	$(1,+\infty)$
y''	$-$	0	$+$
y	凸	拐点	凹

由表可看出,在$(-\infty,1)$内曲线是凸的;在$(1,+\infty)$内曲线是凹的;点$(1,6)$是曲线的拐点.

例 3.50 设函数$f(x)$在(a,b)内二阶可导,且$f''(x_0)=0$,其中$x_0\in(a,b)$,则$(x_0,f(x_0))$是否一定为曲线$f(x)$的拐点? 举例说明.

解 因为$f''(x_0)=0$只是$(x_0,f(x_0))$为拐点的必要条件,故$(x_0,f(x_0))$不一定是拐点.

例如,设$f(x)=x^4,x\in(-\infty,+\infty)$,则有$f''(0)=0$,但$(0,0)$并不是曲线$f(x)$的拐点.

3.4.3　函数的极值

在函数$f(x)=x^3-3x$中,由于$f'(x)=3x^2-3$,令$f'(x)=0$,得到$x_1=-1,x_2=1$. 点$x_1=-1,x_2=1$是函数$f(x)$的单调区间的分界点.

当x从$x=-1$的左边邻近变到右边邻近时,函数值由单调增加变为单调减少,即$x=-1$是函数由增加变为减少的转折点.因此在$x=-1$的某个去心邻域恒有$f(x)<f(-1)$,则称$f(-1)$为$f(x)$的一个极大值.

类似地,$x=1$是函数由减少变为增加的转折点,在$x=1$的某个去心邻域恒有$f(x)>f(1)$,则称$f(1)$为$f(x)$的一个极小值.

定义 3.3 设函数$f(x)$在点x_0的某个邻域内有定义,对于邻域异于x_0的任意一点x均有

$$f(x)<f(x_0)(\text{或}f(x)>f(x_0)),$$

则称$f(x_0)$是函数$f(x)$的**极大值**(或**极小值**),称x_0是函数$f(x)$的**极大值点**(或**极小值点**).

函数的极大值和极小值统称**极值**;函数的极大值点或极小值点统称**极值点**.

极值是"局部"的概念,所谓极值是相对于邻近的函数值而言的.因此函数在定义域或某指定区间上可能有若干个极大值和极小值,而且极大值可能小于极小值.

定理 3.8(必要条件)　设函数$f(x)$在x_0处可导,且在x_0处取得极值,则函数$f(x)$在x_0处的导数为零,即$f'(x)=0$.

注意 (1)定理 3.8 是必要条件,而非充分条件,即逆定理不一定成立,例如$y=x^3$,在$x=0$处是驻点但无极值.即极值点必是驻点,但驻点不一定是极值点.

(2)定理 3.8 是对函数在x_0处可导而言的,在导数不存在的点,例如$f(x)=|x|$在点$x=0$处不可导,但函数在该点取得极小值,也可能是函数的极值点.

所以函数$f(x)$可能的极值点在$f'(x)=0$或$f'(x)$不存在的点中.

定理 3.9(第一充分条件)　设函数 $f(x)$ 在 x_0 的某一邻域 $(x_0-\delta, x_0+\delta)$ 内连续,在去心邻域 $(x_0-\delta, x_0) \bigcup (x_0, x_0+\delta)$ 内可导.

(1) 若当 $x \in (x_0-\delta, x_0)$ 时,$f'(x) > 0$;当 $x \in (x_0, x_0+\delta)$ 时,$f'(x) < 0$,则 x_0 是函数 $f(x)$ 的极大值点;

(2) 若当 $x \in (x_0-\delta, x_0)$ 时,$f'(x) < 0$;当 $x \in (x_0, x_0+\delta)$ 时,$f'(x) > 0$,则 x_0 是函数 $f(x)$ 的极小值点;

(3) 若当 $x \in (x_0-\delta, x_0) \bigcup (x_0, x_0+\delta)$ 时,$f'(x)$ 保号,则 x_0 不是函数 $f(x)$ 的极值点.

这是通过确定一阶导数的符号来判断极值点的方法.

判定极值的一般步骤

(1) 确定函数 $f(x)$ 的定义域;

(2) 求 $f'(x)$,找出定义域内 $f'(x)=0$ 或 $f'(x)$ 不存在的点,这些分界点将定义域分成若干个区间;

(3) 列表由 $f'(x)$ 在分界点两侧的符号,确定是否是极值点,且是极大值点还是极小值点.

例 3.51　求函数 $f(x)=2x^3-9x^2+12x-3$ 的极值.

解　定义域为 $(-\infty, +\infty)$,$f'(x)=6x^2-18x+12=6(x-1)(x-2)$,令 $f'(x)=0$,得驻点 $x_1=1$ 及 $x_2=2$,把区间划分为 $(-\infty,1)$, $(1, 2)$, $(2, +\infty)$. 如表 3-5 所示:

表 3-5

x	$(-\infty, 1)$	1	$(1, 2)$	2	$(2, +\infty)$
$f'(x)$	+	0	−	0	+
$f(x)$	↗	极大	↘	极小	↗

从表 3-5 中可知,在 $x_1=1$ 处取得极大值:$f(1)=2-9+12-3=2$,在 $x_2=2$ 处取得极小值

$$f(-1)=-2-9-12-3=-26.$$

例 3.52　求函数 $f(x)=(x-4) \cdot \sqrt[3]{(x+1)^2}$ 的极值.

解　函数在定义域 $(-\infty, +\infty)$ 内连续,除 $x=-1$ 外处处可导,且

$$f'(x)=\frac{5(x-1)}{3 \cdot \sqrt[3]{x+1}}.$$

令 $f'(x)=0$，得驻点 $x=1$；$x=-1$ 为 $f(x)$ 的不可导点，如表 3-6 所示：

表 3-6

x	$(-\infty, -1)$	-1	$(-1, 1)$	1	$(1, +\infty)$
$f'(x)$	$+$		$-$	0	$+$
$f(x)$	↗	极大	↘	极小	↗

从表 3-6 中可知，在 $x=-1$ 处取得极大值，为 $f(-1)=0$；在 $x=1$ 处取得极小值，为 $f(-1)=-3\cdot\sqrt[3]{4}$.

定理 3.10（第二充分条件） 设函数 $f(x)$ 在点 x_0 处有二阶导数，且 $f'(x_0)=0$, $f''(x_0)\neq 0$, 那么：

(1) 若 $f''(x_0)<0$, 则函数 $f(x)$ 在 x_0 处取得极大值；

(2) 若 $f''(x_0)>0$, 则函数 $f(x)$ 在 x_0 处取得极小值.

这是通过确定二阶导数的符号来判断极值点的方法.

判定极值的步骤

(1) 求出 $f'(x)$;

(2) 令 $f'(x)=0$, 求出全部驻点；

(3) 根据情况用定理 3.9、3.10 来判断（一般用定理 3.9 来判断，如确定一阶导数的符号比较困难时，用定理 3.10）；

(4) 求出各极值.

例 3.53 求 $f(x)=-(x-2)^{\frac{2}{3}}$ 的极值点.

解 定义域为 $(-\infty, +\infty)$,

因为 $f'(x)=-\dfrac{2}{3}(x-2)^{-\frac{1}{3}}(x\neq 2)$, $x=2$

是函数的不可导点，

当 $x<2$ 时，$f'(x)>0$；当 $x>2$ 时，$f'(x)<0$;

所以 $f(2)=1$ 为 $f(x)$ 的极大值（见图 3-11）.

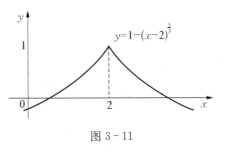

图 3-11

例 3.54 若 $f'(0)>0$, 是否能断定 $f(x)$ 在原点的充分小的邻域内单调递增？

解 不能断定，例如：设 $f(x)=\begin{cases} x+2x^2\sin\dfrac{1}{x}, & x\neq 0, \\ 0, & x=0, \end{cases}$

则 $f'(0) = \lim_{\Delta x \to 0}\left(1 + 2 \cdot \Delta x \cdot \sin\frac{1}{\Delta x}\right) = 1 > 0$，但 $f'(x) = 1 + 4x\sin\frac{1}{x} - 2\cos\frac{1}{x}$, $x \neq 0$,

当 $x = \dfrac{1}{\left(2k+\frac{1}{2}\right)\pi}$ 时,有 $f'(x) = 1 + \dfrac{4}{\left(2k+\frac{1}{2}\right)\pi} > 0$,

而当 $x = \dfrac{1}{2k\pi}$ 时,有 $f'(x) = -1 < 0$,

注意到 k 可以任意大,故在 $x_0 = 0$ 点的任何邻域内,函数 $f(x)$ 都不单调递增.

3.4.4 函数的最大值与最小值

上节介绍了极值,但在实际问题中往往要求计算的不是极值,而是最大值和最小值的问题.如在一定条件下,怎样使"产量最高"、"用料最省"、"效率最高"、"利润最大"等.此类问题在数学上往往可归结为求某一函数(通常称为**目标函数**)的最大值和最小值的问题.函数的最大值、最小值要在某个给定区间上考虑,是全局性的概念.而函数的极值是在一点的邻近考虑,是局部性的概念.它们的概念是不同的,一个闭区间上的连续函数必然存在最大、最小值,它们可能就是区间的极大、极小值,但也可能是区间端点的函数值.

求函数 $f(x)$ 在 $[a, b]$ 上的最大、最小值的步骤如下:

(1) 计算函数 $f(x)$ 一切可能极值点上的函数值,即使 $f'(x) = 0$ 或 $f'(x)$ 不存在的点;

(2) 将它们与 $f(a)$、$f(b)$ 相比较,这些值中最大的就是最大值,最小的就是最小值.

注意 (1) 若函数 $f(x)$ 在 $[a, b]$ 上单调增加,则 $f(a)$ 为最小值,$f(b)$ 为最大值;若函数 $f(x)$ 在 $[a, b]$ 上单调减少,则 $f(b)$ 为最小值,$f(a)$ 为最大值.

(2) 若连续函数 $f(x)$ 在 (a, b) 内有且仅有一个极值点,则此极值点即函数 $f(x)$ 在 $[a, b]$ 上的最值点.

例 3.55 求 $y = 2x^3 + 3x^2$ 在 $[-2, 1]$ 上的最大值与最小值.

解 因为 $f'(x) = 6x^2 + 6x = 6x(x+1)$,令 $f'(x) = 0$ 得 $x_1 = 0$, $x_2 = -1$,计算得 $f(-2) = -4$, $f(-1) = 1$, $f(0) = 0$, $f(1) = 5$,
比较得最大值 $f(1) = 5$,最小值 $f(-2) = -4$.

例 3.56 由直线 $y = 0$, $x = 8$ 及抛物线 $y = x^2$ 围成一个曲边三角形,在曲边 $y = x^2$ 上求一点,使曲线在该点处的切线与直线 $y = 0$ 及 $x = 8$ 所围成的三角形面积最大.

解 根据图 3-12 的分析,由于切线 AB 为

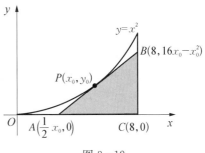

$$y - y_0 = 2x_0(x - x_0)$$

其与 x 轴交于 $A\left(\dfrac{1}{2}x_0,\ 0\right)$ 与 $x = 8$ 交于 B

$(8,\ 16x_0 - x_0^2)$.

故所求三角形面积为

图 3-12

$$S = \frac{1}{2}\left(8 - \frac{1}{2}x_0\right)(16x_0 - x_0^2)\,(0 \leqslant x_0 \leqslant 8).$$

由 $S' = \dfrac{1}{4}(3x_0^2 - 64x_0 + 16 \times 16) = 0$,

解得 $x_0 = \dfrac{16}{3}$,$x_0 = 16$(舍去),

因为 $S''\left(\dfrac{16}{3}\right) = -8 < 0$,所以 $S\left(\dfrac{16}{3}\right) = \dfrac{4\,096}{27}$ 为极大值,故 $S\left(\dfrac{16}{3}\right) = \dfrac{4\,096}{27}$ 为

所有三角形中面积的最大者.

习 题 3.4

1. 确定下列函数的单调区间:

(1) $y = 3x - x^3$;

(2) $y = \dfrac{x}{1 + x^2}$;

(3) $y = 2x^2 - \ln x$;

(4) $y = \sqrt{2x - x^2}$;

(5) $y = (x - 1)(x + 1)^3$;

(6) $y = x - 2\sin x\,(0 \leqslant x \leqslant 2\pi)$;

(7) $y = (1 + \sqrt{x})x$;

(8) $y = (x - 1)x^{\frac{2}{3}}$.

2. 证明:函数 $y = x - \ln(1 + x^2)$ 单调增加.

3. 证明下列不等式:

(1) $2\sqrt{x} > 3 - \dfrac{1}{x}\,(x > 1)$;

(2) $\dfrac{2x}{\pi} < \sin x < x\left(0 < x < \dfrac{\pi}{2}\right)$;

(3) $\ln(1 + x) > \dfrac{\arctan x}{1 + x}\,(x > 0)$;

(4) $\tan x > x + \dfrac{1}{3}x^3\left(0 < x < \dfrac{\pi}{2}\right)$;

(5) $x^2 < 2^x \, (x > 4)$; \qquad (6) $1 - \cos x \geqslant \dfrac{1}{2}x^2 \, (x \geqslant 0)$.

4. 证明：方程 $\sin x = x$ 有且仅有一个实根.

5. 求下列函数的极值：

(1) $y = 2x^3 - 3x^2$; \qquad (2) $y = x - \ln(1+x)$;

(3) $y = x + \sqrt{1-x}$; \qquad (4) $y = x^2 e^{-x}$;

(5) $y = \dfrac{2x}{1+x^2}$; \qquad (6) $y = \dfrac{\ln^2 x}{x}$;

(7) $y = \cos x + \sin x \left(-\dfrac{\pi}{2} \leqslant x \leqslant \dfrac{\pi}{2}\right)$;

(8) $y = \dfrac{(x-2)(x-3)}{x^2}$.

6. 问 a 为何值时，函数 $f(x) = a\sin x + \dfrac{1}{3}\sin 2x$ 在 $x = \dfrac{\pi}{3}$ 处取得极值？它是极大值还是极小值？求此极值.

7. 求下列函数在给定区间上的最值：

(1) $f(x) = \sin x + \cos x$, $x \in \left[0, \dfrac{\pi}{2}\right]$;

(2) $f(x) = x^{\frac{1}{x}}$, $x \in (0, +\infty)$;

(3) $f(x) = e^{|x-3|}$, $x \in [-5, 5]$;

(4) $f(x) = \sqrt{x}\ln x$, $x \in \left[\dfrac{1}{2}, 1\right]$.

8. a，b，c 为何值时，点$(0,1)$是曲线 $y = ax^3 + bx^2 + c$ 的拐点？

9. 确定下列曲线的上凸，下凸区间及拐点：

(1) $y = x^3 - 3x^2$; \qquad (2) $y = \dfrac{2x}{1+x^2}$;

(3) $y = e^{\arctan x}$; \qquad (4) $y = \ln(1+x^2)$;

(5) $y = \dfrac{x}{(x+3)^2}$; \qquad (6) $y = x + \dfrac{1}{x} \, (x > 0)$.

10. 函数 $y = x^2 - \dfrac{54}{x} \, (x < 0)$ 在何处取得最小值？

11. 函数 $y = \dfrac{x}{x^2+1} \, (x \geqslant 0)$ 在何处取得最大值？

3.5　数学建模——最优化

本节我们研究导数在若干经济学问题中的应用.

1. 平均成本最小化问题

成本函数 $C = C(x)$（x 是产量），图 3-13 是一个典型的成本函数的图像，注意到在前一段区间上曲线呈上凸型，因而切线斜率，也即边际成本函数在此区间上为单调下降，这反映了生产规模的效益.接着曲线上有一拐点，曲线随之变为上凹型，边际成本函数呈递增势态.引起这种变化的原因可能

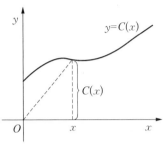

图 3-13

是由于超时工作带来的高成本，或者是生产规模过大带来的低效性.

定义每单位产品所承担的成本费用为**平均成本函数**，即

$$\overline{C}(x) = \frac{C(x)}{x} \ (x \text{ 是产量}).$$

注意到 $\dfrac{C(x)}{x}$ 正是图 3-13 曲线上纵坐标与横坐标之比，也正是曲线上一点与原点连线的斜率.易见 $\overline{C}(x)$ 在 $x = 0$ 处无定义，说明生产数量为零时，不能讨论平均成本.又由

$$\overline{C'}(x) = \frac{x C'(x) - C(x)}{x^2} = 0,$$

得

$$C'(x) = \frac{C(x)}{x},$$

即当边际成本函数等于平均成本时，平均成本达到最小.

例 3.57　设生产某产品时的固定成本为 10 000 元，可变成本与产品日产量 x 吨的立方成正比，已知日产量为 20 吨时，总成本为 10 320 元，问：日产量为多少吨时，能使平均成本最低？并求最低平均成本（假定日最高产量为 100 吨），以及相对应的边际成本.

解　设日产量为 x 吨，由题意得总成本函数为

$$C(x) = C_1(x) + C_0 = kx^3 + 10\ 000,$$

因为，当 $x = 20$ 时，

$$C(20) = k\ (20)^3 + 10\ 000 = 10\ 320,$$

解得比例系数 $k=0.04$，故

$$C(x)=0.04x^3+10\ 000\ (x\in[0,100]),$$

于是，平均成本函数

$$\overline{C}(x)=\frac{C(x)}{x}=0.04x^2+\frac{10\ 000}{x},\ x\in[0,100],$$

令

$$\frac{\mathrm{d}\overline{C}}{\mathrm{d}x}=0.08x-\frac{10\ 000}{x^2}=0,$$

解得唯一驻点：$x=50$.

因为

$$\left.\frac{\mathrm{d}^2\overline{C}}{\mathrm{d}x^2}\right|_{x=50}=0.08+\left.\frac{2\times10^4}{x^3}\right|_{x=50}>0,$$

所以，函数 $\overline{C}=\dfrac{C(x)}{x}$ 在 $x=50$ 时取得极小值，也是最小值，故当日产量是 50 吨时可使平均成本最低，最低平均成本为

$$\overline{C}\Big|_{x=50}=0.04\times50^2+\frac{10\ 000}{50}=300\ \text{元}/\text{吨}.$$

此时的边际成本 $C'(50)=0.12x^2\,|_{x=50}=300$ 元/吨，两者相同.

2. 存货成本最小化问题

商业的零售商店关心存货成本.假定一个商店每年销售 360 台计算器，商店可能通过一次整批订购所有计算器来保证营业，但是另一方面，店主将面临储存所有计算器所承担的持产成本（例如保险、房屋面积等）.于是他可能分成几批较小的订货单，例如 6 批，因而必须储存的最大数是 60.但是每次再订货，却要为文书工作、送货费用、劳动力等支付成本.因此，似乎在持产成本和再订购成本之间存在一个平衡点.下面将展示如何利用微分学来确定平衡点.先将问题最小化为下述函数：

$$\text{总存货成本}=(\text{年度持产成本})+(\text{年度再订购成本}).$$

所谓批量 x 是指每个再订购期所订货物的最大量，如果 x 是每期的订货量，则在那一时段，现有存货量是在 0 到 x 台之间的某个整数.为了得到一个关于在该期间的每个时刻的现有存货量的表示式，可以采用平均量 $x/2$ 来表示该年度的相应时段的平均存货量.

例 3.58 某零售电器商店每年销售 2 500 台电视机，库存一台电视机一年，商店需要花费 10 元，为了再订购，需付 20 元的固定成本，再每台另付 9 元，为了最小

化存货成本,商店应按多大的批量再订购且每年应订购几次?

解 设 x 表示批量,存货成本表示为

$$C(x) = (年度持产成本) + (年度再订购成本)$$

$$= 10 \cdot \frac{x}{2} + (20 + 9x) \cdot \frac{2\,500}{x}$$

$$= 5x + \frac{50\,000}{x} + 22\,500,$$

令 $C'(x) = 5 - \dfrac{50\,000}{x^2} = 0$,得唯一正驻点:$x = 100$. 由于在 $[1,\, 2\,500]$ 内,

$C''(x) = \dfrac{100\,000}{x^3} > 0$,所以在 $x = 100$ 处有最小值.因此,为了最小化存货成本,

商店应每年订货 $\dfrac{2\,500}{100} = 25$ 次,其批量是 100.

例 3.59 继续讨论上题,除了把存货成本 10 元改为 20 元,采用上题给出的所有数据,为使存货成本最小化,商店应按多大的批量再订购电视机且每年应订购几次?

解 把这个例子与上题作比较,求其存货成本,它变成

$$C(x) = 20 \cdot \frac{x}{2} + (20 + 9x) \frac{2\,500}{x} = 10x + \frac{50\,000}{x} + 22\,500,$$

令 $C'(x) = 10 - \dfrac{50\,000}{x^2} = 0$,得 $x = \sqrt{5\,000} \approx 70.7$. 因为每次再订购 70.7 台没有意义,考虑与 70.7 最接近的两个整数,它们是 70 与 71,现在有

$$C(70) = 23\,914.29 \text{ 元和} C(71) = 23\,914.23 \text{ 元},$$

由此可得,最小化存货成本的批量是 71.

3. 利润最大化问题

销售某商品的收入 R,等于产品的单位价格 P 乘以销售量 x,即 $R = P \cdot x$,而销售利润 L 等于收入 R 减去成本 C,即 $L = R - C$.

例 3.60 某工厂在一个月生产某产品 x 件时,总成本费为 $C(x) = 5x + 200$(万元),得到的收益为 $R(x) = 10x - 0.01x^2$(万元),问一个月生产多少产品时,所获利润最大?

解　由题设,知利润为

$$L(x) = R(x) - C(x) = 10x - 0.01x^2 - 5x - 200$$
$$= 5x - 0.01x^2 - 200(0 < x < +\infty),$$

显然最大利润一定在$(0, +\infty)$内取得,令

$$L'(x) = 5 - 0.02x = 0,$$

得$x = 250$. 又

$$L''(x) = -0.02 < 0,$$

所以$L(250) = 425$万元为L的最大值,从而一个月生产250件产品时,最大利润为425万元.

习　题　3.5

1. 生产某产品,每日固定成本为100元,每多生产一个单位产品,成本增加20元,该产品的需求函数为$Q = 17 - \dfrac{P}{20}$,写出每日总成本函数和总利润函数,并求边际成本函数和边际利润函数.

2. 制造和销售每个背包的成本为C元,如果每个背包的售价为x元,得出可卖出的背包数由$n = 100 - (C+1)x^2$给出,其中$C < 100$. 问什么样的售价能带来最大利润?

3. 把长为l的线段截为两段,怎样截才能使以这两段为边组成的矩形的面积最大?

4. 从一块边长为a的正方形铁皮的各角上截去相等的方块,做成一个无盖的盒子,问截去多少,才能使做成的盒子容积最大?

3.6　函数图形的描绘

对于一个函数,若能作出其图形,就能从直观上了解该函数的性态特征、并可从其图形上清楚地看出因变量与自变量之间的相互依赖关系.中学数学利用描点法来作函数的图形.这种方法常会遗漏曲线的一些关键点,如极值点、拐点等,使得曲线的单调性、凹凸性等一些函数的重要性质难以准确地显示出来.本节利用导数描绘函数$y = f(x)$的图形.

3.6.1 渐近线

有些函数的定义域是有限区间,其图形仅局限于一定的范围内,如圆、椭圆等. 有些函数的定义域或值域是无穷区间,其图形向无穷远处延伸,如双曲线、抛物线等.为了把握曲线在无限变化中的趋势,首先介绍曲线的渐近线的概念.

定义 3.4 当曲线 $y=f(x)$ 上的一动点 p 沿着曲线趋于无穷远时,如果该点 p 与某定直线 l 的距离趋于零,那么直线 l 称为曲线 $y=f(x)$ 的**渐近线**.

1. 水平渐近线

设函数 $y=f(x)$ 的定义域是无穷区间,且

$$\lim_{x \to \infty} f(x) = C,$$

那么称 $y=C$ 是曲线 $y=f(x)$ 当 $x \to \infty$ 时的**水平渐近线**.类似地,可以定义 $x \to +\infty$ 或 $x \to -\infty$ 时的水平渐近线.

2. 竖直渐近线

设函数 $y=f(x)$ 在点 x_0 处间断,且

$$\lim_{x \to x_0^+} f(x) = \infty \quad \text{或} \quad \lim_{x \to x_0^-} f(x) = \infty,$$

那么称直线 $x=x_0$ 是曲线 $y=f(x)$ 的**竖直渐近线**.

例如,直线 $y=0$(即 x 轴)和直线 $x=1$ 分别是曲线 $y=\dfrac{1}{x-1}$ 的水平、竖直渐近线.

3. 斜渐近线

设函数 $y=f(x)$,直线 $y=ax+b$,如果

$$\lim_{x \to \infty} [f(x) - (ax+b)] = 0,$$

那么称 $y=ax+b$ 是曲线 $y=f(x)$ 的**斜渐近线**.

类似地可定义 $x \to +\infty$ 或 $x \to -\infty$ 时的斜渐近线.

下面给出求 a,b 的公式,其中

$$a = \lim_{x \to \infty} \frac{f(x)}{x},$$
$$b = \lim_{x \to \infty} [f(x) - ax].$$

注意 (1) 如果 $\lim\limits_{x \to \infty} \dfrac{f(x)}{x}$ 不存在,或虽然它存在但 $\lim\limits_{x \to \infty}[f(x)-ax]$ 不存

在,则可以断定 $y=f(x)$ 不存在斜渐近线.

(2) 若最后算出的渐近线中 $a=0$,则其退化为水平渐近线.

例 3.61 求曲线 $y=\dfrac{x^2}{2x-1}$ 的渐近线.

解 由于

$$\lim_{x \to \frac{1}{2}} \frac{x^2}{2x-1}=\infty, \ \lim_{x \to \infty} \frac{x^2}{2x-1}=\infty,$$

可见该曲线有竖直渐近线 $x=\dfrac{1}{2}$ 而无水平渐近线,又由于

$$\lim_{x \to \infty} \frac{f(x)}{x}=\frac{x^2}{x(2x-1)}=\frac{1}{2}=a,$$

$$\lim_{x \to \infty} \left[\frac{x^2}{2x-1}-\frac{1}{2}x\right]=\lim_{x \to \infty} \frac{x}{2(2x-1)}=\frac{1}{4}=b,$$

所以直线 $y=\dfrac{1}{2}x+\dfrac{1}{4}$ 是曲线的斜渐近线.

3.6.2 函数图形的描绘

现在可以应用前面所学的知识来描绘函数的图形,具体步骤如下:

(1) 确定函数的定义域,研究函数特性:奇偶性、周期性、有界性等,求出 $f'(x)$ 和 $f''(x)$;

(2) 求出 $f'(x)$ 和 $f''(x)$ 在函数定义域内的全部零点,并求出 $f(x)$ 的间断点以及 $f'(x)$ 和 $f''(x)$ 不存在的点,用这些点将定义域划分为若干个部分区间;

(3) 用列表的方式,确定在每个部分区间内函数的 $f'(x)$ 和 $f''(x)$ 的符号,以及单调性、凹凸性、极值、拐点;

(4) 确定函数图形的渐近线及其他变化趋势;

(5) 建立坐标系并描点作图,其中描点包括:极值点、拐点,可添加一些辅助作图点.

例 3.62 作函数 $f(x)=x^3-x^2-x+1$ 的图形.

解 定义域为 $(-\infty, +\infty)$,无奇偶性及周期性.

$f'(x)=(3x+1)(x-1)$,$f''(x)=2(3x-1)$,令 $f'(x)=0$,得驻点:$x=-\dfrac{1}{3}, x=1$,

令 $f''(x)=0$，得 $x=\dfrac{1}{3}$，如表 3-7 所示：

表 3-7

x	$\left(-\infty,-\dfrac{1}{3}\right)$	$-\dfrac{1}{3}$	$\left(-\dfrac{1}{3},\dfrac{1}{3}\right)$	$\dfrac{1}{3}$	$\left(\dfrac{1}{3},1\right)$	1	$(1,+\infty)$
$f'(x)$	$+$	0	$-$		$-$	0	$+$
$f''(x)$	$-$	<0	$-$		$+$	>0	$+$
$f(x)$	↗凸	极大 $\dfrac{32}{27}$	↘凸	拐点 $\left(\dfrac{1}{3},\dfrac{16}{27}\right)$	↘凹	极小 0	↗凹

补充点：$(1,0),(0,1),\left(\dfrac{3}{2},\dfrac{5}{8}\right)$，作图 3-14 如下：

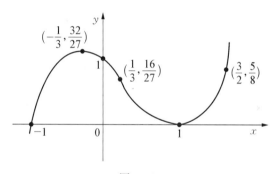

图 3-14

习 题 3.6

1. 求下列曲线的渐近线：

(1) $y=\mathrm{e}^{-\frac{1}{x}}$；

(2) $y=x+\mathrm{e}^{-x}$.

2. 作出下列函数的图形：

(1) $y=\dfrac{x^2}{x^2-1}$；

(2) $y=\mathrm{e}^{\frac{1}{x}}$；

(3) $y=\dfrac{\ln x}{x}$；

(4) $y=x^2\mathrm{e}^{\frac{1}{x}}$；

(5) $y = x\sqrt{3-x}$;　　　　　　　　　(6) $y = x^2 + \dfrac{1}{x}$.

3. 某产品的价值 V(单位：元),随时间 t(月)而下降,其中

$$V(t) = 50 - \frac{25t^2}{(t+2)^2} (元),$$

(1) 求 $V(0)$, $V(5)$, $V(10)$, $V(70)$;

(2) 求在区间 $[0, +\infty)$ 上该产品的极大值;

(3) 求 $\lim\limits_{t \to \infty} V(t)$;

(4) 画出 V 的图形.

4. 求下列曲线的渐近线：

(1) $y = x + \ln x$;　　　　　　　　　(2) $y = \dfrac{x^3}{(x-1)^2}$;

(3) $y = \ln(1 + e^x)$;　　　　　　　　(4) $y = \dfrac{x}{(x+2)^2}$;

(5) $y = \ln(1 + x^2)$;　　　　　　　　(6) $y = x + \dfrac{2x}{x^2 - 1}$.

本 章 小 结

中值定理 —— 罗尔中值定理及几何意义
拉格朗日中值定理
柯西中值定理
洛必达法则
泰勒中值定理
麦克劳林公式
常用初等函数的麦克劳林公式

导数的应用一 —— 函数的单调性
曲线的凹凸性
函数的极值
函数极值的求法
函数的最值
经济学中的应用

导数的应用二 —— 水平渐近线
竖直渐近线
斜渐近线
函数图形的描绘

中值定理与导数的应用

习 题 3

1. 当 $a > b > 0$，$n > 1$ 时，证明：$nb^{n-1}(a-b) < a^n - b^n < na^{n-1}(a-b)$.

2. 设 $f(x)$ 在 $[0,1]$ 可导，且 $0 < f(x) < 1$，对于任何 $x \in (0,1)$ 都有 $f'(x) \neq 1$，证明：在 $(0,1)$ 内，有且仅有一个数 ξ，使 $f(\xi) = \xi$.

3. 证明：多项式 $f(x) = x^3 - 3x + a$ 在 $[0,1]$ 上不可能有两个零点.

4. 求下列极限：

(1) $\lim\limits_{x \to 0}\left(\dfrac{1+x}{1-e^{-x}} - \dfrac{1}{x}\right)$；

(2) $\lim\limits_{x \to 0}\dfrac{(1-\cos x)[x - \ln(1+\tan x)]}{\sin^4 x}$；

(3) $\lim\limits_{x \to 0}\left[\dfrac{1}{\ln(x+\sqrt{1+x^2})} - \dfrac{1}{\ln(1+x)}\right]$；

(4) $\lim\limits_{x \to 0}\dfrac{\sqrt{1+\tan x} - \sqrt{1+\sin x}}{x\ln(1+x) - x^2}$（提示：利用泰勒公式进行展开）.

5. 求函数 $f(x) = \begin{cases} x^2 - 3x + 1, & x < 0 \\ \sqrt[3]{(x^2-1)^2}, & x \geqslant 0 \end{cases}$ 的单调区间.

6. 设 $f(x) = \ln(1+x)$，$x \in (-1, 1)$，由拉格朗日中值定理得 $\forall x > 0$，$\exists \theta \in (0, 1)$，使得 $\ln(1+x) - \ln(1+0) = \dfrac{x}{1+\theta x}$，证明：$\lim\limits_{x \to 0} \theta = \dfrac{1}{2}$.

7. 证明恒等式：$3\arccos x - \arccos(3x - 4x^3) = \pi$，$|x| \leqslant \dfrac{1}{2}$.

8. 设 $f(x)$ 在 $[0, a]$ 上连续，在 $(0, a)$ 内可导，且 $f(0) = 0$，$f'(x)$ 单调增加，证明：在 $[0, a]$ 内 $\dfrac{f(x)}{x}$ 也单调增加.

9. 求下列函数的拐点及凹凸区间：

(1) $y = x\mathrm{e}^{-x}$；   (2) $y = 1 + \sqrt[3]{x-2}$.

10. 设 $f(x) = x^3 + ax^2 + bx$ 在 $x = 1$ 处有极值 -2，确定系数 a, b，并求 $y = f(x)$ 的所有极值点和拐点.

11. 求下列函数的极值：

(1) $y = 2\mathrm{e}^x + \mathrm{e}^{-x}$；   (2) $y = x + \tan x$.

12. 求椭圆 $x^2 - xy + y^2 = 3$ 上纵坐标最大和最小的点.

13. 将长为 a 的铁丝切成两段，一段围成正方形，一段围成圆，问两段铁丝各为多长时，正方形与圆的面积之和最小？

14. 设 $a > 0$，求 $f(x) = \dfrac{1}{1+|x|} + \dfrac{1}{1+|x-a|}$ 的最大值.

15. 已知某厂生产件产品的成本为 $C = 25\,000 + 200x + \dfrac{1}{40}x^2$（元），问：

(1) 若让平均成本最小，应生产多少件产品？
(2) 若产品以每件 500 元出售，要使利润最大，应生产多少件产品？

4　不　定　积　分

积分学的基本任务是要解决两类问题：一是求原函数；二是求和的极限.由前一问题产生了不定积分的概念；由后一问题产生了定积分的概念.求不定积分和定积分的方法称为积分法.积分学由不定积分和定积分两部分组成.本章首先介绍不定积分,它是微分的逆运算.

4.1　不定积分的概念与性质

4.1.1　原函数的概念

微分学的基本问题是寻求一个已知函数的导数.在实践中,还广泛地存在着与此相反的问题.即已知一个函数的导数,反过来求原函数的过程.自然界的许多现象可以利用微分方程来描述,而对微分方程的求解,本质上就是求不定积分.

定义 4.1　设 $F(x)$ 与 $f(x)$ 是定义在某区间上的函数,如果在该区间上有 $F'(x) = f(x)$ 或 $\mathrm{d}F(x) = f(x)\mathrm{d}x$,则称函数 $F(x)$ 是 $f(x)$ 在该区间上的一个**原函数**.

例如 x^3 是 $3x^2$ 在区间 $(-\infty, +\infty)$ 内的一个原函数,因为在该区间上任一点 x 都有 $(x^3)' = 3x^2$.不难看出,$x^3 + 4$,$x^3 - 5$ 等也都是 $3x^2$ 在该区间的原函数.

一般地,如果 $F(x)$ 是 $f(x)$ 在某区间上的一个原函数,那么函数族 $F(x) + C(C$ 为任意常数$)$ 都是 $f(x)$ 在该区间上的原函数.可见,如果 $f(x)$ 有原函数,那么它就有**无穷多个原函数**.

另外一个问题：函数族 $F(x) + C$ 是否包含了 $f(x)$ 的全体原函数呢？

设 $\varphi(x)$ 是 $f(x)$ 的任意一个原函数,那么 $\varphi'(x) = f(x)$,但已知 $F'(x) = f(x)$,所以 $\varphi'(x) = F'(x)$,则由推论 3.2 有 $\varphi(x) - F(x) = C$,即 $\varphi(x) = F(x) + C$.

因此,若 $F(x)$ 是 $f(x)$ 的一个原函数,则原函数是 $F(x) + C$ 包含了原函数的全体,它们**彼此之间只相差一个常数**.

定理 4.1　区间 I 上的连续函数一定有原函数.

注意 （1）如果一个函数 $f(x)$ 有一个原函数，那么 $f(x)$ 就有无限多个原函数.这是因为，若 $F'(x)=f(x)$，则对任一常数 C，

$$[F(x)+C]'=f(x);$$

（2）要求 $f(x)$ 的原函数，若求得一个原函数 $F(x)$，其全体原函数为

$$F(x)+C \quad (C \text{ 为任意常数}).$$

4.1.2 不定积分的概念

定义 4.2 函数 $f(x)$ 的原函数的全体 $F(x)+C$ 称为 $f(x)$ 的**不定积分**，记作 $\int f(x)\mathrm{d}x$，其中 "$\int$" 称为积分号，$f(x)\mathrm{d}x$ 称为**被积表达式**，$f(x)$ 称为**被积函数**，x 称为**积分变量**，C 称为**积分常数**.

注意 （1）求函数 $f(x)$ 不定积分，只需求出它的一个原函数，再加上任意常数 C；

（2）积分常数 C 是必不可少的，且正是由于表达式 $F(x)+C$ 中有一个 C，才称为不定积分.

通常把求不定积分的方法称为**积分法**.

例 4.1 求不定积分 $\int \sin x \, \mathrm{d}x$.

解 因为 $(-\cos x)'=\sin x$，所以 $\int \sin x \, \mathrm{d}x = -\cos x + C$.

例 4.2 求不定积分 $\int \dfrac{1}{x}\mathrm{d}x$.

解 当 $x>0$ 时，$(\ln x)'=\dfrac{1}{x}$，所以 $\int \dfrac{1}{x}\mathrm{d}x = \ln x + C$；

当 $x<0$ 时，$[\ln(-x)]'=\dfrac{1}{x}$，所以 $\int \dfrac{1}{x}\mathrm{d}x = \ln(-x) + C$，

故 $\int \dfrac{1}{x}\mathrm{d}x = \ln|x| + C \ (x \neq 0)$.

例 4.3 某商品的边际成本为 $100-2x$，求总成本函数 $C(x)$.

解 $C(x)=\int (100-2x)\mathrm{d}x = 100x - x^2 + C$，其中的任意常数 C 可由固定成本来确定.

例 4.4 求 $\int (4x^3 + e^x + \cos x)\mathrm{d}x$.

解 由于 $(x^4 + e^x + \sin x)' = 4x^3 + e^x + \cos x.$

所以 $\int (4x^3 + e^x + \cos x) \mathrm{d}x = x^4 + e^x + \sin x + C.$

4.1.3 不定积分的几何意义

函数 $f(x)$ 的一个原函数 $y = F(x)$ 表示一条曲线,称为 $f(x)$ 一条**积分曲线**. 不定积分 $\int f(x) \mathrm{d}x$(即原函数 $F(x) + C$)表示一族曲线,称为 $f(x)$ 的**积分曲线族**.

积分曲线族具有以下性质:

(1) 在 $f(x)$ 的任何一条积分曲线 $y = F(x)$ 的任意一点 $[x_0, F(x_0)]$ 处,切线斜率都是已知的.这是因为 $F'(x_0) = f(x_0)$ 是已知的;

(2) 积分曲线族中的任意一条曲线均可由族中某一条曲线经过沿 y 轴的适当平行移动而得到;

(3) 对于同一 x_0,族中各曲线在该点的切线彼此平行.

例 4.5 求过点 $(2, 5)$ 且切线斜率为 $2x$ 的曲线.

解 设所求曲线方程为 $y = F(x)$,由题意知,$F'(x) = 2x$,即 $F(x)$ 是 $2x$ 的一个原函数,$2x$ 的全体函数为

$$\int 2x \mathrm{d}x = x^2 + C,$$

所求曲线是曲线族 $y = x^2 + C$ 中的一条,由该曲线经过点 $(2, 5)$ 知,

$$5 = 4 + C, \text{得 } C = 1,$$

故所求曲线的方程为 $y = x^2 + 1$.

4.1.4 不定积分的性质

性质 4.1 一个函数积分后微分,等于这个函数.

$$\frac{\mathrm{d}}{\mathrm{d}x} \int f(x) \mathrm{d}x = f(x) \quad \text{或} \quad \mathrm{d}\int f(x) \mathrm{d}x = f(x) \mathrm{d}x.$$

性质 4.2 一个函数微分后积分,等于这个函数加上任意常数.

$$\int f'(x) \mathrm{d}x = f(x) + C \quad \text{或} \quad \int \mathrm{d}f(x) = f(x) + C.$$

说明 不定积分的导数等于被积函数,不定积分的微分等于被积式.积分与微

分互为逆运算.

性质 4.3   两个函数代数和的不定积分等于各个函数不定积分的代数和.

$$\int [f(x) \pm g(x)]\mathrm{d}x = \int f(x)\mathrm{d}x \pm \int g(x)\mathrm{d}x.$$

性质 4.4   被积函数中的不为零的常数因子可以移到积分号外.

$$\int kf(x)\mathrm{d}x = k\int f(x)\mathrm{d}x.$$

性质 4.5   如果 $\int f(x)\mathrm{d}x = F(x) + C$，$u$ 为 x 的任何可微函数，则有 $\int f(u)\mathrm{d}x = F(u) + C.$ 此性质称为**积分形式的不变性**.

4.1.5 基本积分表

(1) $\int k\,\mathrm{d}x = kx + C$ （k 是常数）；

(2) $\int x^{\mu}\mathrm{d}x = \dfrac{1}{\mu+1}x^{\mu+1} + C$ （$\mu \neq -1$）；

(3) $\int \dfrac{1}{x}\mathrm{d}x = \ln|x| + C$；

(4) $\int \mathrm{e}^{x}\mathrm{d}x = \mathrm{e}^{x} + C$；

(5) $\int a^{x}\mathrm{d}x = \dfrac{a^{x}}{\ln a} + C$；

(6) $\int \cos x\,\mathrm{d}x = \sin x + C$；

(7) $\int \sin x\,\mathrm{d}x = -\cos x + C$；

(8) $\int \dfrac{1}{\cos^{2}x}\mathrm{d}x = \int \sec^{2}x\,\mathrm{d}x = \tan x + C$；

(9) $\int \dfrac{1}{\sin^{2}x}\mathrm{d}x = \int \csc^{2}x\,\mathrm{d}x = -\cot x + C$；

(10) $\int \dfrac{1}{1+x^{2}}\mathrm{d}x = \arctan x + C$；

(11) $\int \dfrac{1}{\sqrt{1-x^{2}}}\mathrm{d}x = \arcsin x + C$；

$(12) \displaystyle\int \sec x \tan x \, \mathrm{d}x = \sec x + C;$

$(13) \displaystyle\int \csc x \cot x \, \mathrm{d}x = -\csc x + C;$

$(14) \displaystyle\int \tan x \, \mathrm{d}x = -\ln |\cos x| + C;$

$(15) \displaystyle\int \cot x \, \mathrm{d}x = \ln |\sin x| + C;$

$(16) \displaystyle\int \sec x \, \mathrm{d}x = \ln |\sec x + \tan x| + C;$

$(17) \displaystyle\int \csc x \, \mathrm{d}x = \ln |\csc x - \cot x| + C.$

4.1.6　直接积分法

直接运用或经过适当恒等变换后运用基本积分公式和不定积分的性质进行积分的方法,称为**直接积分法**.

例 4.6　求 $\displaystyle\int \sqrt[3]{x^2} \, \mathrm{d}x.$

解　$\displaystyle\int \sqrt[3]{x^2} \, \mathrm{d}x = \int x^{\frac{2}{3}} \, \mathrm{d}x = \frac{3}{5} x^{\frac{5}{3}} + C.$

例 4.7　求 $\displaystyle\int \left(\frac{1}{x} - 3^x + \cos x \right) \mathrm{d}x.$

解　$\displaystyle\int \left(\frac{1}{x} - 3^x + \cos x \right) \mathrm{d}x = \int \frac{1}{x} \, \mathrm{d}x - \int 3^x \, \mathrm{d}x + \int \cos x \, \mathrm{d}x = \ln |x| - \frac{3^x}{\ln 3} +$
$\sin x + C.$

注意　(1) 从例 4.6、4.7 中可知,哪一步不含积分号,就要从这一步开始加上积分常数 C,在分项积分后应有多个任意常数,但由于常数之和仍是常数,因此只写一个常数即可;

(2) 检验积分结果正确与否,只要把结果求导,看导数是否等于被积函数.

例 4.8　求 $\displaystyle\int \frac{x^2}{1+x^2} \, \mathrm{d}x.$

解　由于基本积分公式中没有这样类型的积分,可以将被积函数变形,化为公式中所列类型的形式.

$$\int \frac{x^2}{1+x^2} \, \mathrm{d}x = \int \frac{x^2+1-1}{1+x^2} \, \mathrm{d}x = \int \mathrm{d}x - \int \frac{1}{1+x^2} \, \mathrm{d}x = x - \arctan x + C.$$

例 4.9　求 $\displaystyle\int \frac{x^2 - 5x + 6}{x - 3} \mathrm{d}x$.

解　$\displaystyle\int \frac{x^2 - 5x + 6}{x - 3} \mathrm{d}x = \int (x - 2) \mathrm{d}x = \frac{x^2}{2} - 2x + C.$

例 4.10　求 $\displaystyle\int \cos^2 \frac{x}{2} \mathrm{d}x$.

解　先利用三角恒等变换,然后再积分.

$$\int \cos^2 \frac{x}{2} \mathrm{d}x = \int \frac{1 + \cos x}{2} \mathrm{d}x = \frac{1}{2}\int \mathrm{d}x + \frac{1}{2}\int \cos x \, \mathrm{d}x = \frac{x + \sin x}{2} + C.$$

例 4.11　求 $\displaystyle\int \tan^2 x \, \mathrm{d}x$.

解　$\displaystyle\int \tan^2 x \, \mathrm{d}x = \int (\sec^2 x - 1) \mathrm{d}x = \tan x - x + C.$

例 4.12　求 $\displaystyle\int \sqrt{x}\,(x - 3) \mathrm{d}x$.

分析　根据不定积分的线性性质,将被积函数分为两项,分别积分.

解　$\displaystyle\int \sqrt{x}\,(x - 3) \mathrm{d}x = \int x^{\frac{3}{2}} \mathrm{d}x - 3\int x^{\frac{1}{2}} \mathrm{d}x = \frac{2}{5} x^{\frac{5}{2}} - 2x^{\frac{3}{2}} + C.$

例 4.13　求不定积分 $\displaystyle\int \frac{1}{\sin^2 x \, \cos^2 x} \mathrm{d}x$.

解　$\displaystyle\int \frac{1}{\sin^2 x \, \cos^2 x} \mathrm{d}x = \int \frac{\sin^2 x + \cos^2 x}{\sin^2 x \, \cos^2 x} \mathrm{d}x = \left(\int \frac{1}{\sin^2 x} + \int \frac{1}{\cos^2 x} \right) \mathrm{d}x = \tan x -$

$\cot x + C.$

例 4.14　$\displaystyle\int \frac{1}{x^2(1 + x^2)} \mathrm{d}x$.

解　$\displaystyle\int \frac{1}{x^2(1 + x^2)} \mathrm{d}x = \int \left(\frac{1}{x^2} - \frac{1}{1 + x^2} \right) \mathrm{d}x = \int \frac{1}{x^2} \mathrm{d}x - \int \frac{1}{1 + x^2} \mathrm{d}x =$

$-\dfrac{1}{x} - \arctan x + C.$

$$\vdots\quad \text{习 题 }\ 4.1\quad \vdots$$

1. 验证:在 $(-\infty,\ +\infty)$ 内,$\sin^2 x$,$-\dfrac{1}{2}\cos 2x$,$-\cos^2 x$ 都是同一函数的原

函数.

2. 计算下列不定积分：

(1) $\int (x^2 + 2x - 5)\mathrm{d}x$；

(2) $\int (x^{\frac{2}{3}} + 3^x - 5)\mathrm{d}x$；

(3) $\int (1 + x^3)^2 \mathrm{d}x$；

(4) $\int (\sqrt{2}\,x^3 - 3\mathrm{e}^x + 3\cos x - 5)\mathrm{d}x$；

(5) $\int \dfrac{2}{x^3}\mathrm{d}x$；

(6) $\int x^2 \sqrt[3]{x}\,\mathrm{d}x$；

(7) $\int (x^2 + 1)^2 \mathrm{d}x$；

(8) $\int \dfrac{x^2 - 3x + 2}{\sqrt{x}}\mathrm{d}x$；

(9) $\int \left(\dfrac{1}{\sqrt{x}} + \dfrac{1}{x^2} \right)\mathrm{d}x$；

(10) $\int (\sqrt{x} + 1)(\sqrt{x^3} - 1)\mathrm{d}x$；

(11) $\int \left(2\mathrm{e}^x + \dfrac{3}{x} \right)\mathrm{d}x$；

(12) $\int \mathrm{e}^x \left(1 - \dfrac{\mathrm{e}^{-x}}{\cos^2 x} \right)\mathrm{d}x$；

(13) $\int 5^x \mathrm{e}^x \mathrm{d}x$；

(14) $\int (\mathrm{e}^x + 3\sin x + \sec^2 x)\mathrm{d}x$；

(15) $\int \cot^2 x\,\mathrm{d}x$；

(16) $\int (\sec x - \tan x)\sec x\,\mathrm{d}x$；

(17) $\int \cos^2 \dfrac{x}{2}\mathrm{d}x$；

(18) $\int \dfrac{1}{1 + \cos 2x}\mathrm{d}x$；

(19) $\int \dfrac{1}{1 + \sin x}\mathrm{d}x$；

(20) $\int \dfrac{\cos 2x}{\cos x - \sin x}\mathrm{d}x$；

(21) $\int \sqrt{x\sqrt{x\sqrt{x}}}\,\mathrm{d}x$；

(22) $\int \sqrt{\dfrac{1-x}{1+x}} + \sqrt{\dfrac{1+x}{1-x}}\,\mathrm{d}x$；

(23) $\int \dfrac{1 + \cos^2 x}{1 + \cos 2x}\mathrm{d}x$；

(24) $\int \dfrac{\mathrm{e}^{3x} - 1}{\mathrm{e}^x - 1}\mathrm{d}x$.

3. 已知一曲线通过点 $(1, -1)$，且曲线上任一点处的切线斜率等于该点横坐标的倒数，求该曲线的方程.

4. 已知 $f(x) = k\tan 2x$ 的一个原函数是 $\dfrac{2}{3}\ln\cos 2x$，求常数 k.

5. 已知 $\int f(x+1)\mathrm{d}x = x\mathrm{e}^{x+1} + C$，求函数 $f(x)$.

6. 设 $f(x)$ 是 $(-\infty, +\infty)$ 内的连续的奇函数，$F(x)$ 是它的一个原函数，证明 $F(x)$ 是偶函数.

7. 某企业的边际收益是 $R'(x) = 100 - 0.01x$（其中 x 为产品的产量），且当产

量 $x=0$ 时,收益 $R=0$,求收益函数 $R(x)$ 和平均收益函数.

8. 设 $\int xf(x)\mathrm{d}x=\arccos x+C$,求 $f(x)$.

4.2　换元积分法

能利用基本积分公式和不定积分性质求得的不定积分是非常有限的.因此,必须进一步研究积分方法.本节和下一节中讲的换元积分法和分部积分法是两个基本积分法则,它们的主要思想是把欲求积分逐步转化为可用基本公式计算的积分.

换元积分法亦称变量代换法.就是将积分变量作适当的变换,使被积式化成与某一基本公式相同的形式,从而求得原函数,它是将复合函数求导法则反过来使用的一种积分法.

4.2.1　第一类换元法(凑微分法)

例 4.15　求 $\int 2\sin(2x+1)\mathrm{d}x$.

这个积分在基本公式中查不到,但可用变量代换的方法转化.

解　设 $u=2x+1$,则 $\mathrm{d}u=2\mathrm{d}x$,$\int 2\sin(2x+1)\mathrm{d}x=\int \sin u\,\mathrm{d}u=-\cos u+C$,因为原来的积分中积分变量为 x,所以还要将 $u=2x+1$ 代回,得到

$$\int 2\sin(2x+1)\mathrm{d}x=-\cos(2x+1)+C.$$

如果不定积分 $\int f(x)\mathrm{d}x$ 用直接积分法不易求得,但被积函数可分解为

$$f(x)=g[\varphi(x)]\varphi'(x)$$

作变量代换 $u=\varphi(x)$,并注意到 $\varphi'(x)\mathrm{d}x=\mathrm{d}\varphi(x)$,则可将关于变量 x 的积分转化为关于变量 u 的积分,于是有

$$\int f(x)\mathrm{d}x=\int g[\varphi(x)]\varphi'(x)\mathrm{d}x=\int g(u)\mathrm{d}u.$$

如果 $\int g(u)\mathrm{d}u$ 可以求出,不定积分 $\int f(x)\mathrm{d}x$ 的计算问题就解决了.这就是**第一类换元法(凑微分法)**.

从上述可得到,第一类换元法经过"分离"、"凑微分"、"换元"、"求积分"、"代回"等几个步骤.

例 4.16 求 $\int x^2 e^{x^3} dx$.

解 设 $u = x^3$,则 $du = 3x^2 dx$,$\int x^2 e^{x^3} dx = \frac{1}{3} \int e^u du = \frac{1}{3} e^u + C = \frac{1}{3} e^{x^3} + C$.

有时为了方便或变量代换较熟练后,不一定写出中间变量 u.因此,上例也可写成

$$\int x^2 e^{x^3} dx = \frac{1}{3} \int e^{x^3} d(x^3) = \frac{1}{3} e^{x^3} + C.$$

例 4.17 求 $\int \frac{dx}{\sin x}$.

解 1 $\int \frac{dx}{\sin x} = \int \frac{\sin x}{\sin^2 x} dx = -\int \frac{1}{1 - \cos^2 x} d(\cos x) = \int \frac{d(\cos x)}{\cos^2 x - 1}$

令 $u = \cos x$.则原式可改写为

$$\int \frac{du}{(u-1)(u+1)} = \frac{1}{2} \int \left(\frac{1}{u-1} - \frac{1}{u+1} \right) du$$

$$= \frac{1}{2} \ln |u-1| - \frac{1}{2} \ln |u+1| + C$$

$$= \frac{1}{2} \ln \left| \frac{u-1}{u+1} \right| + C.$$

从而代回 $u = \cos x$ 可得

$$\int \frac{1}{\sin x} dx = \frac{1}{2} \ln \left| \frac{\cos x - 1}{\cos x + 1} \right| + C = \frac{1}{2} \ln \left| \frac{(1 - \cos x)^2}{1 - \cos^2 x} \right| + C$$

$$= \ln \left| \frac{1 - \cos x}{\sin x} \right| + C = \ln |\csc x - \cot x| + C.$$

解 2 $\int \frac{dx}{\sin x} = \int \frac{dx}{2 \sin \frac{x}{2} \cos \frac{x}{2}} = \int \frac{d\left(\frac{x}{2} \right)}{\tan \frac{x}{2} \cos^2 \frac{x}{2}} = \int \frac{d\left(\tan \frac{x}{2} \right)}{\tan \frac{x}{2}}$

$$= \ln \left| \tan \frac{x}{2} \right| + C.$$

由于 $\tan \dfrac{x}{2} = \dfrac{\sin \dfrac{x}{2}}{\cos \dfrac{x}{2}} = \dfrac{2\sin^2 \dfrac{x}{2}}{\sin x} = \dfrac{1-\cos x}{\sin x} = \csc x - \cot x$,

所以, $$\int \dfrac{\mathrm{d}x}{\sin x} = \ln|\csc x - \cot x| + C.$$

例 4.18 求 $\displaystyle\int \dfrac{\mathrm{d}x}{\sin x \cos x}$.

解 1 倍角公式 $\sin 2x = 2\sin x \cos x$,

$$\int \dfrac{\mathrm{d}x}{\sin x \cos x} = \int \dfrac{2\mathrm{d}x}{\sin 2x} = \int \csc 2x \, \mathrm{d}(2x) = \ln|\csc 2x - \cot 2x| + C.$$

解 2 将被积函数凑出 $\tan x$ 的函数和 $\tan x$ 的导数.

$$\int \dfrac{\mathrm{d}x}{\sin x \cos x} = \int \dfrac{\cos x}{\sin x \, \cos^2 x} \mathrm{d}x = \int \dfrac{1}{\tan x} \sec^2 x \, \mathrm{d}x$$
$$= \int \dfrac{1}{\tan x} \mathrm{d}\tan x = \ln|\tan x| + C.$$

解 3 三角公式 $\sin^2 x + \cos^2 x = 1$,然后凑微分.

$$\int \dfrac{\mathrm{d}x}{\sin x \cos x} = \int \dfrac{\sin^2 x + \cos^2 x}{\sin x \cos x} \mathrm{d}x = \int \dfrac{\sin x}{\cos x} \mathrm{d}x + \int \dfrac{\cos x}{\sin x} \mathrm{d}x$$
$$= -\int \dfrac{\mathrm{d}\cos x}{\cos x} + \int \dfrac{\mathrm{d}\sin x}{\sin x}$$
$$= -\ln|\cos x| + \ln|\sin x| + C = \ln|\tan x| + C.$$

例 4.19 求 $\displaystyle\int \dfrac{\mathrm{d}x}{\mathrm{e}^x + \mathrm{e}^{-x}}$.

解 凑微分:

$$\dfrac{\mathrm{d}x}{\mathrm{e}^x + \mathrm{e}^{-x}} = \dfrac{\mathrm{e}^x \mathrm{d}x}{\mathrm{e}^{2x} + 1} = \dfrac{\mathrm{d}\mathrm{e}^x}{1 + \mathrm{e}^{2x}} = \dfrac{\mathrm{d}\mathrm{e}^x}{1 + (\mathrm{e}^x)^2}.$$

故,

$$\int \dfrac{\mathrm{d}x}{\mathrm{e}^x + \mathrm{e}^{-x}} = \int \dfrac{\mathrm{e}^x \mathrm{d}x}{\mathrm{e}^{2x} + 1} = \int \dfrac{\mathrm{d}\mathrm{e}^x}{1 + (\mathrm{e}^x)^2} = \arctan \mathrm{e}^x + C.$$

由此可见,用换元法求解不定积分时,中间变量的取法不是唯一的,答案的形式也不是唯一的,但实质应是一致的.

例 4.20　求不定积分 $\displaystyle\int \sec^7 x \tan x \, \mathrm{d}x$.

解　$\displaystyle\int \sec^7 x \tan x \, \mathrm{d}x = \int \sec^6 x \, \mathrm{d}(\sec x)$. 令 $u = \sec x$,则原式转化为

$$\int \sec^6 x \, \mathrm{d}(\sec x) = \int u^6 \, \mathrm{d}u = \frac{1}{7} u^7 + C.$$

代回 $u = \sec x$,可知 $\displaystyle\int \sec^7 x \tan x \, \mathrm{d}x = \frac{1}{7} \sec^7 x + C.$

例 4.21　求不定积分 $\displaystyle\int \sin^4 x \, \mathrm{d}x$.

解　我们先将被积函数作如下的降次变换.

$$\sin^4 x = (\sin^2 x)^2 = \left(\frac{1 - \cos 2x}{2}\right)^2 = \frac{1}{4} - \frac{1}{2} \cos 2x + \frac{1}{4} \cos^2 2x$$

$$= \frac{1}{4} - \frac{1}{2} \cos 2x + \frac{1 + \cos 4x}{8}$$

$$= \frac{3}{8} - \frac{1}{2} \cos 2x + \frac{\cos 4x}{8},$$

从而有

$$\int \sin^4 x \, \mathrm{d}x = \int \left(\frac{3}{8} - \frac{1}{2} \cos 2x + \frac{\cos 4x}{8}\right) \mathrm{d}x$$

$$= \frac{3}{8} x - \frac{1}{4} \sin 2x + \frac{1}{32} \sin 4x + C.$$

注意　当被积函数是三角函数的乘积时,我们采取"奇凑偶降"的策略,即我们拆开奇次项去凑微分,将偶次项通过降次公式来降低幂次后计算.

例 4.22　求不定积分 $\displaystyle\int \frac{1}{ax^2 + bx + c} \mathrm{d}x$,其中 a,b,c 为常数,且 $a \neq 0$.

解　我们首先将分母配方可得 $ax^2 + bx + c = a\left(x + \dfrac{b}{2a}\right)^2 + \dfrac{4ac - b^2}{4a}$. 则原积分转化为

$$\int \frac{1}{ax^2+bx+c}\mathrm{d}x = \frac{1}{a}\int \frac{1}{\left(x+\dfrac{b}{2a}\right)^2 + \dfrac{4ac-b^2}{4a^2}}\mathrm{d}x$$

现在我们来分情况讨论.

情况一: $4ac-b^2>0$. 我们如下处理. 令 $u=x+\dfrac{b}{2a}$, $w=\sqrt{\dfrac{4ac-b^2}{4a^2}}$, 则 $\mathrm{d}u=\mathrm{d}x$, 且原积分化为 $\dfrac{1}{a}\displaystyle\int \dfrac{1}{u^2+w^2}\mathrm{d}u$. 继续处理得

$$\frac{1}{a}\int \frac{1}{u^2+w^2}\mathrm{d}u = \frac{1}{aw}\int \frac{1}{\left(\dfrac{u}{w}\right)^2+1}\mathrm{d}\left(\frac{u}{w}\right) = \frac{1}{aw}\arctan\left(\frac{u}{w}\right)+C.$$

将 $u=x+\dfrac{b}{2a}$, $w=\sqrt{\dfrac{4ac-b^2}{4a^2}}$ 代回可得

$$\int \frac{1}{ax^2+bx+c}\mathrm{d}x = \frac{1}{a\sqrt{\dfrac{4ac-b^2}{4a^2}}}\arctan\left(\frac{x+\dfrac{b}{2a}}{\sqrt{\dfrac{4ac-b^2}{4a^2}}}\right)+C.$$

情况二: $4ac-b^2<0$. 此时令 $u=x+\dfrac{b}{2a}$, $w=\sqrt{\dfrac{b^2-4ac}{4a^2}}$, 则 $\mathrm{d}u=\mathrm{d}x$, 且原积分化为 $\dfrac{1}{a}\displaystyle\int \dfrac{1}{u^2-w^2}\mathrm{d}u$. 继续处理得

$$\frac{1}{a}\int \frac{1}{u^2-w^2}\mathrm{d}u = \frac{1}{2aw}\int \left(\frac{1}{u-w}-\frac{1}{u+w}\right)\mathrm{d}u = \frac{1}{2aw}\ln\left|\frac{u-w}{u+w}\right|+C.$$

将 $u=x+\dfrac{b}{2a}$, $w=\sqrt{\dfrac{b^2-4ac}{4a^2}}$ 代回可得

$$\int \frac{1}{ax^2+bx+c}\mathrm{d}x = \frac{1}{2a\sqrt{\dfrac{b^2-4ac}{4a^2}}}\ln\left|\frac{x+\dfrac{b}{2a}-\sqrt{\dfrac{b^2-4ac}{4a^2}}}{x+\dfrac{b}{2a}+\sqrt{\dfrac{b^2-4ac}{4a^2}}}\right|+C.$$

情况三：$4ac-b^2=0$. 此时原积分变为 $\dfrac{1}{a}\displaystyle\int\dfrac{1}{\left(x+\dfrac{b}{2a}\right)^2}\mathrm{d}x$. 令 $u=x+\dfrac{b}{2a}$，可得

$$\frac{1}{a}\int\frac{1}{\left(x+\dfrac{b}{2a}\right)^2}\mathrm{d}x=\frac{1}{a}\int u^{-2}\mathrm{d}u=-\frac{1}{au}+C=-\frac{1}{a\left(x+\dfrac{b}{2a}\right)}+C$$

$$=-\frac{2}{2ax+b}+C.$$

例 4.23　求 $\displaystyle\int\dfrac{3x-2}{x^2-2x+10}\mathrm{d}x$.

解　原式可化为 $\displaystyle\int\dfrac{3x-2}{(x-1)^2+3^2}\mathrm{d}x$，

设 $x-1=t$，则 $x=t+1$，$\mathrm{d}x=\mathrm{d}t$，于是

$$\int\frac{3x-2}{(x-1)^2+3^2}\mathrm{d}x=\int\frac{3t+1}{t^2+3^2}\mathrm{d}t=\frac{3}{2}\int\frac{\mathrm{d}(t^2+3^2)}{t^2+3^2}+\int\frac{\mathrm{d}t}{t^2+3^2}$$

$$=\frac{3}{2}\ln(t^2+3^2)+\frac{1}{3}\arctan\frac{t}{3}+C$$

$$=\frac{3}{2}\ln(x^2-2x+10)+\frac{1}{3}\arctan\frac{x-1}{3}+C,$$

这里我们用到了例 4.22 的结论.

4.2.2　第二类换元法

假设不定积分 $\displaystyle\int f(x)\mathrm{d}x$ 在基本积分表中没有这类积分，适当地选择变量代换

$$x=\varphi(t),$$

化积分为下列形式

$$\int f(x)\mathrm{d}x=\int f[\varphi(t)]\varphi'(t)\mathrm{d}t.$$

如果上式右端的被积函数具有原函数

$$\int f[\varphi(t)]\varphi'(t)\mathrm{d}t=F(t)+C,$$

那么把 t 回代成 $x=\varphi(t)$ 的反函数 $t=\varphi^{-1}(x)$ 即得所求的不定积分

$$\int f(x)\,dx = F[\psi(x)] + C,$$

式中 $\psi(x) = t$ 是 $x = \varphi(t)$ 的反函数,这就要求 $x = \varphi(t)$ 不但要可导,而且必须是单调的且 $\varphi'(t) \neq 0$,即反函数存在.这就是**第二类换元法**.

定理 4.2(第二类换元法) 设 $x = \varphi(t)$ 是单调、可导函数,且

$$\varphi'(t) \neq 0,$$

又设 $f[\varphi(t)]\varphi'(t)$ 具有原函数 $F(t)$,则

$$\int f(x)\,dx = \int f[\varphi(t)]\varphi'(t)\,dt = F(t) + C = F[\psi(x)] + C,$$

式中 $\psi(x)$ 是 $x = \varphi(t)$ 的反函数.

1. 根式代换

这些题型都是设法将分子或分母的根式换掉.

例 4.24 求 $\int \dfrac{\sqrt{x}}{x(x+1)}\,dx$.

解 令 $\sqrt{x} = t$,则 $x = t^2$, $dx = 2t\,dt$,

于是 $\displaystyle\int \frac{\sqrt{x}}{x(x+1)}\,dx = \int \frac{t}{t^2(t^2+1)}2t\,dt = 2\int \frac{dt}{t^2+1}$

$$= 2\arctan t + C = 2\arctan\sqrt{x} + C.$$

例 4.25 求 $\int \dfrac{dx}{\sqrt{x}\,(1+\sqrt[3]{x})}$.

解 设 $x = t^6$,则 $dx = 6t^5\,dt$,于是

$$\int \frac{dx}{\sqrt{x}\,(1+\sqrt[3]{x})} = \int \frac{6t^5\,dt}{t^3(1+t^2)} = 6\int \frac{t^2}{1+t^2}\,dt = 6\int \frac{1+t^2-1}{1+t^2}\,dt$$

$$= 6\int \left(1 - \frac{1}{1+t^2}\right)\,dt = 6t - 6\arctan t + C$$

$$= 6\sqrt[6]{x} - 6\arctan(\sqrt[6]{x}) + C.$$

例 4.26 求 $\int \dfrac{\cos\sqrt{t}}{\sqrt{t}}\,dt$.

解 设 $\sqrt{t} = x$,则 $t = x^2$, $dt = 2x\,dx$,

所以 $\displaystyle\int \frac{\cos\sqrt{t}}{\sqrt{t}}\,dt = \int \frac{\cos x}{x} \cdot 2x\,dx = 2\int \cos x\,dx = 2\sin x + C = 2\sin\sqrt{t} + C.$

2. 三角代换

当被积函数含有形如 $\sqrt{a^2-x^2}$、$\sqrt{a^2+x^2}$、$\sqrt{x^2-a^2}$ 的二次根式时,将上列三式连同 x 和 a,根据勾股定理作为一个直角三角形三条边的边长(见图 4-1),再令其中一个锐角为 t,那么 x 和根式均可表示为 t 的三角函数,从而化去了被积函数中的根式.

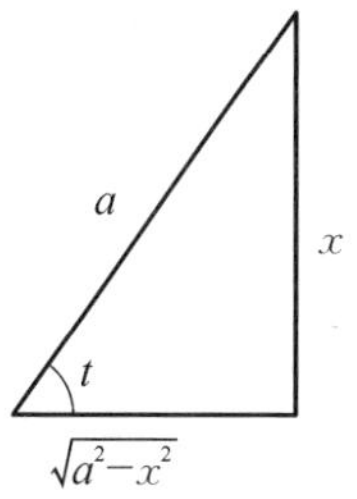

注　(1)用三角函数进行变量代换,可归纳如下:

含 $\sqrt{a^2-x^2}$ 时,可令 $x=a\sin t$;

含 $\sqrt{a^2+x^2}$ 时,可令 $x=a\tan t$;

含 $\sqrt{x^2-a^2}$ 时,可令 $x=a\sec t$;

含 $\sqrt[n]{ax+b}$ 时,可令 $\sqrt[n]{ax+b}=t$.

图 4-1

(2)利用三角函数代换时,通常默认其反函数在主值范围且在被积函数的定义域内.

例 4.27　求 $\displaystyle\int\frac{\mathrm{d}x}{x\sqrt{4-x^2}}$.

解　设 $x=2\sin t$,则 $\mathrm{d}x=2\cos t\,\mathrm{d}t$. 令 $t\in\left[-\dfrac{\pi}{2},\dfrac{\pi}{2}\right]$,此时 $\cos t\geqslant 0$,$\sin t$ 的反函数存在,且可取遍其定义域.

$$\int\frac{\mathrm{d}x}{x\sqrt{4-x^2}}=\int\frac{2\cos t\,\mathrm{d}t}{2\sin t\cdot 2\cos t}=\frac{1}{2}\int\frac{\mathrm{d}t}{\sin t}\text{(利用例 4.17 中的结论)}$$

原式 $=\ln|\csc t-\cot t|+C$.

由于 $\sin t=\dfrac{x}{2}$,且 $\cos t\geqslant 0$,故 $\cos t=\sqrt{1-\dfrac{x^2}{4}}$,且

$$\csc t=\frac{2}{x},\ \cot t=\frac{\sqrt{1-\dfrac{x^2}{4}}}{\dfrac{x}{2}}=\frac{\sqrt{4-x^2}}{x}.$$

从而原积分 $=\ln\left|\dfrac{2-\sqrt{4-x^2}}{x}\right|+C=\ln\left|\dfrac{x}{2+\sqrt{4-x^2}}\right|+C$.

例 4.28　求 $\displaystyle\int\frac{\mathrm{d}x}{1+\sqrt{1-x^2}}$.

解　令 $x = \sin t$，$|t| \leqslant \dfrac{\pi}{2}$，则 $\mathrm{d}x = \cos t\,\mathrm{d}t$.

其中我们用到了这个计算，$\tan \dfrac{t}{2} = \dfrac{\sin \dfrac{t}{2}}{\cos \dfrac{t}{2}} = \dfrac{2\sin \dfrac{t}{2}\cos \dfrac{t}{2}}{2\cos^2 \dfrac{t}{2}}$

$$= \frac{\sin t}{1 + \cos t} = \frac{x}{1 + \sqrt{1 - x^2}}.$$

$$\int \frac{\mathrm{d}x}{1 + \sqrt{1 - x^2}} = \int \frac{\cos t\,\mathrm{d}t}{1 + \cos t} = \int \mathrm{d}t - \int \frac{\mathrm{d}t}{1 + \cos t} = t - \int \frac{\mathrm{d}t}{2\cos^2 \dfrac{t}{2}}$$

$$= t - \int \sec^2 \frac{t}{2}\,\mathrm{d}\,\frac{t}{2} = t - \tan \frac{t}{2} + C$$

$$= \arcsin x - \frac{x}{1 + \sqrt{1 - x^2}} + C.$$

例 4.29　求 $\displaystyle\int \frac{\sqrt{x^2 - 9}}{x}\,\mathrm{d}x$.

解　当 $x \geqslant 3$ 时，令 $x = 3\sec t$，$t \in \left(0, \dfrac{\pi}{2}\right)$，则 $\mathrm{d}x = 3\sec t \tan t\,\mathrm{d}t$.

所以 $\displaystyle\int \frac{\sqrt{x^2 - 9}}{x}\,\mathrm{d}x = \int \frac{3\tan t}{3\sec t} 3\sec t \tan t\,\mathrm{d}t = 3\int \tan^2 t\,\mathrm{d}t = 3\int (\sec^2 t - 1)\,\mathrm{d}t$

$$= 3\tan t - 3t + C = \sqrt{x^2 - 9} - 3\arccos \frac{3}{x} + C.$$

当 $x \leqslant -3$ 时，$-x \geqslant 3$. 从而我们在原积分中令 $u = -x$，则原积分变为

$$\int \frac{\sqrt{u^2 - 9}}{-u}\,\mathrm{d}(-u) = \int \frac{\sqrt{u^2 - 9}}{u}\,\mathrm{d}u \ (u \geqslant 3).$$

利用刚才得到的结果可得

$$\int \frac{\sqrt{u^2 - 9}}{u}\,\mathrm{d}u = \sqrt{u^2 - 9} - 3\arccos \frac{3}{u} + C$$

$$= \sqrt{x^2 - 9} - 3\arccos \frac{3}{-x} + C, \ (x \leqslant -3).$$

结合 $x \geqslant 3$ 的结果可得

$$\int \frac{\sqrt{x^2-9}}{x}\mathrm{d}x = \sqrt{x^2-9} - 3\arccos\frac{3}{|x|} + C.$$

例 4.30　求不定积分 $\displaystyle\int \frac{1}{\sqrt{x^2+1}}\mathrm{d}x$.

解　令 $x=\tan t,\ t\in\left(-\dfrac{\pi}{2},\dfrac{\pi}{2}\right)$，$\mathrm{d}x=\sec^2 t\,\mathrm{d}t$. 在此区间内 x 可以取所有的
$(-\infty,+\infty)$，且 $\sec x\geqslant 0$. 从而

$$\int \frac{1}{\sqrt{x^2+1}}\mathrm{d}x = \int \frac{\sec^2 t}{\sec t}\mathrm{d}t = \int \sec t\,\mathrm{d}t = \ln|\sec t+\tan t|+C$$
$$=\ln|\sqrt{1+x^2}+x|+C.$$

为了方便读者,我们整理基本积分表如下,可作为 §4.1 节中基本积分表的续表

(1) $\displaystyle\int \frac{1}{a^2+x^2}\mathrm{d}x = \frac{1}{a}\arctan\frac{x}{a} + C$;

(2) $\displaystyle\int \frac{1}{x^2-a^2}\mathrm{d}x = \frac{1}{2a}\ln\left|\frac{x-a}{x+a}\right| + C$;

(3) $\displaystyle\int \frac{1}{a^2-x^2}\mathrm{d}x = \frac{1}{2a}\ln\left|\frac{a+x}{a-x}\right| + C$;

(4) $\displaystyle\int \frac{1}{\sqrt{a^2-x^2}}\mathrm{d}x = \arcsin\frac{x}{a} + C$;

(5) $\displaystyle\int \frac{\mathrm{d}x}{\sqrt{x^2\pm a^2}} = \ln(x+\sqrt{x^2\pm a^2}) + C$;

(6) $\displaystyle\int \sqrt{a^2-x^2}\,\mathrm{d}x = \frac{a^2}{2}\arcsin\frac{x}{a} + \frac{x}{2}\sqrt{a^2-x^2} + C$.

3. 倒代换

例 4.31　求 $\displaystyle\int \frac{1}{x^4\sqrt{x^2+1}}\mathrm{d}x$.

解　设 $x=\dfrac{1}{t}$，则 $\mathrm{d}x=-\dfrac{1}{t^2}\mathrm{d}t$，于是

$$\int \frac{1}{x^4\sqrt{x^2+1}}\mathrm{d}x = \int \frac{-\dfrac{1}{t^2}\mathrm{d}t}{\left(\dfrac{1}{t}\right)^4\sqrt{\left(\dfrac{1}{t}\right)^2+1}} = -\int \frac{t^3}{\sqrt{1+t^2}}\mathrm{d}t,$$

再设 $u = t^2$，则

$$-\int \frac{t^3}{\sqrt{1+t^2}}\mathrm{d}t = -\frac{1}{2}\int \frac{u\,\mathrm{d}u}{\sqrt{1+u}} = \frac{1}{2}\int \frac{1-1-u}{\sqrt{1+u}}\mathrm{d}u$$

$$= \frac{1}{2}\int \left(\frac{1}{\sqrt{1+u}} - \sqrt{1+u}\right)\mathrm{d}(1+u)$$

$$= -\frac{1}{3}(\sqrt{1+u})^3 + \sqrt{1+u} + C$$

$$= -\frac{1}{3}\left(\frac{\sqrt{1+x^2}}{x}\right)^3 + \frac{\sqrt{1+x^2}}{x} + C.$$

注意 当分母中的多项式次数太高时，我们可以采取倒代换 $x = \dfrac{1}{t}$.

例 4.32 求不定积分 $\displaystyle\int \frac{1}{x(1+x^6)}\mathrm{d}x$.

解 采用倒代换令 $x = \dfrac{1}{t}$. 则 $\mathrm{d}x = -\dfrac{1}{t^2}\mathrm{d}t$. 故而原积分可以转化为

$$\int \frac{-\dfrac{1}{t^2}}{\dfrac{1}{t}\left(1+\dfrac{1}{t^6}\right)}\mathrm{d}t = -\int \frac{t^5}{1+t^6}\mathrm{d}t = -\frac{1}{6}\int \frac{1}{1+t^6}\mathrm{d}t^6 = -\frac{1}{6}\ln(1+t^6) + C$$

$$= -\frac{1}{6}\ln\left(1+\frac{1}{x^6}\right) + C.$$

$$\boxed{\text{习 题 4.2}}$$

1. 若已知 $\displaystyle\int f(x)\mathrm{d}x = F(x) + C$，求下列各式的积分：

(1) $\displaystyle\int f(ax+b)\mathrm{d}x$;

(2) $\displaystyle\int \mathrm{e}^{-2x} f(\mathrm{e}^{-2x})\mathrm{d}x$;

(3) $\displaystyle\int \cos 3x \cdot f(\sin 3x)\mathrm{d}x$;

(4) $\displaystyle\int \frac{f'(\ln x)}{x\sqrt{f(\ln x)}}\mathrm{d}x$.

2. 求下列不定积分：

(1) $\displaystyle\int (1-3x)^{100}\mathrm{d}x$;

(2) $\displaystyle\int \frac{1}{\sqrt{2-5x}}\mathrm{d}x$;

(3) $\int \cos(7x+1)\mathrm{d}x$;

(4) $\int \dfrac{1}{\sqrt[3]{1-3x}}\mathrm{d}x$;

(5) $\int \dfrac{1}{4x^2+12x+9}\mathrm{d}x$;

(6) $\int \dfrac{x}{9x^2+4}\mathrm{d}x$;

(7) $\int \dfrac{x}{\sqrt{2-x^2}}\mathrm{d}x$;

(8) $\int x\sin x^2\,\mathrm{d}x$;

(9) $\int x^2\sqrt{1+2x^3}\,\mathrm{d}x$;

(10) $\int x^4 \mathrm{e}^{-x^5}\,\mathrm{d}x$;

(11) $\int \dfrac{x^3}{\sqrt{4-x^8}}\mathrm{d}x$;

(12) $\int \dfrac{1}{x^2}\cos\dfrac{1}{x}\mathrm{d}x$;

(13) $\int \dfrac{1}{x\sqrt{x^2-1}}\mathrm{d}x$;

(14) $\int \dfrac{1}{\sqrt{x}}\tan\sqrt{x}\,\mathrm{d}x$;

(15) $\int \dfrac{1}{\sqrt{x}\,(1+x)}\mathrm{d}x$;

(16) $\int \dfrac{1}{x(2\ln x+1)}\mathrm{d}x$;

(17) $\int \dfrac{1}{x\sqrt{1-\ln^2 x}}\mathrm{d}x$;

(18) $\int \dfrac{(1+\ln x)^2}{x}\mathrm{d}x$;

(19) $\int \dfrac{\mathrm{e}^{2x}}{2+3\mathrm{e}^{2x}}\mathrm{d}x$;

(20) $\int \dfrac{1}{1+\mathrm{e}^x}\mathrm{d}x$;

(21) $\int \dfrac{1}{\mathrm{e}^{-x}-\mathrm{e}^x}\mathrm{d}x$;

(22) $\int (2x-5)(x^2-5x+2)^2\,\mathrm{d}x$;

(23) $\int \dfrac{x+1}{x^2+2x+5}\mathrm{d}x$;

(24) $\int \dfrac{1}{(\arcsin x)^2\sqrt{1-x^2}}\mathrm{d}x$;

(25) $\int \dfrac{2^{\arctan x}}{x^2+1}\mathrm{d}x$;

(26) $\int \dfrac{\tan(2x+1)}{\cos^2(2x+1)}\mathrm{d}x$;

(27) $\int \dfrac{\sin x+\cos x}{\sqrt{\sin x-\cos x}}\mathrm{d}x$;

(28) $\int \cos^2 x\,\sin^2 x\,\mathrm{d}x$;

(29) $\int \tan^4 x\,\mathrm{d}x$;

(30) $\int \tan^5 x\,\sec^3 x\,\mathrm{d}x$.

3. 求下列不定积分:

(1) $\int \dfrac{1}{x^2\sqrt{4-x^2}}\mathrm{d}x$;

(2) $\int \dfrac{x^2}{\sqrt{4-x^2}}\mathrm{d}x$;

(3) $\int \dfrac{1}{\sqrt{(1-x^2)^3}}\mathrm{d}x$;

(4) $\int \dfrac{x^3}{\sqrt{a^2-x^2}}\mathrm{d}x$;

(5) $\int \dfrac{1}{x^2\sqrt{1+x^2}}\,dx$;　　　　　(6) $\int \dfrac{x^2}{(1+x^2)^2}\,dx$;

(7) $\int \dfrac{1}{x^2\sqrt{x^2-a^2}}\,dx$;　　　　(8) $\int \dfrac{\sqrt{x^2-9}}{x^2}\,dx$.

4. 求一个函数 $f(x)$，满足 $f'(x)=\dfrac{1}{\sqrt{x+1}}$，且 $f(0)=1$.

5. 利用倒代换求解下列积分

(1) $\int \dfrac{dx}{x\sqrt{4-x^2}}\,dx$;　　　　(2) $\int \dfrac{1}{x(x^7+2)}\,dx$.

4.3 分 部 积 分 法

虽然换元积分法能解决很大一类积分问题，但有些积分用换元法无法计算.这类积分的特点是被积函数是两种不同类型的函数的乘积.

如果函数 $u=u(x)$，$v=v(x)$ 具有连续导数，根据积的微分公式

$$d(uv)=u\,dv+v\,du,$$

两边积分，得

$$uv=\int u\,dv+\int v\,du,$$

移项，得

$$\int u\,dv=uv-\int v\,du.$$

这个公式称为**分部积分法**.

说明：如果求 $\int u\,dv$ 有困难而求 $\int v\,du$ 比较容易时，分部积分公式就起到了化难为易的作用.但问题的关键是如何选取 u 和 dv.

例 4.33 求 $\int x\cos x\,dx$.

解 设 $u=x$，$dv=\cos x\,dx$，则 $du=dx$，$v=\sin x$，

所以 $\int x\cos x\,dx=x\sin x-\int \sin x\,dx=x\sin x+\cos x+C$.

错解 设 $u=\cos x$，$dv=x\,dx$，则 $du=-\sin x\,dx$，$v=\dfrac{x^2}{2}$，

所以 $\displaystyle\int x \cos x \, \mathrm{d}x = \frac{x^2}{2}\cos x + \int \frac{x^2}{2}\sin x \, \mathrm{d}x.$

等式右端的积分比原来更难求.由此可见,如果 u、$\mathrm{d}v$ 选取不当,就求不出结果.选取 u、$\mathrm{d}v$ 一般要考虑下面两点:

(1) v 要容易求得;

(2) $\displaystyle\int v \mathrm{d}u$ 要比 $\displaystyle\int u \mathrm{d}v$ 易积.

利用分部积分公式求不定积分的步骤

(1) 把被积函数化成 u、$\mathrm{d}v$,求出 $\mathrm{d}u$、v;

(2) 将 u、v 及 v、$\mathrm{d}u$ 代入公式;

(3) 求出 $\displaystyle\int v \mathrm{d}u.$

分部积分法实质上是求两函数乘积的导数或微分的运算,一般地,下列类型的被积函数常考虑应用分部积分法:

(1) $p(x)\mathrm{e}^x$、$p(x)\sin x$ 等,设 $u = p(x)$,即将 e^x, $\sin x$ 等放入微分号中.

(2) $p(x)\ln x$、$p(x)\arcsin x$ 等,设 $\mathrm{d}v = p(x)\mathrm{d}x$,即将 $\ln x$,$\arcsin x$ 等放入微分号中,原因是虽然这些函数很复杂,但其导数却很易求.

(3) $\mathrm{e}^x \sin x$ 等,可随意设 u、$\mathrm{d}v$.

例 4.34 求 $\displaystyle\int x \mathrm{e}^x \, \mathrm{d}x.$

解 被积函数是幂函数与指数函数的乘积.

设 $u = x$, $\mathrm{d}v = \mathrm{e}^x \mathrm{d}x$,则 $\mathrm{d}u = \mathrm{d}x$, $v = \mathrm{e}^x$,

所以 $\displaystyle\int x \mathrm{e}^x \, \mathrm{d}x = x \mathrm{e}^x - \int \mathrm{e}^x \, \mathrm{d}x = \mathrm{e}^x(x-1) + C.$

例 4.35 求 $\displaystyle\int x^2 \sin x \, \mathrm{d}x.$

解 被积函数是幂函数与正弦函数的乘积.

设 $u = x^2$, $\mathrm{d}v = \sin x \, \mathrm{d}x$,则 $\mathrm{d}u = 2x \, \mathrm{d}x$, $v = -\cos x$,

所以 $\displaystyle\int x^2 \sin x \, \mathrm{d}x = -x^2 \cos x + 2\int x \cos x \, \mathrm{d}x.$

在 $\displaystyle\int x \cos x \, \mathrm{d}x$ 中再次应用分部积分法,利用例 4.33 的结论可将

$$\int x^2 \sin x \, \mathrm{d}x = -x^2 \cos x + 2x \sin x + 2\cos x + C.$$

例 4.36 求 $\displaystyle\int x \ln(x-1) \, \mathrm{d}x.$

解　被积函数是幂函数与对数函数的乘积.

设 $u = \ln(x-1)$，$\mathrm{d}v = x\,\mathrm{d}x$，则 $\mathrm{d}u = \dfrac{\mathrm{d}x}{x-1}$，$v = \dfrac{x^2}{2}$，

所以 $\displaystyle\int x\ln(x-1)\,\mathrm{d}x = \dfrac{x^2}{2}\ln(x-1) - \int \dfrac{x^2}{2}\cdot\dfrac{1}{x-1}\,\mathrm{d}x$

$$= \dfrac{x^2}{2}\ln(x-1) - \dfrac{1}{2}\int\dfrac{x^2-1+1}{x-1}\,\mathrm{d}x$$

$$= \dfrac{x^2}{2}\ln(x-1) - \dfrac{1}{2}\int\left(x+1+\dfrac{1}{x-1}\right)\mathrm{d}x$$

$$= \dfrac{x^2}{2}\ln(x-1) - \dfrac{x^2}{4} - \dfrac{x}{2} - \dfrac{1}{2}\ln(x-1) + C.$$

例 4.37　求 $\displaystyle\int x\arctan x\,\mathrm{d}x$.

解　被积函数是幂函数与反正切函数的乘积.

设 $u = \arctan x$，$\mathrm{d}v = x\,\mathrm{d}x$，则 $\mathrm{d}u = \dfrac{\mathrm{d}x}{1+x^2}$，$v = \dfrac{x^2}{2}$，

所以 $\displaystyle\int x\arctan x\,\mathrm{d}x = \dfrac{x^2}{2}\arctan x - \dfrac{1}{2}\int\dfrac{x^2}{1+x^2}\,\mathrm{d}x$

$$= \dfrac{x^2}{2}\arctan x - \dfrac{1}{2}\int\dfrac{x^2+1-1}{x^2+1}\,\mathrm{d}x$$

$$= \dfrac{x^2}{2}\arctan x - \dfrac{1}{2}(x-\arctan x) + C.$$

当我们熟悉分部积分公式后,我们可以跳过设中间变量 u, v 的过程.

例 4.38　求不定积分 $\displaystyle\int \mathrm{e}^{2x}\sin\left(\dfrac{x}{2}\right)\mathrm{d}x$.

解　为了计算的方便,我们先令 $u = \dfrac{x}{2}$，$\mathrm{d}x = 2\mathrm{d}u$. 从而

$$\int \mathrm{e}^{2x}\sin\left(\dfrac{x}{2}\right)\mathrm{d}x = 2\int \mathrm{e}^{4u}\sin u\,\mathrm{d}u = -2\int \mathrm{e}^{4u}\,\mathrm{d}(\cos u)$$

$$= -2\mathrm{e}^{4u}\cos u + 2\int \cos u\,\mathrm{d}(\mathrm{e}^{4u})$$

$$= -2\mathrm{e}^{4u}\cos u + 8\int \mathrm{e}^{4u}\cos u\,\mathrm{d}u,$$

对剩余的积分再次使用分部积分公式可得,

$$\int e^{4u} \cos u \, du = \int e^{4u} \, d(\sin u) = e^{4u} \sin u - \int \sin u \, d(e^{4u})$$

$$= e^{4u} \sin u - 4 \int \sin u \, e^{4u} \, du.$$

因而

$$2 \int e^{4u} \sin u \, du = -2 e^{4u} \cos u + 8 \int e^{4u} \cos u \, du$$

$$= -2 e^{4u} \cos u + 8 \left(e^{4u} \sin u - 4 \int \sin u \, e^{4u} \, du \right)$$

$$= -2 e^{4u} \cos u + 8 e^{4u} \sin u - 32 \int e^{4u} \sin u \, du.$$

这表明 $34 \int e^{4u} \sin u \, du = -2 e^{4u} \cos u + 8 e^{4u} \sin u + C$，即

$$\int e^{4u} \sin u \, du = -\frac{1}{17} (e^{4u} \cos u - 4 e^{4u} \sin u) + C.$$

代回 $u = \dfrac{x}{2}$，即得 $\displaystyle\int e^{2x} \sin\left(\frac{x}{2}\right) dx = -\frac{1}{17}\left(e^{2x}\cos\left(\frac{x}{2}\right) - 4e^{2x}\sin\left(\frac{x}{2}\right)\right) + C.$

    有些不定积分,在利用分部积分公式得到新的不定积分后,仍然不易直接计算,常常要对新的不定积分再利用分部积分公式,经过逐次分部积分,才能得到易求的不定积分,正如例 4.38;而有些不定积分需要综合运用换元积分法与分部积分法才能求出结果.

    例 4.39 求不定积分 $\displaystyle\int \cos(\ln x) \, dx$.

    解 $\displaystyle\int \cos(\ln x) \, dx = x\cos(\ln x) - \int x(\cos(\ln x))' \, dx = x\cos(\ln x) + \int \sin(\ln x) \, dx$

同时同理可得

$$\int \sin(\ln x) \, dx = x \sin(\ln x) - \int \cos(\ln x) \, dx,$$

故而

$$\int \cos(\ln x) \, dx = x\cos(\ln x) + \int \sin(\ln x) \, dx$$

$$= x(\cos(\ln x) + \sin(\ln x)) - \int \cos(\ln x) \, dx,$$

即 $\displaystyle\int \cos(\ln x) \, dx = \frac{x}{2} (\cos(\ln x) + \sin(\ln x)) + C.$

例 4.40 求不定积分 $\displaystyle\int \sec^5 x \, \mathrm{d}x$.

解 $\displaystyle\int \sec^5 x \, \mathrm{d}x = \int \sec^3 x \, \mathrm{d}(\tan x) = \tan x \, \sec^3 x - \int \tan x \, (3 \sec^2 x \cdot \sec x \tan x) \, \mathrm{d}x$

$$= \tan x \, \sec^3 x - 3 \int \tan^2 x \, \sec^3 x \, \mathrm{d}x$$

$$= \tan x \, \sec^3 x - 3 \int (\sec^2 x - 1) \sec^3 x \, \mathrm{d}x$$

$$= \tan x \, \sec^3 x - 3 \int \sec^5 x \, \mathrm{d}x + 3 \int \sec^3 x \, \mathrm{d}x \ ,$$

从而 $\displaystyle\int \sec^5 x \, \mathrm{d}x = \frac{1}{4}\left(\tan x \, \sec^3 x + \int \sec^3 x \, \mathrm{d}x\right).$

又因为 $\displaystyle\int \sec^3 x \, \mathrm{d}x = \int \sec x \, \mathrm{d}(\tan x) = \tan x \sec x - \int \tan^2 x \sec x \, \mathrm{d}x$

$$= \tan x \sec x - \int \sec^3 x \, \mathrm{d}x + \int \sec x \, \mathrm{d}x$$

$$= \tan x \sec x - \int \sec^3 x \, \mathrm{d}x + \ln |\sec x + \tan x| + C,$$

故而 $\displaystyle\int \sec^3 x \, \mathrm{d}x = \frac{1}{2}(\tan x \sec x + \ln |\sec x + \tan x|) + C.$ 即,

$$\int \sec^5 x \, \mathrm{d}x = \frac{1}{4}\left(\tan x \, \sec^3 x + \frac{1}{2}(\tan x \sec x + \ln |\sec x + \tan x|)\right) + C.$$

例 4.41 求不定积分 $\displaystyle\int \sin^2 \sqrt{x} \, \mathrm{d}x$.

解 先作变换 $u = \sqrt{x}$, $\mathrm{d}x = 2u \, \mathrm{d}u$. 从而

$$\int \sin^2 \sqrt{x} \, \mathrm{d}x = \int \sin^2 u \, (2u) \, \mathrm{d}u = \int (1 - \cos 2u) u \, \mathrm{d}u$$

$$= \frac{1}{2} u^2 - \int u \cos 2u \, \mathrm{d}u$$

$$= \frac{1}{2} u^2 - \frac{1}{4} \int (2u) \cos(2u) \, \mathrm{d}(2u)$$

$$= \frac{1}{2} u^2 - \frac{1}{4} \int v \cos v \, \mathrm{d}v,$$

其中 $v = 2u$. 利用例 4.33 的结论可得,

$$\int \sin^2 \sqrt{x}\, \mathrm{d}x = \frac{1}{2}u^2 - \frac{1}{4}\int v\cos v \mathrm{d}v = \frac{1}{2}u^2 - \frac{1}{4}(v\sin v + \cos v) + C$$

$$= \frac{1}{2}x - \frac{1}{4}(2\sqrt{x}\sin(2\sqrt{x}) + \cos(2\sqrt{x})) + C.$$

例 4.42　求不定积分 $I_n = \int \dfrac{1}{(x^2 + a^2)^n}\mathrm{d}x$，其中 n 为正整数.

解　当 $n = 1$ 时，利用例 4.22 的结果可得 $I_1 = \dfrac{1}{a}\arctan\dfrac{x}{a} + C$.

当 $n > 1$ 时，利用分部积分法，可得

$$I_n = \int \frac{1}{(x^2 + a^2)^n}\mathrm{d}x = \frac{x}{(x^2 + a^2)^n} - \int x\,\mathrm{d}\left(\frac{1}{(x^2 + a^2)^n}\right)$$

$$= \frac{x}{(x^2 + a^2)^n} + 2n\int \frac{x^2}{(x^2 + a^2)^{n+1}}\mathrm{d}x$$

$$= \frac{x}{(x^2 + a^2)^n} + 2n\int \frac{x^2 + a^2 - a^2}{(x^2 + a^2)^{n+1}}\mathrm{d}x$$

$$= \frac{x}{(x^2 + a^2)^n} + 2n(I_n - a^2 I_{n+1}).$$

因而我们就有了递推关系式 $I_{n+1} = \dfrac{1}{2na^2}\left(\dfrac{x}{(x^2 + a^2)^n} + (2n - 1)I_n\right)$. 即可以通过这个递推关系式求出所有的 I_n. 特别地，

$$I_2 = \int \frac{1}{(x^2 + a^2)^2}\mathrm{d}x = \frac{1}{4a^2}\left(\frac{x}{(x^2 + a^2)^2} + \frac{3}{a}\arctan\frac{x}{a}\right) + C.$$

例 4.43　已知 $f(x)$ 充分光滑，求不定积分 $\int xf'''(x)\mathrm{d}x$.

解　利用分部积分公式，

$$\int x^2 f'''(x)\mathrm{d}x = x^2 f''(x) - 2\int xf''(x)\mathrm{d}x$$

$$= x^2 f''(x) - 2xf'(x) + 2\int f'(x)\mathrm{d}x$$

$$= x^2 f''(x) - 2xf'(x) + 2f(x) + C.$$

总结　当被积函数由两种不同函数组成，则考虑使用分部积分法；当出现根

式,则首先考虑用第二类换元法;当被积函数中能拆成一个函数是另一个函数的导数,则使用第一类换元法.

1. 求下列不定积分:

(1) $\int x\sin(1-3x)\,\mathrm{d}x$;

(2) $\int x\,\mathrm{e}^{1-x}\,\mathrm{d}x$;

(3) $\int x^2\sin x\,\mathrm{d}x$;

(4) $\int x^3\cos x^2\,\mathrm{d}x$;

(5) $\int (x^2-2x+5)\mathrm{e}^{2x}\,\mathrm{d}x$;

(6) $\int \ln x\,\mathrm{d}x$;

(7) $\int x\ln(x-1)\,\mathrm{d}x$;

(8) $\int \dfrac{\ln x}{\sqrt{x}}\,\mathrm{d}x$;

(9) $\int x\ln(1+x^2)\,\mathrm{d}x$;

(10) $\int x\sin^2 x\,\mathrm{d}x$;

(11) $\int \arctan x\,\mathrm{d}x$;

(12) $\int x^2\arctan x\,\mathrm{d}x$;

(13) $\int \dfrac{\ln^2 x}{x^2}\,\mathrm{d}x$;

(14) $\int \mathrm{e}^{-2x}\sin\dfrac{x}{2}\,\mathrm{d}x$;

(15) $\int \dfrac{\sin^2 x}{\mathrm{e}^x}\,\mathrm{d}x$;

(16) $\int \sin(\ln x)\,\mathrm{d}x$;

(17) $\int x\tan^2 x\,\mathrm{d}x$;

(18) $\int \dfrac{x\cos x}{\sin^3 x}\,\mathrm{d}x$;

(19) $\int \dfrac{\arcsin\sqrt{x}}{\sqrt{1-x}}\,\mathrm{d}x$;

(20) $\int x\arctan\sqrt{x}\,\mathrm{d}x$.

2. 已知函数 $f(x)$ 的一个原函数是 $\dfrac{\sin x}{x}$,求不定积分 $\int xf'(x)\,\mathrm{d}x$.

3. 已知 $f'(\mathrm{e}^x)=1+x$,求函数 $f(x)$.

4. 已知 $f(x)=\dfrac{\mathrm{e}^x}{x}$,求 $\int xf''(x)\,\mathrm{d}x$.

5. 设 $f(x)$ 是单调连续函数,$f^{-1}(x)$ 是它的反函数,且 $\int f(x)\,\mathrm{d}x=F(x)+C$,求 $\int f^{-1}(x)\,\mathrm{d}x$.

4.4 有理函数的积分

前面介绍了求不定积分的两个基本方法——换元积分法与分部积分法.本节将介绍一种特殊类型函数的不定积分——有理函数的积分.

有理函数是指有理式所表示的函数,它包括有理整式和有理分式两类:

有理整式

$$f(x) = a_0 x^n + a_1 x^{n-1} + \cdots + a_{n-1} x + a_n.$$

有理分式

$$\frac{f(x)}{Q(x)} = \frac{a_0 x^n + a_1 x^{n-1} + \cdots + a_{n-1} x + a_n}{b_0 x^m + b_1 x^{m-1} + \cdots + b_{m-1} x + b_m},$$

式中 m、n 是非负整数, a_0, a_1,$\cdots$,a_n 及 b_0, b_1,$\cdots$,b_m 都是实数,且 $a_0 \neq 0$, $b_0 \neq 0$.

在有理分式中, $n < m$ 时,称为**真分式**; $n \geq m$ 时,称为**假分式**.

利用多项式的除法,总可以将一个假分式化为一个多项式与一个真分式之和,例如

$$\frac{x^5 + x^3 + x^2 + x + 3}{x^2 + 1} = x^3 + 1 + \frac{x+2}{x^2+1}.$$

而多项式的积分容易求得,因此,研究有理函数的积分可归结为研究真分式的积分.

4.4.1 最简分式的积分

下列四类分式称为最简分式,其中 n 为大于等于 2 的正整数,A、M、N、a、p、q 均为常数,且 $p^2 - 4q < 0$,

① $\dfrac{A}{x-a}$; ② $\dfrac{A}{(x-a)^n}$; ③ $\dfrac{Mx+N}{x^2+px+q}$; ④ $\dfrac{Mx+N}{(x^2+px+q)^n}$.

实际上,也可分为两类:①、②合为第一类;③、④合为第二类.

我们分别来讨论这四类最简分式的积分.

① $\displaystyle\int \frac{A}{x-a} \mathrm{d}x = A\int \frac{1}{x-a} \mathrm{d}(x-a) = A\ln|x-a| + C.$

② $\int \dfrac{A}{(x-a)^n}\mathrm{d}x = A\int \dfrac{1}{(x-a)^n}\mathrm{d}(x-a) = \dfrac{A}{1-n}(x-a)^{1-n}+C,\ n\geqslant 1.$

③ $\int \dfrac{Mx+N}{x^2+px+q}\mathrm{d}x = \dfrac{M}{2}\int \dfrac{\mathrm{d}(x^2+px+q)}{x^2+px+q} - \left(\dfrac{Mp}{2}-N\right)\int \dfrac{1}{x^2+px+q}\mathrm{d}x$

$$= \dfrac{M}{2}\ln(x^2+px+q) - \dfrac{Mp-2N}{\sqrt{4q-p^2}}\arctan\left(\dfrac{2x+p}{\sqrt{4q-p^2}}\right)+C,$$

其中我们用到了例 4.22 的结果.

④ $\int \dfrac{Mx+N}{(x^2+px+q)^n}\mathrm{d}x = \dfrac{M}{2}\int \dfrac{\mathrm{d}(x^2+px+q)}{(x^2+px+q)^n} - \left(\dfrac{Mp}{2}-N\right)\int \dfrac{1}{(x^2+px+q)^n}\mathrm{d}x$

$$= \dfrac{M}{2(1-n)}(x^2+px+q)^{1-n} - \left(\dfrac{Mp}{2}-N\right)\cdot$$

$$\int \dfrac{1}{\left(\left(x+\dfrac{p}{2}\right)^2+\dfrac{4q-p^2}{4}\right)^n}\mathrm{d}\left(x+\dfrac{p}{2}\right)$$

$$= \dfrac{M}{2(1-n)}(x^2+px+q)^{1-n} - \left(\dfrac{Mp}{2}-N\right)\int \dfrac{1}{(u^2+a^2)^n}\mathrm{d}u,$$

其中 $u=x+\dfrac{p}{2}$, $a^2=\dfrac{4q-p^2}{4}$. 剩下的积分部分可以利用例 4.42 中的递推公式进行计算.

综上所述,最简分式的不定积分都能求出,且原函数都是初等函数.因此,**有理函数的原函数都是初等函数**.

4.4.2 有理分式的积分

求有理函数的不定积分的难点在于如何将所给有理真分式化为最简分式之和.

(1) 若分母中含有因式 $(x-a)^k$,则分解后的最简分式将包含

$$\dfrac{A_1}{(x-a)^k} + \dfrac{A_2}{(x-a)^{k-1}} + \cdots + \dfrac{A_k}{x-a},$$

式中 A_1, A_2, $\cdots$, A_k 都是常数,特殊地,$k=1$ 时,分解后会包含 $\dfrac{A}{x-a}$;

(2) 若分母中含有因子 $(x^2+px+q)^k$,其中 $p^2-4q<0$,则分解后会包含

$$\frac{M_1 x + N_1}{(x^2 + px + q)^k} + \frac{M_2 x + N_2}{(x^2 + px + q)^{k-1}} + \cdots + \frac{M_k x + N_k}{x^2 + px + q},$$

式中 M_i，N_i 都是常数（$i = 1, 2, \cdots, k$），特殊地，$k = 1$ 时，分解后会包含

$\dfrac{Mx + N}{x^2 + px + q}$.

以上积分可用换元积分法及分部积分法求解.

例 4.44　分解 $\dfrac{x^3 - 4x + 10}{x^2 + x - 6}$ 成最简分式.

解　$\dfrac{x^3 - 4x + 10}{x^2 + x - 6} = x - 1 + \dfrac{3x + 4}{x^2 + x - 6} = x - 1 + \dfrac{3x + 4}{(x - 2)(x + 3)}$,

而真分式可以分解为

$$\frac{3x + 4}{(x - 2)(x + 3)} = \frac{A}{x - 2} + \frac{B}{x + 3},$$

式中 A，B 为待定常数，可用下面的方法求出待定系数，有两种方法可求出.

解 1　比较法

两端去分母后，得

$$3x + 4 = A(x + 3) + B(x - 2)$$
$$= (A + B)x + (3A - 2B),$$

上式是恒等式，比较等式两边 x 的同次幂系数相等，得

$$\begin{cases} A + B = 3, \\ 3A - 2B = 4, \end{cases}$$

即 $A = 2$，$B = 1$.

解 2　赋值法

在恒等式 $3x + 4 = A(x + 3) + B(x - 2)$ 中代入特殊的 x 值，从而求出待定的系数，令 $x = 2$，得 $A = 2$；令 $x = -3$，得 $B = 1$. 于是得到

$$\frac{x^3 - 4x + 10}{x^2 + x - 6} = x - 1 + \frac{2}{x - 2} + \frac{1}{x + 3}.$$

例 4.45　求 $\displaystyle\int \frac{x^3 - 4x + 10}{x^2 + x - 6} \mathrm{d}x$.

解　因为

$$\frac{x^3-4x+10}{x^2+x-6}=x-1+\frac{2}{x-2}+\frac{1}{x+3},$$

所以

$$\int\frac{x^3-4x+10}{x^2+x-6}\mathrm{d}x=\int\left(x-1+\frac{2}{x-2}+\frac{1}{x+3}\right)\mathrm{d}x$$

$$=\int(x-1)\mathrm{d}x+\int\frac{2}{x-2}\mathrm{d}x+\int\frac{1}{x+3}\mathrm{d}x$$

$$=\frac{1}{2}x^2-x+2\ln|x-2|+\ln|x+3|+C.$$

例 4.46 求 $\displaystyle\int\frac{5x+1}{x^2-3x+2}\mathrm{d}x$.

解 因为 $\displaystyle\frac{5x+1}{x^2-3x+2}=\frac{5x+1}{(x-1)(x-2)}$,

而 $\displaystyle\frac{5x+1}{(x-1)(x-2)}=\frac{A}{x-1}+\frac{B}{x-2}$, 得恒等式 $5x+1=A(x-2)+B(x-1)$.

令 $x=1$, 得 $A=-6$; $x=2$, 得 $B=11$, 故有

$$\frac{5x+1}{(x-1)(x-2)}=\frac{-6}{x-1}+\frac{11}{x-2},$$

所以

$$\int\frac{5x+1}{x^2-3x+2}\mathrm{d}x=-6\int\frac{\mathrm{d}x}{x-1}+11\int\frac{\mathrm{d}x}{x-2}$$

$$=-6\ln|x-1|+11\ln|x-2|+C.$$

例 4.47 求 $\displaystyle\int\frac{x^5-3x^4+2x^3-5x^2+3}{x^2(x^2+1)}\mathrm{d}x$.

解 因为 $\displaystyle\frac{x^5-3x^4+2x^3-5x^2+3}{x^2(x^2+1)}=x-3+\frac{x^3-2x^2+3}{x^2(x^2+1)}$,

其中 $\displaystyle\frac{x^3-2x^2+3}{x^2(x^2+1)}=\frac{A}{x}+\frac{B}{x^2}+\frac{Cx+D}{x^2+1}$,

得恒等式

$$x^3-2x^2+3=Ax(x^2+1)+B(x^2+1)+(Cx+D)x^2,$$

即

$$x^3 - 2x^2 + 3 = (A+C)x^3 + (B+D)x^2 + Ax + B,$$

有

$$\begin{cases} A+C=1, \\ B+D=-2, \\ A=0, \\ B=3, \end{cases}$$

于是,得 $A=0$, $B=3$, $C=1$, $D=-5$,故

$$\frac{x^5 - 3x^4 + 2x^3 - 5x^2 + 3}{x^2(x^2+1)} = x - 3 + \frac{3}{x^2} + \frac{x-5}{x^2+1},$$

所以

$$\begin{aligned} \int \frac{x^5 - 3x^4 + 2x^3 - 5x^2 + 3}{x^2(x^2+1)} \mathrm{d}x &= \int \left(x - 3 + \frac{3}{x^2} + \frac{x-5}{x^2+1} \right) \mathrm{d}x \\ &= \int \left(x - 3 + \frac{3}{x^2} + \frac{x}{x^2+1} - \frac{5}{x^2+1} \right) \mathrm{d}x \\ &= \frac{1}{2}x^2 - 3x - \frac{3}{x} + \frac{1}{2}\ln(x^2+1) - 5\arctan x + C. \end{aligned}$$

利用将有理函数分解成部分分式之和的方法求真分式的积分是一种行之有效的方法.但是,有时用此方法计算较麻烦,故对有理函数积分,可根据被积函数的特点,找出比较简便的方法将有理分式化简.

例 4.48　求 $\int \dfrac{x^3 + x^2 + 1}{x^2(x^2+1)} \mathrm{d}x$.

解　$$\begin{aligned} \int \frac{x^3 + x^2 + 1}{x^2(x^2+1)} \mathrm{d}x &= \int \left(\frac{x^3}{x^2(x^2+1)} + \frac{x^2+1}{x^2(x^2+1)} \right) \mathrm{d}x \\ &= \int \left(\frac{x}{x^2+1} + \frac{1}{x^2} \right) \mathrm{d}x \\ &= \frac{1}{2}\ln(1+x^2) - \frac{1}{x} + C. \end{aligned}$$

4.4.3　可化为有理函数的积分

有些函数本身并不是有理函数,但是可以通过变换转化为有理函数.其中最典

型的例子即是使用万能变换公式将三角函数积分转换为有理函数积分.具体地,若

令 $t = \tan \dfrac{x}{2}$，$x \in \left(-\dfrac{\pi}{2}, \dfrac{\pi}{2} \right)$，那么利用三角恒等式可以得到,

$$\tan x = \frac{2\tan\left(\dfrac{x}{2}\right)}{1 - \tan^2\left(\dfrac{x}{2}\right)} = \frac{2t}{1 - t^2},$$

$$\cos x = \frac{1}{\sec x} = \frac{1}{\sqrt{\tan^2 x + 1}} = \frac{1}{\sqrt{\dfrac{4t^2}{(1 - t^2)^2} + 1}} = \frac{1 - t^2}{1 + t^2},$$

$$\sin x = \tan x \cdot \cos x = \frac{2t}{1 + t^2}.$$

其他三角函数也可以相应求出.特别地,因为 $x = 2\arctan t$，所以 $\mathrm{d}x = \dfrac{2}{1 + t^2}\mathrm{d}t$. 从而我们可以将含有三角函数的积分转换为有理函数的积分,这一套公式被称为**万能变换公式**.

例 4.49 求不定积分 $\displaystyle\int \frac{1}{1 + \cos x}\mathrm{d}x$.

解 利用万能变换公式可得

$$\int \frac{1}{1 + \cos x}\mathrm{d}x = \int \frac{1}{1 + \dfrac{1 - t^2}{1 + t^2}}\frac{2}{1 + t^2}\mathrm{d}t = -\int 1\mathrm{d}t = -t + C = -\tan\frac{x}{2} + C.$$

例 4.50 求不定积分 $\displaystyle\int \frac{1}{\cos x(1 + \sin x)}\mathrm{d}x$.

解 1 利用万能变换公式可得

$$\int \frac{1}{\cos x(1 + \sin x)}\mathrm{d}x = \int \frac{1}{\dfrac{1 - t^2}{1 + t^2}\left(1 + \dfrac{2t}{1 + t^2}\right)}\frac{2}{1 + t^2}\mathrm{d}t = -\int \frac{2(1 + t^2)}{(1 + t)^3(t - 1)}\mathrm{d}t$$

此时根据复杂的计算,被积函数可以分解为如下最简分式的和,即

$$-\frac{2(1 + t^2)}{(1 + t)^3(t - 1)} = \frac{1}{2}\left(\frac{1}{t + 1} - \frac{2}{(t + 1)^2} + \frac{4}{(t + 1)^3} - \frac{1}{t - 1} \right),$$

从而

$$-\int \frac{2(1+t^2)}{(1+t)^3(t-1)}\mathrm{d}t = \frac{1}{2}\left(\ln\left|\frac{t+1}{t-1}\right| + \frac{2}{t+1} - \frac{2}{(t+1)^2}\right) + C$$

$$= \frac{1}{2}\left[\ln\left|\frac{\tan\frac{x}{2}+1}{\tan\frac{x}{2}-1}\right| + \frac{2}{\tan\frac{x}{2}+1} - \frac{2}{\left(\tan\frac{x}{2}+1\right)^2}\right] + C,$$

其中，$\ln\left|\dfrac{\tan\frac{x}{2}+1}{\tan\frac{x}{2}-1}\right| = \ln\left|\dfrac{\sin\frac{x}{2}+\cos\frac{x}{2}}{\sin\frac{x}{2}-\cos\frac{x}{2}}\right| = \dfrac{1}{2}\ln\dfrac{\left(\sin\frac{x}{2}+\cos\frac{x}{2}\right)^2}{\left(\sin\frac{x}{2}-\cos\frac{x}{2}\right)^2} =$

$\dfrac{1}{2}\ln\dfrac{1+\sin x}{1-\sin x}$，而

$$\frac{1}{\tan\frac{x}{2}+1} - \frac{1}{\left(\tan\frac{x}{2}+1\right)^2} = \frac{1}{\left(\tan\frac{x}{2}+1\right)^2}\left(\tan\frac{x}{2}\right) = \frac{1}{\tan\frac{x}{2}+2+\cot\frac{x}{2}}$$

$$= \frac{1}{2 + \dfrac{\sin^2\frac{x}{2}+\cos^2\frac{x}{2}}{\sin\frac{x}{2}\cos\frac{x}{2}}} = -\frac{1}{2}\frac{1}{1+\sin x} + \frac{1}{2}.$$

故而 $\displaystyle\int \frac{1}{\cos x(1+\sin x)}\mathrm{d}x = \frac{1}{4}\ln\frac{1+\sin x}{1-\sin x} - \frac{1}{2(1+\sin x)} + C.$

解2 注意到

$$\int \frac{1}{\cos x(1+\sin x)}\mathrm{d}x = \int \frac{\mathrm{d}(\sin x)}{(1-\sin^2 x)(1+\sin x)} = \int \frac{\mathrm{d}u}{(1-u^2)(1+u)}$$

$$= -\int \frac{\mathrm{d}u}{(u-1)(1+u)^2},$$

其中 $u=\sin x$. 因为

$$-\frac{1}{(u-1)(1+u)^2} = \frac{1}{4}\left(\frac{1}{u+1} + 2\frac{1}{(u+1)^2} - \frac{1}{u-1}\right),$$

从而

$$-\int \frac{du}{(u-1)(1+u)^2} = \frac{1}{4}\left(\ln\left|\frac{1+u}{1-u}\right| - \frac{2}{u+1}\right) + C$$

$$= \frac{1}{4}\ln\frac{1+\sin x}{1-\sin x} - \frac{1}{2(1+\sin x)} + C.$$

注意 可以发现,不是所有的含有三角函数的不定积分都需要用万能变换公式的,使用万能变换公式在很多情况下不仅计算量复杂,而且丧失了本来的公式结构,造成最后的答案晦涩难懂,难以变换回比较简练的形式.但是使用万能公式确实能够将原来的问题转换为有理函数的积分,至于应该如何取舍,可以请读者多做练习题以便自己把握.

习 题 4.4

1. 求下列不定积分:

(1) $\int \frac{x}{x^2+5x+4}dx$;

(2) $\int \frac{x}{x^2+3x-4}dx$;

(3) $\int \frac{4x+3}{(x-2)^3}dx$;

(4) $\int \frac{x^2+1}{(x+1)^2(x-1)}dx$;

(5) $\int \frac{1}{(x^2+1)(x^2+x)}dx$;

(6) $\int \frac{1}{x^4-1}dx$;

(7) $\int \frac{1}{x^2+2x+5}dx$;

(8) $\int \frac{x}{x^2+2x+2}dx$;

(9) $\int \frac{x-2}{x^2+2x+3}dx$;

(10) $\int \frac{x^2+1}{x^2-2x+2}dx$;

(11) $\int \frac{2x+3}{x^2+3x-10}dx$;

(12) $\int \frac{x^3}{x^2+9}dx$.

2. 求下列不定积分:

(1) $\int \frac{1}{2\cos x+3}dx$;

(2) $\int \frac{1}{2+\sin x}dx$;

(3) $\int \frac{1}{\sin x+\tan x}dx$;

(4) $\int \frac{1}{1+\sin x+\cos x}dx$;

(5) $\int \frac{1+\sin x}{\sin x(\cos x+1)}dx$;

(6) $\int \frac{\sin^3 x}{\cos^2 x}dx$;

(7) $\int \frac{1}{(\cos x+\sin x)^2}dx$;

(8) $\int \frac{1}{3\cos^2 x+1}dx$.

本 章 小 结

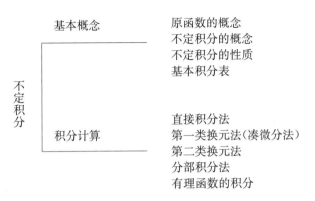

基本概念 —— 原函数的概念
不定积分的概念
不定积分的性质
基本积分表

积分计算 —— 直接积分法
第一类换元法(凑微分法)
第二类换元法
分部积分法
有理函数的积分

（不定积分）

习 题 4

1. 设 $f(x)$ 的一个原函数是 e^{-2x}，求 $f(x)$.

2. 设 $\displaystyle\int xf(x)\mathrm{d}x = \arcsin x + C$，求 $\displaystyle\int \frac{1}{f(x)}\mathrm{d}x$.

3. 设 $f(x^2-1) = \ln\dfrac{x^2}{x^2-2}$，且 $f[\varphi(x)] = \ln x$，求 $\displaystyle\int \varphi(x)\mathrm{d}x$.

4. 设 $F(x)$ 为 $f(x)$ 的原函数，当 $x \geqslant 0$ 时，有 $f(x)F(x) = \sin^2 2x$，且 $F(0) = 1$，$F(x) \geqslant 0$，求 $f(x)$.

5. 求下列不定积分：

$(1)\ \displaystyle\int \frac{\sqrt{x}}{x^3+4}\mathrm{d}x$;

$(2)\ \displaystyle\int \frac{1}{x(x^6+4)}\mathrm{d}x$;

$(3)\ \displaystyle\int \frac{6^x}{4^x+9^x}\mathrm{d}x$;

$(4)\ \displaystyle\int \frac{\arctan(1-x)}{x^2-2x+2}\mathrm{d}x$;

$(5)\ \displaystyle\int \frac{\sin 2x}{\sqrt{1-\sin^4 x}}\mathrm{d}x$;

$(6)\ \displaystyle\int \frac{\sqrt{1+\cos x}}{\sin x}\mathrm{d}x$;

$(7)\ \displaystyle\int \frac{4-2x}{\sqrt{3-2x-x^2}}\mathrm{d}x$;

$(8)\ \displaystyle\int \frac{1}{x^4\sqrt{1+x^2}}\mathrm{d}x$;

(9) $\displaystyle\int \frac{x^2}{(x^2+8)^{\frac{3}{2}}}\mathrm{d}x$;

(10) $\displaystyle\int \frac{1}{x^3\sqrt{x^2-9}}\mathrm{d}x$;

(11) $\displaystyle\int \frac{\sqrt[3]{x}}{x(\sqrt{x}+\sqrt[3]{x})}\mathrm{d}x$;

(12) $\displaystyle\int \sqrt{\frac{3-2x}{3+2x}}\mathrm{d}x$.

6. 求下列不定积分：

(1) $\displaystyle\int \frac{\ln x}{(1+x^2)^{\frac{3}{2}}}\mathrm{d}x$;

(2) $\displaystyle\int \frac{1}{\sqrt[3]{(1+x)^2(x-1)^4}}\mathrm{d}x$;

(3) $\displaystyle\int \frac{x\mathrm{e}^x}{(1+\mathrm{e}^x)^2}\mathrm{d}x$;

(4) $\displaystyle\int \frac{1-\ln x}{(\ln x)^2}\mathrm{d}x$;

(5) $\displaystyle\int \sin 2x \cdot f''(\sin x)\mathrm{d}x$;

(6) $\displaystyle\int \mathrm{e}^{\sin x}\frac{x\cos^3 x-\sin x}{\cos^2 x}\mathrm{d}x$.

7. 设当 $x \neq 0$ 时， $f'(x)$ 连续，求 $\displaystyle\int \frac{xf'(x)-(1+x)f(x)}{x^2\mathrm{e}^x}\mathrm{d}x$.

8. 设 $F(x)=f(x)-\dfrac{1}{f(x)}$ ， $G(x)=f(x)+\dfrac{1}{f(x)}$ ， $F'(x)=G^2(x)$ ，且 $f\left(\dfrac{\pi}{4}\right)=1$ ，求函数 $f(x)$.

9. 求 $\displaystyle\int \max\{1,|x|\}\mathrm{d}x$.

10. 设 $y(x-y)^2=x$ ，求 $\displaystyle\int \frac{1}{x-3y}\mathrm{d}x$.

11. 一公司某产品的边际成本为 $3x+20$ ，它的边际收益为 $44-5x$ ，当生产与销售 80 单位产品时的成本为 11 400 元，求：

(1) 该产品产量的最佳水平(边际成本＝边际收益)；

(2) 成本函数.

5   定积分及其应用

上一章由导数的逆运算引入了不定积分.本章将讨论定积分,它是积分学的另一类基本问题.定积分和不定积分是两个不同的概念,一是求原函数;二是求和的极限.但它们之间存在着密切的联系.本章先从几何问题与经济问题引入定积分的定义,然后讨论定积分的性质、计算方法以及定积分在几何和经济上的应用.

5.1   定积分的概念

5.1.1   引例

1. 曲边梯形的面积

中学时学过求矩形、三角形等直线为边的图形的面积,如图 5-1 所示.

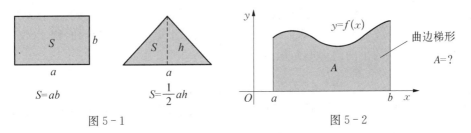

图 5-1   图 5-2

现设曲线 $y=f(x)$ 在区间 $[a,b]$ 上非负、连续,由直线 $x=a$、$x=b$,$y=0$ 以及曲线 $y=f(x)$ 所围成的平面图形,称为**曲边梯形**,其中曲线弧称为**曲边**,如图 5-2所示.

初等数学解决了多边形和规则图形面积的计算问题.但由于曲边梯形的高是变化的,不能直接用"底乘高"的公式计算面积,而需要用极限的方法来解决这个问题.

如图 5-3 所示,先将曲边梯形**分割**成许多小曲边梯形.由于曲线是连续的,因而每个小曲边梯形的面积可用相应的小矩形的面积来**近似代替**.把这些小矩形的面积**累加**起来,就得到曲边梯形面积的近似值.当分割无限变细时,这个近似值就**无限地**接近于所求的曲边梯形面积.

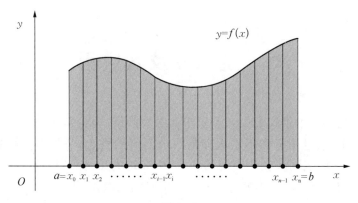

图 5 - 3

具体步骤如下：

(1) **分割**.在区间$[a,b]$内任意插入$n-1$个分点：$a=x_0<x_1<x_2<\cdots<x_n=b$；

把区间$[a,b]$分成n个小区间：$[x_0,x_1],[x_1,x_2],\cdots,[x_{n-1},x_n]$；

小区间的长度依次为$\Delta x_1=x_1-x_0,\Delta x_2=x_2-x_1,\cdots,\Delta x_n=x_n-x_{n-1}$；

把曲边梯形分成n个小曲边梯形，小曲边梯形的面积记为$\Delta A_i(i=1,2,\cdots,n)$；

(2) **近似代替**.在每个小区间$[x_{i-1},x_i](i=1,2,\cdots,n)$上任取一点$\xi_i(x_{i-1}\leqslant\xi_i\leqslant x_i)$，以$f(\xi_i)$为高、$\Delta x_i$为底作小矩形，用小矩形面积$f(\xi_i)\Delta x_i$近似代替相应的小曲边梯形面积$\Delta A_i$，即

$$\Delta A_i\approx f(\xi_i)\Delta x_i\quad(i=1,2,\cdots,n);$$

(3) **求和**.把n个小矩形面积加起来,使得到所求曲边梯形面积A的近似值,即

$$A=\Delta A_1+\Delta A_2+\cdots+\Delta A_n=\sum_{i=1}^{n}\Delta A_i\approx\sum_{i=1}^{n}f(\xi_i)\Delta x_i;$$

(4) **取极限**.记$\lambda=\max\{\Delta x_1,\Delta x_2,\cdots,\Delta x_n\}$,当$\lambda\rightarrow0$时(这时$[a,b]$无限细分,即$n\rightarrow\infty$),取上式右端的和式的极限,就得到了所求曲边梯形面积的精确值,即

$$A=\lim_{\lambda\rightarrow0}\sum_{i=1}^{n}f(\xi_i)\Delta x_i.$$

2. 变速直线运动的路程

在匀速运动中,路程=速度×时间.

但在变速直线运动中,由于速度 $v(t)$ 连续变化,它在很短的一段时间里变化很小,因此可以把时间间隔 $[T_1, T_2]$ 分成若干小段时间间隔,在每一个小间隔内用匀速运动代替变速运动,求出路程的近似值,再将所有小段时间间隔的路程相加,得到整个路程的近似值.最后,通过对时间间隔无限细分的极限过程,得到变速直线运动的路程 S.

$$S = \lim_{\lambda \to 0} \sum_{i=1}^{n} v(\alpha_i) \Delta t_i.$$

上面两个问题的实际意义虽然不同,但所求的量都决定于一个函数及其自变量的变化区间,且通过"分割、近似代替、求和、取极限"的步骤归结为具有相同结构和式的极限.为此,撇开这些问题各自的具体内容(几何意义和物理意义),只考察它们的数学模型,得出如下定义.

5.1.2 定积分的定义

定义 5.1 设函数 $f(x)$ 在区间 $[a, b]$ 上有定义,在区间 (a, b) 内任意插入 $n-1$ 个分点 $x_1, x_2, \cdots, x_{n-1}$,即

$$a = x_0 < x_1 < x_2 < \cdots < x_n = b,$$

将区间 $[a, b]$ 分成 n 个小区间 $[x_{i-1}, x_i]$,其长度记为

$$\Delta x_i = x_i - x_{i-1} \quad (i = 1, 2, \cdots, n),$$

在每个小区间 $[x_{i-1}, x_i]$ 上任取一点 $\xi_i (x_{i-1} \leqslant \xi_i \leqslant x_i)$,得相应的函数值 $f(\xi_i)$,取乘积

$$f(\xi_i) \Delta x_i \quad (i = 1, 2, \cdots, n),$$

并作出和式

$$\sum_{i=1}^{n} f(\xi_i) \Delta x_i.$$

记 $\lambda = \max\{\Delta x_1, \Delta x_2, \cdots, \Delta x_n\}$,当 n 无限增大,且 $\lambda \to 0$ 时,如果和式 $\sum_{i=1}^{n} f(\xi_i) \Delta x_i$ 的极限存在且唯一,那么就称此极限为函数 $f(x)$ 在区间 $[a, b]$ 上的**定积分**,记为 $\int_a^b f(x) \mathrm{d}x$,即 $\int_a^b f(x) \mathrm{d}x = \lim_{\lambda \to 0} \sum_{i=1}^{n} f(\xi_i) \Delta x_i$,其中 x 称为**积分变量**,$f(x)$ 称为**被积函数**,$f(x) \mathrm{d}x$ 称为**被积式**,区间 $[a, b]$ 称为**积分区间**,a 称为**积分下限**,b 称为**积分上限**.

注意 (1) $\sum_{i=1}^{n} f(\xi_i) \Delta x_i$ 通常称为函数 $f(x)$ 的积分和,当函数 $f(x)$ 在区间

$[a,b]$上的积分存在时,称函数 $f(x)$ 在区间$[a,b]$上**可积**,否则称为函数 $f(x)$ 在区间$[a,b]$上不可积.定积分 $\int_a^b f(x)\mathrm{d}x$ 是和式 $\sum_{i=1}^n f(\xi_i)\Delta x_i$ 的极限,因此它是一个数,这与不定积分不同;

(2) 定积分的值只与被积函数 $f(x)$ 及积分区间$[a,b]$有关,而与积分变量的记号无关.即

$$\int_a^b f(x)\mathrm{d}x = \int_a^b f(t)\mathrm{d}t = \int_a^b f(u)\mathrm{d}u;$$

(3) 极限过程是 $\lambda \to 0$,而不仅仅是 $n \to \infty$,前者表示的是无限细分的过程,后者表示的是分点无限增加的过程,无限细分,分点必然无限增加,但分点无限增加,并不能保证无限细分;

(4) 定义中区间的分法和 ξ_i 的取法是任意的;

(5) 在定积分的定义中,假定了 $a < b$,为了今后计算方便,对定积分作如下规定:

当 $a > b$ 时,$\int_a^b f(x)\mathrm{d}x = -\int_b^a f(x)\mathrm{d}x$;

当 $a = b$ 时,$\int_a^b f(x)\mathrm{d}x = 0$.

所以,定积分上、下限无大小限制,若交换积分的上、下限,则积分结果的绝对值不变而符号相反.

定理 5.1 若 $f(x)$ 在闭区间$[a,b]$上连续,则 $f(x)$ 在$[a,b]$上可积.

定理 5.2 若 $f(x)$ 在闭区间$[a,b]$上有界,且只有有限个间断点,则 $f(x)$ 在$[a,b]$上可积.

定积分的几何意义有:

(1) 若连续函数 $f(x)$ 在$[a,b]$上非负,即 $f(x) \geqslant 0$,则定积分 $\int_a^b f(x)\mathrm{d}x$ 表示曲线 $y=f(x)$、直线 $x=a$,$x=b$,以及 x 轴所围成的曲边梯形的面积A;

(2) 若连续函数 $f(x)$ 在$[a,b]$上非正,即 $f(x) \leqslant 0$,则定积分 $\int_a^b f(x)\mathrm{d}x$ 表示曲线$y=f(x)$、直线 $x=a$,$x=b$,以及 x 轴所围成的曲边梯形的面积的相反数$-A$;

(3) 若连续函数 $f(x)$ 在$[a,b]$上既取得正值又取得负值时,即函数 $f(x)$ 的图形某些部分在 x 轴的上方,而其他部分在 x 轴的下方,如图 5-4 所示,则定

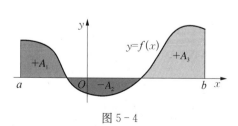

图 5-4

积分 $\int_a^b f(x)\mathrm{d}x$ 表示由曲线 $y = f(x)$、直线 $x = a$，$x = b$，以及 x 轴所围成的曲边梯形的面积的代数和，即

$$\int_a^b f(x)\mathrm{d}x = A_1 - A_2 + A_3.$$

例 5.1　利用定积分表示下列极限：

$$\lim_{n \to \infty} \frac{\pi}{n}\left(\frac{1}{n}\cos\frac{1}{n} + \frac{2}{n}\cos\frac{2}{n} + \cdots + \frac{n-1}{n}\cos\frac{n-1}{n} + \cos 1\right).$$

解　原极限 $= \lim\limits_{n \to \infty}\pi\sum\limits_{i=1}^{n}\left(\dfrac{i}{n}\cos\dfrac{i}{n}\right) \cdot \dfrac{1}{n}$，

易见，若取 $x_i = \dfrac{i}{n}$，则 $\Delta x_i = \dfrac{1}{n}$，$\xi_i = \dfrac{i}{n} \in [x_{i-1}, x_i]$，

$$原极限 = \lim_{n \to \infty}\pi\sum_{i=1}^{n}\xi_i\cos\xi_i\Delta x_i,$$

由此可见，被积函数应取为 $f(x) = x\cos x$，注意到 $f(x)$ 在 $[0, 1]$ 上连续，因而是可积的，故有

$$原极限 = \pi\int_0^1 x\cos x\,\mathrm{d}x.$$

注意　今后可直接计算出上述积分结果为

$$\pi[\sin 1 + \cos 1 - 1].$$

5.1.3　定积分的近似计算

若函数 $f(x)$ 在区间 $[a, b]$ 上连续，则定积分 $\int_a^b f(x)\mathrm{d}x$ 存在.如同例 5.1，将区间 $[a, b]$ 分成 n 个长度相等的小区间：

$$a = x_0 < x_1 < x_2 < \cdots < x_{n-1} < x_n = b,$$

记 $y_i = f(x_i).0 \leqslant i \leqslant n$，

每个小区间的长度为 $\Delta x = \dfrac{b-a}{n}$,取 $\xi_i \in [x_{i-1}, x_i]$,则

$$\int_a^b f(x)\mathrm{d}x \approx \frac{b-a}{n} \sum_{i=1}^n f(\xi_i).$$

根据 ξ_i 在小区间上的取法不同得到下列常用近似计算方法:

矩形法

如图 5-5 所示,近似计算 $A = \displaystyle\int_a^b f(x)\mathrm{d}x$,将区间 n 等分,其中 $\Delta x = \dfrac{b-a}{n}$,

$$\int_a^b f(x)\mathrm{d}x \approx \frac{b-a}{n}(y_0 + y_1 + \cdots + y_{n-1}), \tag{5-1}$$

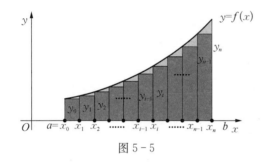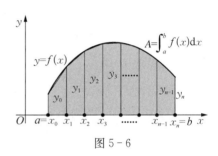

图 5-5 　　　　　　　　　　　　　　　 图 5-6

式(5-1)称为**左矩形公式**.

$$\int_a^b f(x)\mathrm{d}x \approx \frac{b-a}{n}(y_1 + y_2 + \cdots + y_n), \tag{5-2}$$

式(5-2)称为**右矩形公式**.

梯形法

如图 5-6 所示,$\displaystyle\int_a^b f(x)\mathrm{d}x \approx \dfrac{1}{2}(y_0 + y_1)\Delta x + \dfrac{1}{2}(y_1 + y_2)\Delta x + \cdots +$

$\dfrac{1}{2}(y_{n-1} + y_n)\Delta x = \dfrac{b-a}{n}\left[\dfrac{1}{2}(y_0 + y_n) + y_1 + y_2 + \cdots + y_{n-1}\right].$

定积分的近似计算方法很多,这里不再做介绍.

例 5.2　将和式极限:

$$\lim_{n\to\infty} \frac{1}{n}\left[\sin\frac{\pi}{n} + \sin\frac{2\pi}{n} + \cdots + \sin\frac{(n-1)\pi}{n}\right]$$

表示成定积分.

解 原式 $= \lim\limits_{n \to \infty} \dfrac{1}{n} \left[\sin\dfrac{\pi}{n} + \sin\dfrac{2\pi}{n} + \cdots + \sin\dfrac{(n-1)\pi}{n} + \sin\dfrac{n\pi}{n} \right]$

$\qquad = \lim\limits_{n \to \infty} \dfrac{1}{n} \sum\limits_{i=1}^{n} \sin\dfrac{i\pi}{n} = \dfrac{1}{\pi} \lim\limits_{n \to \infty} \sum\limits_{i=1}^{n} \left(\sin\dfrac{i\pi}{n} \right) \cdot \dfrac{\pi}{n}$

$\qquad = \dfrac{1}{\pi} \displaystyle\int_0^{\pi} \sin x \, \mathrm{d}x.$

例 5.3 利用定积分的几何意义,说明下列等式:

$$\int_0^a \sqrt{a^2 - x^2} \, \mathrm{d}x = \frac{\pi a^2}{4} \quad (a > 0).$$

解 被积函数 $y = \sqrt{a^2 - x^2}$ 是上半圆 $x^2 + y^2 = a^2 (y > 0)$. 根据积分的几何意义,$\displaystyle\int_0^a \sqrt{a^2 - x^2} \, \mathrm{d}x$ 表示在 $[0, a]$ 上由该半圆周与 x 轴及 y 轴所围成图形的面积,即在第一象限的四分之一圆的面积,其面积等于 $\dfrac{1}{4} \pi \cdot a^2$,此即为等式右端.

┆ **习 题 5.1** ┆

1. 利用定积分的定义计算下列积分:

(1) $\displaystyle\int_0^1 x^2 \, \mathrm{d}x$;
$\qquad\qquad\qquad$ (2) $\displaystyle\int_a^b x \, \mathrm{d}x$;

(3) $\displaystyle\int_0^1 \mathrm{e}^x \, \mathrm{d}x$;
$\qquad\qquad\qquad$ (4) $\displaystyle\int_0^1 (ax + b) \, \mathrm{d}x$.

2. 试将和式及和式的极限表示成定积分:

(1) $\lim\limits_{n \to \infty} \dfrac{1^p + 2^p + \cdots + n^p}{n^{p+1}}$;

(2) $\lim\limits_{n \to \infty} \dfrac{\sin\dfrac{\pi}{n}}{n+1} + \dfrac{\sin\dfrac{2\pi}{n}}{n+2} + \cdots + \dfrac{\sin\dfrac{n\pi}{n}}{n+n}$;

(3) $\lim\limits_{n \to \infty} \dfrac{1}{n^2} (\sqrt{n} + \sqrt{2n} + \cdots + \sqrt{n^2})$;

(4) $\lim\limits_{n \to \infty} \dfrac{1}{n} \sqrt[n]{(n+1)(n+2)\cdots(2n)}$.

3. 用定积分的几何意义求出下列定积分的值:

(1) $\int_0^1 2x\,\mathrm{d}x$;

(2) $\int_{-a}^0 \sqrt{a^2-x^2}\,\mathrm{d}x$;

(3) $\int_{-\pi}^\pi \sin x\,\mathrm{d}x$;

(4) $\int_{-1}^1 |x|\,\mathrm{d}x$.

4. 利用定积分,计算以下各列和式的极限:

(1) 已知 $\int_0^\pi \sin x\,\mathrm{d}x=2$,求 $\lim\limits_{n\to\infty}\dfrac{1}{n}\left[\sin\dfrac{\pi}{n}+\sin\dfrac{2\pi}{n}+\cdots+\sin\dfrac{(n-1)\pi}{n}\right]$;

(2) 已知 $\int_1^2 \dfrac{\mathrm{d}x}{x}=\ln 2$,求 $\lim\limits_{n\to\infty}\left(\dfrac{1}{n+1}+\dfrac{1}{n+2}+\cdots+\dfrac{1}{n+n}\right)$.

5. 利用定积分的几何意义,求 $\int_a^b \sqrt{(x-a)(b-x)}\,\mathrm{d}x\ (b>0)$.

5.2 定积分的性质

在本节中,我们讨论定积分的一些性质.之前已有规定:

当 $a=b$ 时,$\int_a^b f(x)\mathrm{d}x=0$;

当 $a>b$ 时,$\int_a^b f(x)\mathrm{d}x=-\int_b^a f(x)\mathrm{d}x$.

下列各性质中积分上、下限的大小,如无特别说明,均不加限制,并且假定各性质中的函数都是可积的.

性质 5.1 函数代数和的定积分等于定积分的代数和,即

$$\int_a^b [f(x)\pm g(x)]\mathrm{d}x=\int_a^b f(x)\mathrm{d}x\pm\int_a^b g(x)\mathrm{d}x.$$

注意 此性质可以推广到有限多个函数之和的情况.

性质 5.2 常数因子可以提到积分号外面,即

$$\int_a^b kf(x)\mathrm{d}x=k\int_a^b f(x)\mathrm{d}x \quad (k\text{ 为常数}).$$

性质 5.3(积分对区间的可加性) 如果将区间 $[a,b]$ 分成两部分 $[a,c]$ 和 $[c,b]$,那么

$$\int_a^b f(x)\mathrm{d}x=\int_a^c f(x)\mathrm{d}x+\int_c^b f(x)\mathrm{d}x.$$

注意 不论 a,b,c 的相对位置如何,上式总成立.

例如,当 $a < b < c$ 时,有

$$\int_a^c f(x)\mathrm{d}x = \int_a^b f(x)\mathrm{d}x + \int_b^c f(x)\mathrm{d}x,$$

则　　$\int_a^b f(x)\mathrm{d}x = \int_a^c f(x)\mathrm{d}x - \int_b^c f(x)\mathrm{d}x = \int_a^c f(x)\mathrm{d}x + \int_c^b f(x)\mathrm{d}x.$

性质 5.4　如果在区间 $[a,b]$ 上 $f(x) \equiv k$,那么

$$\int_a^b k\,\mathrm{d}x = k(b-a),$$

当 $f(x) \equiv 1$ 时,　　　　　　　$\int_a^b \mathrm{d}x = (b-a).$

性质 5.5　若在区间 $[a,b]$ 上有 $f(x) \leqslant g(x)$,则 $\int_a^b f(x)\mathrm{d}x \leqslant \int_a^b g(x)\mathrm{d}x.$

推论 5.1　若在区间 $[a,b]$ 上 $f(x) \geqslant 0$,则

$$\int_a^b f(x)\mathrm{d}x \geqslant 0.$$

推论 5.2　$\left| \int_a^b f(x)\mathrm{d}x \right| \leqslant \int_a^b |f(x)|\,\mathrm{d}x \ (a < b).$

例 5.4　比较积分值 $\int_1^e \ln x\,\mathrm{d}x$ 和 $\int_1^e \ln^2 x\,\mathrm{d}x$ 的大小.

解　当 $1 \leqslant x \leqslant e$ 时,$0 \leqslant \ln x \leqslant 1$,故 $\ln x \geqslant \ln^2 x$,所以 $\int_1^e \ln x\,\mathrm{d}x \geqslant \int_1^e \ln^2 x\,\mathrm{d}x.$

例 5.5　比较积分值 $\int_{-1}^1 \sqrt{1+x^4}\,\mathrm{d}x$ 与 $\int_{-1}^1 (1+x^2)\mathrm{d}x$ 的大小.

解　因为 $\sqrt{1+x^4} \leqslant 1+x^2$,所以 $\int_{-1}^1 \sqrt{1+x^4}\,\mathrm{d}x < \int_{-1}^1 (1+x^2)\mathrm{d}x.$

例 5.6　比较积分值 $\int_0^1 e^x\,\mathrm{d}x$ 和 $\int_0^1 \dfrac{1}{2}x\,\mathrm{d}x$ 的大小.

解　令 $f(x) = e^x - \dfrac{1}{2}x$. 由于当 $x > 0$ 时,$f'(x) = e^x - \dfrac{1}{2} > 0$,从而 $f(x)$ 在 $x > 0$ 时单调递增,因而 $f(x) > f(0) = \dfrac{1}{2}$. 故而,

$$\int_0^1 \left(e^x - \frac{1}{2}x \right)\mathrm{d}x \geqslant \int_0^1 \frac{1}{2}\mathrm{d}x = \frac{1}{2},$$

即 $\int_0^1 \mathrm{e}^x \mathrm{d}x > \int_0^1 \dfrac{1}{2}x\,\mathrm{d}x$.

性质 5.6(估值定理)　若函数 $f(x)$ 在区间 $[a,b]$ 上的最大值为 M,最小值为 m,则

$$m(b-a) \leqslant \int_a^b f(x)\mathrm{d}x \leqslant M(b-a).$$

例 5.7　估计积分 $\displaystyle\int_0^\pi \dfrac{1}{3+\sin^3 x}\mathrm{d}x$ 的值.

解　令 $f(x)=\dfrac{1}{3+\sin^3 x}$, $x \in [0,\pi]$,因为 $0 \leqslant \sin^3 x \leqslant 1$,

所以 $\dfrac{1}{4} \leqslant \dfrac{1}{3+\sin^3 x} \leqslant \dfrac{1}{3}$,即 $\displaystyle\int_0^\pi \dfrac{1}{4}\mathrm{d}x \leqslant \int_0^\pi \dfrac{1}{3+\sin^3 x}\mathrm{d}x \leqslant \int_0^\pi \dfrac{1}{3}\mathrm{d}x$,

于是　　　　　　$\dfrac{\pi}{4} \leqslant \displaystyle\int_0^\pi \dfrac{1}{3+\sin^3 x}\mathrm{d}x \leqslant \dfrac{\pi}{3}$.

例 5.8　估计积分的值: $\displaystyle\int_{-1}^3 \dfrac{x}{x^2+1}\mathrm{d}x$.

解　设 $f(x)=\dfrac{x}{x^2+1}$,先求 $f(x)$ 在 $[-1,3]$ 上的最大、最小值,

$$f'(x)=\frac{x^2+1-2x^2}{(x^2+1)^2}=\frac{(1-x)(1+x)}{(x^2+1)^2}.$$ 由 $f'(x)=0$ 得 $(-1,3)$ 内驻点

$x=1$. 由 $f(-1)=-0.5$, $f(1)=0.5$, $f(3)=0.3$,知 $-\dfrac{1}{2} \leqslant f(x) \leqslant \dfrac{1}{2}$.

由定积分性质得　　$-2 = \displaystyle\int_{-1}^3 \left(-\dfrac{1}{2}\right)\mathrm{d}x \leqslant \int_{-1}^3 f(x)\mathrm{d}x \leqslant \int_{-1}^3 \dfrac{1}{2}\mathrm{d}x = 2$.

例 5.9　证明不等式: $\displaystyle\int_2^3 \sqrt{x^2-x}\,\mathrm{d}x \geqslant \sqrt{2}$.

证　设 $f(x)=\sqrt{x^2-x}$,则当 $x \in [2,3]$ 时,

$$f'(x)=\frac{2x-1}{2\sqrt{x^2-x}} > 0,$$

故函数 $f(x)$ 在区间 $[2,3]$ 是单调增加,从而

$$f(x) \geqslant f(2)=\sqrt{2},$$

根据定积分不等式,得

$$\int_2^3 \sqrt{x^2 - x}\, \mathrm{d}x \geqslant \sqrt{2}.$$

性质 5.7(定积分中值定理) 设函数 $f(x)$ 在闭区间 $[a, b]$ 上连续,那么在区间 $[a, b]$ 上至少存在一点 ξ,使得 $\int_a^b f(x)\mathrm{d}x = f(\xi)(b-a)$ 或 $\dfrac{1}{b-a}\int_a^b f(x)\mathrm{d}x = f(\xi)$.

积分中值定理的几何意义:在 $[a, b]$ 上至少存在一点 ξ,使以 $f(\xi)$ 为高,$b-a$ 为底的矩形 $aCDb$ 的面积等于曲边梯形 $aABb$ 的面积如图 $5-7$ 所示.

按积分中值定理

$$\bar{y} = \frac{1}{b-a}\int_a^b f(x)\mathrm{d}x$$

称为 $f(x)$ 在 $[a, b]$ 上的平均值.

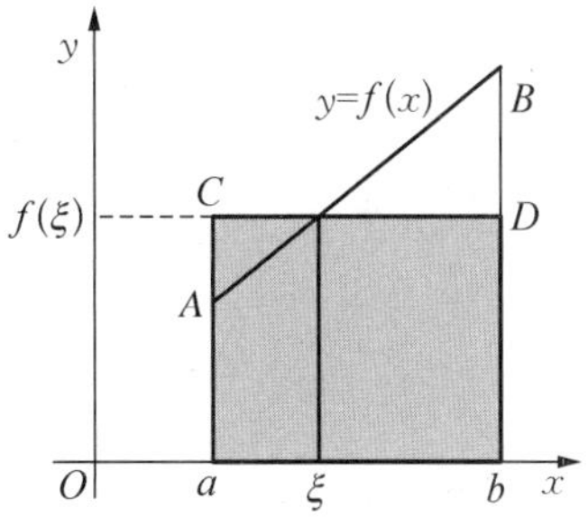

图 $5-7$

例 5.10 求极限:$\displaystyle\lim_{n\to\infty}\int_0^{\frac{\pi}{4}} \sin^n x\, \mathrm{d}x$.

解 设 $f(x) = \sin^n x$,则 $f(x)$ 在区间 $\left[0, \dfrac{\pi}{4}\right]$ 上连续,利用积分中值定理,知 $\exists \xi \in \left[0, \dfrac{\pi}{4}\right]$,使得

$$\int_0^{\frac{\pi}{4}} \sin^n x\, \mathrm{d}x = \sin^n \xi \cdot \left(\frac{\pi}{4} - 0\right),$$

由于 $0 \leqslant \sin \xi < 1$,故而,

$$\lim_{n\to\infty}\int_0^{\frac{\pi}{4}} \sin^n x\, \mathrm{d}x = \frac{\pi}{4}\lim_{n\to\infty}\sin^n \xi = 0.$$

例 5.11 如果函数 $f(x)$ 在 $[a, b]$ 上连续且 $\int_a^b f(x)\mathrm{d}x = 0$,证明在 $[a, b]$ 上至少存在一个 $f(x)$ 的零点.

证明 我们采用反证法来证明.假设 $f(x)$ 在 $[a, b]$ 上不存在零点,即 $f(x) \neq 0$,由于 $f(x)$ 是连续的,那么 $f(x)$ 在 $[a, b]$ 上要么恒为正,要么恒为负.不然的话,若假设存在两个点 x_1,x_2,使得 $f(x_1) > 0$ 且 $f(x_2) < 0$,那么根据连续函数在闭区间 $[x_1, x_2]$(不妨假设 $x_1 < x_2$)上的介值定理,一定存在 $\zeta \in$

$[x_1, x_2]$,使得 $f(\zeta)=0$. 这就造成了矛盾,从而 $f(x)$ 在 $[a,b]$ 上要么恒为正,要么恒为负.

为了方便起见,不妨假设 $f(x)>0$. 根据定积分的性质,显然有 $\int_a^b f(x)\mathrm{d}x>0$,与题设矛盾. 故而 $[a,b]$ 上至少存在一个 $f(x)$ 的零点.

性质 5.8 当 $f(x)$ 在 $[-a,a]$ 上连续,则

(1) 当 $f(x)$ 为偶函数,有

$$\int_{-a}^a f(x)\mathrm{d}x = 2\int_0^a f(x)\mathrm{d}x ;$$

(2) 当 $f(x)$ 为奇函数,有

$$\int_{-a}^a f(x)\mathrm{d}x = 0.$$

例 5.12 设 $f(x)$ 为奇函数,求 $\int_{-1}^1 f(x^3)\mathrm{d}x$.

解 令 $g(x)=f(x^3)$. 从而

$$g(-x)=f(-x^3)=-f(x^3)=-g(x),$$

从而 $g(x)$ 为奇函数. 因此 $\int_{-1}^1 f(x^3)\mathrm{d}x = 0$.

例 5.13 求定积分 $\int_{-1}^1 \dfrac{\sin x}{1+x^2\cos x}\mathrm{d}x$.

解 因被积函数是奇函数,故 $\int_{-1}^1 \dfrac{\sin x}{1+x^2\cos x}\mathrm{d}x = 0$.

$$\dashv \ \text{习 题 } 5.2 \ \vdash$$

1. 估计下列各积分的值:

(1) $\int_{\frac{\pi}{4}}^{\frac{5\pi}{4}} (1+\sin^2 x)\mathrm{d}x$;

(2) $\int_1^2 x\mathrm{e}^x \mathrm{d}x$;

(3) $\int_1^2 \dfrac{x}{1+x^2}\mathrm{d}x$;

(4) $\int_{\frac{\pi}{4}}^{\frac{\pi}{2}} \dfrac{\sin x}{x}\mathrm{d}x$.

2. 根据定积分的性质,比较下列各组积分的大小:

(1) $\int_1^2 \ln x\,\mathrm{d}x$ 与 $\int_1^2 \ln^2 x\,\mathrm{d}x$;

(2) $\int_0^1 \mathrm{e}^x \mathrm{d}x$ 与 $\int_0^1 (x+1)\mathrm{d}x$;

(3) $\int_0^{\frac{\pi}{2}} \sin^2 x \, \mathrm{d}x$ 与 $\int_0^{\frac{\pi}{2}} \sin^4 x \, \mathrm{d}x$；　　　　(4) $\int_0^{\frac{\pi}{2}} x \, \mathrm{d}x$ 与 $\int_0^{\frac{\pi}{2}} \sin x \, \mathrm{d}x$；

(5) $\int_0^1 x \, \mathrm{d}x$ 与 $\int_0^1 x^2 \, \mathrm{d}x$；　　　　(6) $\int_1^2 x \, \mathrm{d}x$ 与 $\int_1^2 x^2 \, \mathrm{d}x$．

3. 试估计积分 $\int_{\frac{\sqrt{3}}{3}}^{\sqrt{3}} x \operatorname{arccot} x \, \mathrm{d}x$ 的值.

4. 证明不等式：$\int_0^2 \sqrt{x+1} \, \mathrm{d}x \geqslant \sqrt{2}$.

5. 证明：若 f 为 $[0,1]$ 上的递减函数，则 $\forall a \in (0,1)$，$a \int_0^1 f(x)\mathrm{d}x \leqslant \int_0^a f(x)\mathrm{d}x$ 成立.

6. 已知函数 $f(x) = \begin{cases} x^3, & x \in [-2,2), \\ 2x, & x \in [2,\pi), \\ \cos x, & x \in [\pi, 2\pi], \end{cases}$　求 $f(x)$ 在区间 $[-2, 2\pi]$ 上的积分.

7. 求函数 $f(x) = 2^x$ 在 $[0,2]$ 上的平均值.

8. 证明：若在 $[a,b]$ 上 $f(x) \geqslant 0$，且 $\int_a^b f(x)\mathrm{d}x = 0$，则在 $[a,b]$ 上 $f(x) \equiv 0$.

9. 证明：若在 $[a,b]$ 上 $f(x) \geqslant 0$，且 $f(x)$ 不恒等于 0，则 $\int_a^b f(x)\mathrm{d}x > 0$.

10. 若函数在闭区间 $[0,1]$ 上连续，在开区间 $(0,1)$ 内可导，且满足 $3\int_{\frac{2}{3}}^1 f(x)\mathrm{d}x = f(0)$，证明：在内至少存在一点 ξ，使得 $f'(\xi) = 0$.

5.3　微积分基本公式

利用定积分的定义计算积分值是很困难的，为此必须寻求计算定积分的简便而有效的方法，这一节将通过揭示定积分与不定积分的关系，引出定积分的一般计算方法.

5.3.1　引例

变速直线运动中位置函数与速度函数的联系：

设物体做直线运动，已知速度 $v = v(t)$ 是时间间隔 $[T_1, T_2]$ 上 t 的一个连续函数，且 $v(t) \geqslant 0$，求物体在这段时间内所经过的路程.

变速直线运动中路程为 $\int_{T_1}^{T_2} v(t)\mathrm{d}t$，另一方面这段路程可表示为 $s(T_2) -$ $s(T_1)$，由此可见，位置函数 $s(t)$ 与速度函数 $v(t)$ 有如下关系：

$$\int_{T_1}^{T_2} v(t)\mathrm{d}t = s(T_2) - s(T_1).$$

5.3.2 变上限函数的积分及其导数

连续函数的定积分是一个取决于被积函数 $f(x)$ 及积分区间 $[a,b]$ 的数值，而被积函数确定后，它就由积分区间来确定.现在假定下限 a 为定值，而上限是变动的，它将是一个以上限为变量的函数.

定义 5.2 若 $f(x)$ 在区间 $[a,b]$ 上连续，称

$$\varphi(x) = \int_a^x f(t)\mathrm{d}t, \, x \in [a,b]$$

为**积分上限函数**(或变上限积分函数).

定理 5.3 若函数 $f(x)$ 在区间 $[a,b]$ 上连续，$x \in [a,b]$，则积分上限函数 $\varphi(x) = \int_a^x f(t)\mathrm{d}t$ 在 $[a,b]$ 上可导，且导数为

$$\varphi'(x) = \frac{\mathrm{d}}{\mathrm{d}x}\int_a^x f(t)\mathrm{d}t = f(x), \, x \in [a,b].$$

证明略.

定理 5.3 中的公式是积分上限函数的求导公式，下面讨论它的一般形式.

设 $f(x)$ 在 $[a,b]$ 上连续，$\varphi(x)$ 在 $[a,b]$ 上可导，且 $a \leqslant \varphi(x) \leqslant b$，$x \in [a,b]$，则

$$\frac{\mathrm{d}}{\mathrm{d}x}\int_a^{\varphi(x)} f(t)\mathrm{d}t = f[\varphi(x)]\varphi'(x),$$

$$\frac{\mathrm{d}}{\mathrm{d}x}\int_{\psi(x)}^{\varphi(x)} f(t)\mathrm{d}t = f[\varphi(x)]\varphi'(x) - f[\psi(x)]\psi'(x).$$

例 5.14 设 $f(x)$ 在 $[a,b]$ 上连续，则 $\int_a^x f(t)\mathrm{d}t$ 与 $\int_x^b f(u)\mathrm{d}u$ 是 x 的函数还是 t 与 u 的函数? 它们的导数存在吗? 如果存在，等于什么?

解 $\displaystyle\int_a^x f(t)\,\mathrm{d}t$ 与 $\displaystyle\int_x^b f(u)\,\mathrm{d}u$ 都是 x 的函数，它们的导数都存在，且

$$\frac{\mathrm{d}}{\mathrm{d}x}\int_a^x f(t)\,\mathrm{d}t = f(x), \quad \frac{\mathrm{d}}{\mathrm{d}x}\int_x^b f(u)\,\mathrm{d}u = -\frac{\mathrm{d}}{\mathrm{d}x}\int_b^x f(u)\,\mathrm{d}u = -f(x).$$

例 5.15 设 $f(x)$ 是连续函数，试求下列函数的导数：

(1) $F(x)=\displaystyle\int_{\cos x}^{\sin x}\mathrm{e}^{f(t)}\,\mathrm{d}t$；(2) $F(x)=\displaystyle\int_0^x xf(t)\,\mathrm{d}t$.

解 (1) $F'(x)=\mathrm{e}^{f(\sin x)}\cos x + \mathrm{e}^{f(\cos x)}\sin x$；

(2) 因为 $F(x)=x\displaystyle\int_0^x f(t)\,\mathrm{d}t$，所以 $F'(x)=xf(x)+\displaystyle\int_0^x f(t)\,\mathrm{d}t$.

例 5.16 求下列极限：

(1) $\displaystyle\lim_{x\to 0}\frac{\displaystyle\int_0^x \cos t^2\,\mathrm{d}t}{x}$；   (2) $\displaystyle\lim_{x\to 0}\frac{\displaystyle\int_0^x \arctan t\,\mathrm{d}t}{x^2}$；   (3) $\displaystyle\lim_{x\to 0}\frac{\displaystyle\int_0^{x^2}\sqrt{1+t^2}\,\mathrm{d}t}{x^2}$.

解 (1) 因为 $\displaystyle\lim_{x\to 0}\int_0^x \cos t^2\,\mathrm{d}t = \int_0^0 \cos t^2\,\mathrm{d}t = 0$，所以是 $\dfrac{0}{0}$ 型未定式.用洛必达法则，

$$\lim_{x\to 0}\frac{\displaystyle\int_0^x \cos t^2\,\mathrm{d}t}{x}=\lim_{x\to 0}\frac{\cos x^2}{1}=1;$$

(2) 是 $\dfrac{0}{0}$ 型未定式，用洛必达法则，

$$\lim_{x\to 0}\frac{\displaystyle\int_0^x \arctan t\,\mathrm{d}t}{x^2}=\lim_{x\to 0}\frac{\arctan x}{2x}=\frac{\dfrac{1}{1+x^2}}{2}=\frac{1}{2};$$

(3) 是 $\dfrac{0}{0}$ 型未定式，用洛必达法则，

$$\lim_{x\to 0}\frac{\displaystyle\int_0^{x^2}\sqrt{1+t^2}\,\mathrm{d}t}{x^2}=\lim_{x\to 0}\frac{\sqrt{1+x^4}\cdot 2x}{2x}=1.$$

例 5.17 求 $\displaystyle\lim_{x\to 0}\frac{\displaystyle\int_{\cos x}^1 \mathrm{e}^{-t^2}\,\mathrm{d}t}{x^2}$.

解　因为 $\dfrac{\mathrm{d}}{\mathrm{d}x}\displaystyle\int_{\cos x}^{1}\mathrm{e}^{-t^2}\,\mathrm{d}t = -\dfrac{\mathrm{d}}{\mathrm{d}x}\displaystyle\int_{1}^{\cos x}\mathrm{e}^{-t^2}\,\mathrm{d}t = -\mathrm{e}^{-\cos^2 x}\cdot(\cos x)' = \sin x\,\mathrm{e}^{-\cos^2 x}$,

所以 $\displaystyle\lim_{x\to 0}\dfrac{\displaystyle\int_{\cos x}^{1}e^{-t^2}\,\mathrm{d}t}{x^2} = \lim_{x\to 0}\dfrac{\sin x\,\mathrm{e}^{-\cos^2 x}}{2x} = \dfrac{1}{2\mathrm{e}}$.

例 5.18　设 $f(x)$ 在 $(-\infty,+\infty)$ 内连续,且 $f(x)>0$,证明:

函数 $F(x) = \dfrac{\displaystyle\int_{0}^{x}tf(t)\,\mathrm{d}t}{\displaystyle\int_{0}^{x}f(t)\,\mathrm{d}t}$ 在 $(0,+\infty)$ 内为单调增加函数.

证　因为 $\dfrac{\mathrm{d}}{\mathrm{d}x}\displaystyle\int_{0}^{x}tf(t)\,\mathrm{d}t = xf(x)$, $\dfrac{\mathrm{d}}{\mathrm{d}x}\displaystyle\int_{0}^{x}f(t)\,\mathrm{d}t = f(x)$,

所以 $F(x) = \dfrac{xf(x)\displaystyle\int_{0}^{x}f(t)\,\mathrm{d}t - f(x)\displaystyle\int_{0}^{x}tf(t)\,\mathrm{d}t}{\left(\displaystyle\int_{0}^{x}f(t)\,\mathrm{d}t\right)^2} = \dfrac{f(x)\displaystyle\int_{0}^{x}(x-t)f(t)\,\mathrm{d}t}{\left(\displaystyle\int_{0}^{x}f(t)\,\mathrm{d}t\right)^2}$.

因为 $f(x)>0\,(x>0)$,所以 $\displaystyle\int_{0}^{x}f(t)\,\mathrm{d}t>0$,

因为 $t<x$,所以 $(x-t)f(t)>0$,所以 $\displaystyle\int_{0}^{x}(x-t)f(t)\,\mathrm{d}t>0$. 因此 $F'(x)>0\,(x>0)$,

即 $F(x)$ 在 $(0,+\infty)$ 内为单调增加函数.

5.3.3　牛顿-莱布尼兹公式

由定理 5.3 可知,只要 $f(x)$ 连续,$f(x)$ 的原函数总是存在的,积分上限函数 $\varphi(x)$ 就是 $f(x)$ 的一个原函数.

定理 5.4　如果 $f(x)$ 在 $[a,b]$ 上连续,则积分上限的函数

$$\varphi(x) = \int_{a}^{x}f(t)\,\mathrm{d}t$$

就是 $f(x)$ 在 $[a,b]$ 上的一个原函数.

定理 5.4 也称为**原函数存在定理**.

重要意义

(1) 肯定了连续函数的原函数是存在的;

(2) 初步揭示了积分学中的定积分与原函数之间的联系.

定理 5.5(微积分基本定理)　若函数 $F(x)$ 是连续函数 $f(x)$ 在 $[a,b]$ 上任一

个原函数,则

$$\int_a^b f(x)\mathrm{d}x = F(b) - F(a) \tag{5-3}$$

式(5-3)称为**牛顿-莱布尼兹公式**,也称为**微积分学基本定理**.

这个公式揭示了定积分与原函数之间的密切关系;连续函数在积分区间 $[a,b]$ 上的定积分,等于它的任意一个原函数在 $[a,b]$ 上的增量.这样就为定积分的计算提供了一个简便而有效的方法.

式(5-3)也可常记作

$$\int_a^b f(x)\mathrm{d}x = F(x)\Big|_a^b = F(b) - F(a).$$

注意 用牛顿-莱布尼兹公式求定积分的关键是找出被积函数的原函数,并仔细检查使用该公式时被积函数是否连续.如果不满足,则不能使用牛顿-莱布尼兹公式.

例 5.19 求 $\displaystyle\int_{-\frac{\pi}{2}}^{\frac{\pi}{2}} \frac{\mathrm{d}x}{1+\cos x}$.

解 原式 $=\displaystyle\int_{-\frac{\pi}{2}}^{\frac{\pi}{2}} \frac{\mathrm{d}x}{2\cos^2\dfrac{x}{2}} = \tan\dfrac{x}{2}\bigg|_{-\frac{\pi}{2}}^{\frac{\pi}{2}} = 2$.

错解 原式 $=\displaystyle\int_{-\frac{\pi}{2}}^{\frac{\pi}{2}} \frac{1-\cos x}{\sin^2 x}\mathrm{d}x = \left(-\cot x + \dfrac{1}{\sin x}\right)\bigg|_{-\frac{\pi}{2}}^{\frac{\pi}{2}} = 2$.

此时被积函数不是连续函数.

例 5.20 求 $\displaystyle\int_{-2}^{-1} \frac{1}{x}\mathrm{d}x$.

解 原式 $=\ln|x|\ \Big|_{-2}^{-1} = \ln 1 - \ln 2 = -\ln 2$.

例 5.21 计算: $\displaystyle\int_0^1 |2x-1|\mathrm{d}x$.

解 因为 $|2x-1| = \begin{cases} 1-2x, & x \leqslant \dfrac{1}{2}, \\[2mm] 2x-1, & x > \dfrac{1}{2}, \end{cases}$

所以 $\displaystyle\int_0^1 |2x-1|\mathrm{d}x = \int_0^{1/2}(1-2x)\mathrm{d}x + \int_{1/2}^1(2x-1)\mathrm{d}x = (x-x^2)\Big|_0^{1/2} + (x^2-x)\Big|_{1/2}^1 = \dfrac{1}{2}$.

例 5.22 设 $f(x)=\begin{cases}2x, & 0\leqslant x\leqslant 1, \\ 5, & 1<x\leqslant 2,\end{cases}$ 求 $\int_0^2 f(x)\mathrm{d}x$.

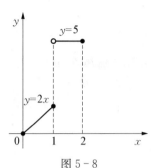

图 5-8

解 如图 5-8 所示,在 $[1,2]$ 上规定:当 $x=1$ 时,$f(x)=5$,则由定积分性质得:

$$\int_0^2 f(x)\mathrm{d}x = \int_0^1 f(x)\mathrm{d}x + \int_1^2 f(x)\mathrm{d}x$$
$$= \int_0^1 2x\,\mathrm{d}x + \int_1^2 5\mathrm{d}x = 6.$$

可以发现若定积分只有有限个不连续点时也可以使用牛顿-莱布尼兹公式.

例 5.23 求定积分 $\int_{-\pi/2}^{\pi/3} \sqrt{1-\cos^2 x}\,\mathrm{d}x$.

解 $\int_{-\pi/2}^{\pi/3} \sqrt{1-\cos^2 x}\,\mathrm{d}x = \int_{-\pi/2}^{\pi/3} |\sin x|\,\mathrm{d}x = -\int_{-\pi/2}^{0} \sin x\,\mathrm{d}x + \int_0^{\pi/3} \sin x\,\mathrm{d}x = \cos x\Big|_{-\pi/2}^{0} - \cos x\Big|_0^{\pi/3} = \frac{3}{2}.$

例 5.24 汽车以 36 km/h 的速度行驶,到某处需要减速停车.设汽车以等加速度 $a=-5$ m/s^2 刹车,问从开始刹车到停车,汽车驶过了多少距离?

解 首先要算出从开始刹车到停车经过的时间,设开始刹车的时刻为 $t=0$,此时汽车速度为

$$v_0 = 36 \text{ km/h} = \frac{36\times 1\,000}{3\,600}\text{m/s} = 10 \text{ m/s},$$

刹车后汽车减速行驶,其速度为

$$v(t) = v_0 + at = 10-5t,$$

当汽车停住时,速度 $v(t)=0$,故由

$$v(t) = 10-5t = 0 \Rightarrow t = 2 \text{ s},$$

于是这段时间内,汽车所驶过的距离为

$$s = \int_0^2 v(t)\mathrm{d}t = \int_0^2 (10-5t)\mathrm{d}t = \left(10t - \frac{5}{2}t^2\right)\Big|_0^2 = 10 \text{ m},$$

即在刹车后,汽车驶过 10 m 才能停住.

$+\cdot+\cdot+\cdot+\cdot+\cdot+\cdot+\cdot+$
习　题　5.3
$+\cdot+\cdot+\cdot+\cdot+\cdot+\cdot+\cdot+$

1. 求下列极限：

(1) $\lim\limits_{n\to\infty}\displaystyle\int_0^1 \dfrac{x^n e^x}{1+e^x}\,dx$；

(2) $\lim\limits_{x\to 0}\dfrac{\displaystyle\int_0^{x^2}\sin^2 t\,dt}{\displaystyle\int_x^0 t(t-\sin t)\,dt}$；

(3) $\lim\limits_{x\to 0}\dfrac{\displaystyle\int_0^x\cos t^2\,dt}{2x}$；

(4) $\lim\limits_{x\to 0}\dfrac{x^2}{\displaystyle\int_{\cos x}^1 e^{-w^2}\,dw}$．

2. 求下列定积分：

(1) $\displaystyle\int_1^2 x(2-x^2)\,dx$；

(2) $\displaystyle\int_{-1}^1 (x^3-3x^2)\,dx$；

(3) $\displaystyle\int_{-2}^3 (2x-1)^3\,dx$；

(4) $\displaystyle\int_0^{\frac{\pi}{4}}\dfrac{\cos x}{1-\sin x}\,dx$；

(5) $\displaystyle\int_0^{\frac{\pi}{2}} e^x \sin^2 x\,dx$；

(6) $\displaystyle\int_0^1 (2e^x+1)\,dx$；

(7) $\displaystyle\int_0^1 \dfrac{x^2}{1+x^2}\,dx$；

(8) $\displaystyle\int_0^\pi \cos^2\left(\dfrac{x}{2}\right)\,dx$；

(9) $\displaystyle\int_4^9 \sqrt{x}\,(1+\sqrt{x})\,dx$；

(10) $\displaystyle\int_{-e-1}^{-2}\dfrac{1}{x+1}\,dx$．

3. 证明：$\lim\limits_{n\to\infty}\displaystyle\int_n^{n+p}\dfrac{\sin x}{x}\,dx=0$．

4. 设函数 $y=y(x)$ 由方程 $\displaystyle\int_0^{y^2} e^{t^2}\,dt+\int_x^0 \sin t\,dt=0$ 所确定，求 $\dfrac{dy}{dx}$．

5. 求可微函数 $f(x)$，使函数满足 $f^2(x)=\displaystyle\int_0^x f(t)\dfrac{\sin t}{2+\cos t}\,dt$．

6. 设 $f(x)$ 在 $(-\infty,+\infty)$ 内连续，$g(x)=\displaystyle\int_a^x (x-t)f(t)\,dt$，求 $g''(x)$．

7. 若 $f(x)$ 在 $x=0$ 的某领域内连续，且 $f(0)=0$，$f'(0)=2$，求

$\lim\limits_{x\to 0}\dfrac{\displaystyle\int_0^x f(t)\,dt}{x^2}$．

8. 求 $f(x) = \int_0^x t\mathrm{e}^{-t}\mathrm{d}t$ 的极值与图形的拐点.

9. 利用定积分的定义,求 $\lim\limits_{n\to\infty} \dfrac{1 + \sqrt{2} + \cdots + \sqrt{n}}{n\sqrt{n}}$.

10. 设 $f(x) = \begin{cases} \dfrac{1}{2}\sin x, & 0 \leqslant x \leqslant \pi \\ 0, & x < 0, x > \pi, \end{cases}$ 求 $\phi(x) = \int_0^x f(t)\mathrm{d}t$ 在 $(-\infty, +\infty)$ 内的

表达式.

11. 设 $f(x)$ 连续,若满足 $\int_0^1 f(xt)\mathrm{d}t = f(x) + x\mathrm{e}^x$,求 $f(x)$.

12. 设 $f(x) = \int_1^x \dfrac{\ln(1+t)}{t}\mathrm{d}t\,(x > 0)$,求 $f(x) + f\left(\dfrac{1}{x}\right)$.

5.4　定积分的换元积分法和分部积分法

利用微积分基本公式,求定积分 $\int_a^b f(x)\mathrm{d}x$ 的问题转化为求被积函数 $f(x)$ 的原函数 $F(x)$ 在区间 $[a, b]$ 上的增量问题.因此,在求不定积分时应用的换元法和分部积分法在求定积分时仍适用,本节将具体进行讨论,请读者注意其与不定积分的相同点与相差点.

5.4.1　定积分的换元积分法

定理 5.6　设函数 $f(x)$ 在区间 $[a, b]$ 上连续,函数 $x = \varphi(t)$ 满足条件:
(1) $x = \varphi(t)$ 在区间 $[\alpha, \beta]$ 上是单调连续函数;
(2) $\varphi(\alpha) = a$,$\varphi(\beta) = b$;
(3) $\varphi'(t)$ 在 $[\alpha, \beta]$ 上连续;

则

$$\int_a^b f(x)\mathrm{d}x = \int_\alpha^\beta f[\varphi(t)]\varphi'(t)\mathrm{d}t, \tag{5-4}$$

式(5-4)称为**定积分的换元积分公式**.

例 5.25　求定积分 $\int_0^{\frac{\pi}{2}} \sin^2 x \cos x\,\mathrm{d}x$.

解 1　设 $t = \sin x$,则 $\mathrm{d}t = \cos x\,\mathrm{d}x$,当 $x = 0$ 时,$t = 0$;$x = \dfrac{\pi}{2}$ 时,$t = 1$,

所以

$$\int_0^{\frac{\pi}{2}} \sin^2 x \cos x\,\mathrm{d}x = \int_0^1 t^2\,\mathrm{d}t = \frac{t^3}{3}\bigg|_0^1 = \frac{1}{3}.$$

解 2 也可不写出中间变量,直接用凑微分法.

$$\int_0^{\frac{\pi}{2}} \sin^2 x \cos x \, dx = \int_0^{\frac{\pi}{2}} \sin^2 x \, d(\sin x) = \frac{1}{3} \sin^3 x \Big|_0^{\frac{\pi}{2}} = \frac{1}{3}.$$

从上例可见,两种方法可得到同样的结果.显然,解 1 的方法较简单,其原因是定积分的上下限随着变量代换的关系一起变换,因而省略了用不定积分的方法在求出关于新变量 t 的原函数后,还需把积分变量 t 回代 x 的一步.

注意 (1) 换元同时要换上、下限;

(2) α 不一定要小于 β.

例 5.26 求定积分 $\int_0^{\sqrt{2}} \sqrt{2 - x^2} \, dx$.

解 设 $x = \sqrt{2} \sin t$,则 $dx = \sqrt{2} \cos t \, dt$,当 $x = 0$ 时,$t = 0$;$x = \sqrt{2}$ 时,$t = \frac{\pi}{2}$,

所以 $\displaystyle\int_0^{\sqrt{2}} \sqrt{2 - x^2} \, dx = \int_0^{\frac{\pi}{2}} \sqrt{2} \cos t \cdot \sqrt{2} \cos t \, dt = 2 \int_0^{\frac{\pi}{2}} \frac{1 + \cos 2t}{2} \, dt$

$$= t \Big|_0^{\frac{\pi}{2}} + \frac{1}{2} \sin 2t \Big|_0^{\frac{\pi}{2}} = \frac{\pi}{2}.$$

例 5.27 若 $f(x)$ 在 $[0, 1]$ 上连续,证明:

(1) $\displaystyle\int_0^{\frac{\pi}{2}} f(\sin x) \, dx = \int_0^{\frac{\pi}{2}} f(\cos x) \, dx$;

(2) $\displaystyle\int_0^{\pi} x f(\sin x) \, dx = \frac{\pi}{2} \int_0^{\pi} f(\sin x) \, dx$.

证 (1) 令 $x = \frac{\pi}{2} - t$,则

$$\int_0^{\frac{\pi}{2}} f(\sin x) \, dx = \int_{\frac{\pi}{2}}^0 f\left[\sin\left(\frac{\pi}{2} - t\right)\right] (-dt) = -\int_0^{\frac{\pi}{2}} f(\cos t)(-dt)$$

$$= \int_0^{\frac{\pi}{2}} f(\cos t) \, dt = \int_0^{\frac{\pi}{2}} f(\cos x) \, dx;$$

(2) 令 $x = \pi - t$,则

$$\int_0^{\pi} x f(\sin x) \, dx = \int_{\pi}^0 (\pi - t) f[\sin(\pi - t)](-dt)$$

$$= -\int_{\pi}^0 (\pi - t) f(\sin t)(-dt) = \int_0^{\pi} (\pi - x) f(\sin x) \, dx$$

$$= \pi \int_0^{\pi} f(\sin x) \, dx - \int_0^{\pi} x f(\sin x) \, dx,$$

从而 $$\int_0^\pi x f(\sin x)\mathrm{d}x = \frac{\pi}{2}\int_0^\pi f(\sin x)\mathrm{d}x.$$

作为以上结论的直接应用,可得出

$$\int_0^\pi \frac{x\sin x}{1+\cos^2 x}\mathrm{d}x = \frac{\pi}{2}\int_0^\pi \frac{\sin x}{1+\cos^2 x}\mathrm{d}x = -\frac{\pi}{2}\int_0^\pi \frac{\mathrm{d}(\cos x)}{1+\cos^2 x}$$

$$= -\frac{\pi}{2}\Big[\arctan(\cos x)\Big]\Big|_0^\pi = -\frac{\pi}{2}\big[\arctan(-1)-\arctan 1\big]$$

$$= \frac{\pi}{2}\times\frac{\pi}{2} = \frac{\pi^2}{4}.$$

例 5.28　若函数 $f(x)$ 满足 $\int_0^x tf(2x-t)\mathrm{d}t = \mathrm{e}^x - 1$,且 $f(1)=1$,求 $\int_1^2 f(x)\mathrm{d}x$.

解　设 $2x-t=s$,则

$$\int_0^x tf(2x-t)\mathrm{d}t = -\int_{2x}^x (2x-s)f(s)\mathrm{d}s,$$

所以

$$2x\int_x^{2x} f(s)\mathrm{d}s - \int_x^{2x} sf(s)\mathrm{d}s = \mathrm{e}^x - 1,$$

两边求导数,得 $$2\int_x^{2x} f(s)\mathrm{d}s - xf(x) = \mathrm{e}^x,$$

取 $x=1$,得 $$\int_1^2 f(x)\mathrm{d}x = \frac{\mathrm{e}+1}{2}.$$

例 5.29　计算: $\displaystyle\int_{-1}^1 \frac{2x^2+x\cos x}{1+\sqrt{1-x^2}}\mathrm{d}x$.

解　原式 $$= \underbrace{\int_{-1}^1 \frac{2x^2}{1+\sqrt{1-x^2}}\mathrm{d}x}_{\text{偶函数}} + \underbrace{\int_{-1}^1 \frac{x\cos x}{1+\sqrt{1-x^2}}\mathrm{d}x}_{\text{奇函数}}$$

$$= 4\int_0^1 \frac{x^2}{1+\sqrt{1-x^2}}\mathrm{d}x = 4\int_0^1 \frac{x^2(1-\sqrt{1-x^2})}{1-(1-x^2)}\mathrm{d}x$$

$$= 4\int_0^1 (1-\sqrt{1-x^2})\mathrm{d}x$$

$$= 4 - \underbrace{4\int_0^1 \sqrt{1-x^2}\,\mathrm{d}x}_{\text{1/4 单位圆的面积}} = 4 - \pi.$$

5.4.2 定积分的分部积分法

类似于不定积分,对于定积分同样有下面形式的分部积分法.

设函数 $u(x)$, $v(x)$ 在区间 $[a, b]$ 上有连续导数 $u'(x)$, $v'(x)$,则

$$\int_a^b u(x)v'(x)\,\mathrm{d}x = u(x)v(x)\Big|_a^b - \int_a^b v(x)u'(x)\,\mathrm{d}x \tag{5-5}$$

或简写为

$$\int_a^b u\,\mathrm{d}v = uv\Big|_a^b - \int_a^b v\,\mathrm{d}u,$$

式(5-5)称为定积分的**分部积分公式**.

例 5.30 求 $\int_0^{\frac{\pi}{2}} x^2 \sin x\,\mathrm{d}x$.

解 设 $u = x^2$, $\mathrm{d}v = \sin x\,\mathrm{d}x$,则 $\mathrm{d}u = 2x\,\mathrm{d}x$, $v = -\cos x$,

$$\int_0^{\frac{\pi}{2}} x^2 \sin x\,\mathrm{d}x = -x^2\cos x\Big|_0^{\frac{\pi}{2}} + 2\int_0^{\frac{\pi}{2}} x\cos x\,\mathrm{d}x = 2\int_0^{\frac{\pi}{2}} x\cos x\,\mathrm{d}x,$$

在 $\int_0^{\frac{\pi}{2}} x\cos x\,\mathrm{d}x$ 中,设 $u = x$, $\mathrm{d}v = \cos x\,\mathrm{d}x$,则 $\mathrm{d}u = \mathrm{d}x$, $v = \sin x$,

$$\int_0^{\frac{\pi}{2}} x\cos x\,\mathrm{d}x = x\sin x\Big|_0^{\frac{\pi}{2}} - \int_0^{\frac{\pi}{2}} \sin x\,\mathrm{d}x = \frac{\pi}{2} + \cos x\Big|_0^{\frac{\pi}{2}} = \frac{\pi}{2} - 1,$$

所以

$$\int_0^{\frac{\pi}{2}} x^2 \sin x\,\mathrm{d}x = 2\left(\frac{\pi}{2} - 1\right) = \pi - 2.$$

例 5.31 求 $\int_{e^{-2}}^{e^2} \frac{|\ln x|}{\sqrt{x}}\,\mathrm{d}x$.

解 因为在 $[e^{-2}, 1]$ 上 $\ln x \leqslant 0$,在 $[1, e^2]$ 上 $\ln x \geqslant 0$,所以应分两个区间进行积分,于是

$$\int_{e^{-2}}^{e^2} \frac{|\ln x|}{\sqrt{x}}\,\mathrm{d}x = \int_{e^{-2}}^{1} \frac{-\ln x}{\sqrt{x}}\,\mathrm{d}x + \int_{1}^{e^2} \frac{\ln x}{\sqrt{x}}\,\mathrm{d}x,$$

在 $\int \frac{\ln x}{\sqrt{x}}\,\mathrm{d}x$ 中,设 $u = \ln x$, $\mathrm{d}v = \frac{1}{\sqrt{x}}\,\mathrm{d}x$,

则

$$\mathrm{d}u = \frac{1}{x}\,\mathrm{d}x, \quad v = 2\sqrt{x},$$

所以 $\int_{e^{-2}}^{e^2} \frac{|\ln x|}{\sqrt{x}} dx = (-2\sqrt{x} \ln x)\Big|_{e^{-2}}^{1} + \int_{e^{-2}}^{1} \frac{2}{\sqrt{x}} dx + (2\sqrt{x} \ln x)\Big|_{1}^{e^2} - \int_{1}^{e^2} \frac{2}{\sqrt{x}} dx$

$$= \frac{-4}{e} + 4\sqrt{x}\Big|_{e^{-2}}^{1} + 4e - 4\sqrt{x}\Big|_{1}^{e^2} = 8(1 - e^{-1}).$$

例 5.32 求 $\int_0^1 e^{\sqrt{x}} dx$.

解 令 $t = \sqrt{x}$，则 $x = t^2$，$dx = 2t\, dt$，当 $x = 0$ 时，$t = 0$；$x = 1$ 时，$t = 1$，

所以 $$\int_0^1 e^{\sqrt{x}} dx = 2\int_0^1 t e^t dt,$$

在 $\int_0^1 t e^t dt$ 中，设 $u = t$，$dv = e^t dt$，则 $du = dt$，$v = e^t$，

则 $$\int_0^1 t e^t dt = t e^t \Big|_0^1 - \int_0^1 e^t dt = e - e^t \Big|_0^1 = 1,$$

所以 $$\int_0^1 e^{\sqrt{x}} dx = 2\int_0^1 t e^t dt = 2.$$

例 5.33 已知 $\int_x^{2\ln 2} \frac{dt}{\sqrt{e^t - 1}} = \frac{\pi}{6}$，求 x.

解 令 $\sqrt{e^t - 1} = u$，则 $e^t = u^2 + 1$，$t = \ln(u^2 + 1)$，

当 $t = x$ 时，$u = \sqrt{e^x - 1}$，当 $t = 2\ln 2$ 时，$u = \sqrt{3}$，

所以 $$\int_x^{2\ln 2} \frac{dt}{\sqrt{e^t - 1}} = \int_{\sqrt{e^x-1}}^{\sqrt{3}} \frac{2u}{(u^2 + 1)u} du = 2\arctan u \Big|_{\sqrt{e^x-1}}^{\sqrt{3}}$$

$$= \frac{2\pi}{3} - 2\arctan\sqrt{e^x - 1} = \frac{\pi}{6},$$

所以 $\arctan\sqrt{e^x - 1} = \frac{\pi}{4}$，所以 $x = \ln 2$.

例 5.34 已知 $f(x)$ 满足方程

$$f(x) = 3x - \sqrt{1 - x^2} \int_0^1 f^2(x) dx,$$

求 $f(x)$.

解 设 $\int_0^1 f^2(x) dx = C$，则 $f(x) = 3x - C\sqrt{1 - x^2}$，有 $\int_0^1 (3x - C\sqrt{1 - x^2})^2 dx = C$，积分得

$$3+\frac{2}{3}C^2-2C=C,\ \text{即}\ C=3\ \text{或}\ C=\frac{3}{2},$$

所以 $f(x)=3x-3\sqrt{1-x^2}$ 或 $f(x)=3x-\dfrac{3}{2}\sqrt{1-x^2}$.

例 5.35　求函数 $I(x)=\displaystyle\int_1^x t(1+2\ln t)\mathrm{d}t$ 在 $[1,\mathrm{e}]$ 上的最大值与最小值.

解　$I'(x)=x(1+2\ln x)$，可以发现 $I'(x)$ 在 $[1,\mathrm{e}]$ 上是恒大于零,故 $I(x)$ 在 $[1,\mathrm{e}]$ 上单调增加.

当 $x=1$ 时,$I(x)$ 取最小值,为 $I(1)=0$;

当 $x=\mathrm{e}$ 时,$I(x)$ 取最大值,为 $I(\mathrm{e})$,

$$I(\mathrm{e})=\int_1^{\mathrm{e}} t(1+2\ln t)\mathrm{d}t=\int_1^{\mathrm{e}}(t+2t\ln t)\mathrm{d}t=\int_1^{\mathrm{e}}t\mathrm{d}t+2\int_1^{\mathrm{e}}t\ln t\mathrm{d}t$$

$$=\frac{1}{2}t^2\Big|_1^{\mathrm{e}}+2\left[\frac{1}{2}t^2\ln t\Big|_1^{\mathrm{e}}-\frac{1}{4}t^2\Big|_1^{\mathrm{e}}\right]=\mathrm{e}^2,$$

所以最大值为 $I(\mathrm{e})=\mathrm{e}^2$,最小值为 $I(1)=0$.

习　题　5.4

1. 计算下列定积分:

(1) $\displaystyle\int_{-2}^{-1}\frac{1}{(11+5x)^2}\mathrm{d}x$;

(2) $\displaystyle\int_0^{\frac{\pi}{2}}\cos x\ \sin x\,\mathrm{d}x$;

(3) $\displaystyle\int_0^1 t\mathrm{e}^{\frac{t^2}{2}}\mathrm{d}x$;

(4) $\displaystyle\int_1^4\frac{2x+1}{x^2+x+1}\mathrm{d}x$;

(5) $\displaystyle\int_0^{2\pi}2\cos x\,\mathrm{d}x$;

(6) $\displaystyle\int_0^{\frac{\pi}{2}}\sin x\ \cos^3 x\,\mathrm{d}x$;

(7) $\displaystyle\int_0^a x^2\sqrt{a^2-x^2}\,\mathrm{d}x$;

(8) $\displaystyle\int_0^3\frac{1}{(x+1)\sqrt{x}}\mathrm{d}x$;

(9) $\displaystyle\int_0^4\frac{\sqrt{x}}{\sqrt{x}+1}\mathrm{d}x$;

(10) $\displaystyle\int_0^1\sqrt{2x-x^2}\,\mathrm{d}x$;

(11) $\displaystyle\int_0^1(1+x^2)^{-\frac{3}{2}}\mathrm{d}x$;

(12) $\displaystyle\int_{-1}^1\frac{x}{\sqrt{5-4x}}\mathrm{d}x$;

(13) $\displaystyle\int_0^2\frac{1}{\sqrt{x+1}+\sqrt{(x+1)^3}}\mathrm{d}x$;

(14) $\displaystyle\int_{-3}^2\min\{2,x^2\}\mathrm{d}x$;

(15) $\displaystyle\int_0^{\frac{\pi}{2}} \frac{\sin x}{\sin x + \cos x} dx$; $\qquad$ (16) $\displaystyle\int_0^{\pi} \sqrt{\sin^3 x - \sin^5 x}\, dx$.

2. 利用定积分的几何意义,解释奇偶函数在对称区间上的积分所具有的规律.

3. 利用函数的奇偶性计算 $\displaystyle\int_{-\frac{1}{2}}^{\frac{1}{2}} \frac{x^2 \arctan x}{\sqrt{1-x^2}} dx$ 的值.

4. 设 $f(x)$ 在区间 $[a, b]$ 上有连续的二阶导数,且 $f(a) = f(b) = 0$,证明:

$$\frac{1}{2}\int_a^b (x-a)(x-b)f''(t)dt = \int_a^b f(x)dx.$$

5. 设 $f(x) = \displaystyle\int_1^{x^3} \frac{\sin t}{t} dt$,求 $\displaystyle\int_0^1 x^2 f(x)dx$.

6. 已知 $f(t) \in C^1$,$f(1) = 0$,$\displaystyle\int_1^{x^3} f'(t)dt = \ln x$,求 $f(e)$.

7. 计算下列定积分:

(1) $\displaystyle\int_0^1 x e^{-2x} dx$; $\qquad$ (2) $\displaystyle\int_0^{2\pi} x^2 \cos x\, dx$;

(3) $\displaystyle\int_0^{\frac{\pi}{2}} x \sin^2 \frac{x}{2} dx$; $\qquad$ (4) $\displaystyle\int_1^4 \frac{\ln x}{\sqrt{x}} dx$;

(5) $\displaystyle\int_0^{\sqrt{3}} x \arctan x\, dx$; $\qquad$ (6) $\displaystyle\int_0^{\frac{1}{2}} (\arcsin x)^2 dx$;

(7) $\displaystyle\int_0^{\sqrt{3}} \ln(x + \sqrt{1+x^2})dx$; $\qquad$ (8) $\displaystyle\int_{\frac{\pi}{4}}^{\frac{\pi}{2}} \frac{x}{\sin^2 x} dx$;

(9) $\displaystyle\int_0^{\frac{\pi}{2}} e^{2x} \cos x\, dx$; $\qquad$ (10) $\displaystyle\int_1^e \sin(\ln x)dx$.

8. 证明等式 $\displaystyle\int_0^1 x^m (1-x)^n dx = \int_0^1 x^n (1-x)^m dx\ (m > 0, n > 0)$ 成立.

9. 若 $f(t)$ 是连续的奇函数,证明 $\displaystyle\int_0^x f(t)dt$ 是偶函数;若 $f(t)$ 是连续的偶函数,证明 $\displaystyle\int_0^x f(t)dt$ 是奇函数.

5.5 广 义 积 分

前面引进定积分的定义时,假定积分的上、下限为有限的.被积函数在积分区间上没有无穷型不连续点,但在实际问题中,会遇到积分上、下限为无限或被积函数在积分区间上有无穷型不连续点,因而需要将定积分推广到这两种情况,这就引入了**广义积分**.

5.5.1 无穷限的广义积分

定义 5.3 设函数 $f(x)$ 在区间 $[a,+\infty)$ 上连续,如果极限 $\lim\limits_{b \to +\infty} \int_a^b f(x)\mathrm{d}x$ $(a < b)$ 存在,就称此极限为 $f(x)$ 在 $[a,+\infty)$ 上的**广义积分**.记作

$$\int_a^{+\infty} f(x)\mathrm{d}x = \lim_{b \to +\infty} \int_a^b f(x)\mathrm{d}x,$$

并称广义积分 $\int_a^{+\infty} f(x)\mathrm{d}x$ 存在或**收敛**;如果 $\lim\limits_{b \to +\infty} \int_a^b f(x)\mathrm{d}x$ 不存在,则称 $\int_a^{+\infty} f(x)\mathrm{d}x$ 不存在或**发散**.

类似地,可定义 $f(x)$ 在 $(-\infty,b]$ 及 $(-\infty,+\infty)$ 上的广义积分 $\int_{-\infty}^b f(x)\mathrm{d}x = \lim\limits_{a \to -\infty} \int_a^b f(x)\mathrm{d}x$.

定义 5.4 函数 $f(x)$ 在区间 $(-\infty,+\infty)$ 上的广义积分定义为

$$\int_{-\infty}^{+\infty} f(x)\mathrm{d}x = \int_{-\infty}^a f(x)\mathrm{d}x + \int_a^{+\infty} f(x)\mathrm{d}x,$$

式中 a 为任意实数.当上式右端两个积分都收敛时,称广义积分 $\int_{-\infty}^{+\infty} f(x)\mathrm{d}x$ 是收敛的,否则称其是发散的.

上述广义积分统称为**无穷限的广义积分**.

定积分的几何意义、牛顿-莱布尼兹公式、微元法等,都可以推广到广义积分中使用,比如 $F(x)$ 是 $f(x)$ 的一个原函数,广义积分的牛顿-莱布尼兹公式为

$$\int_a^{+\infty} f(x)\mathrm{d}x = F(x)\Big|_a^{+\infty} = F(+\infty) - F(a),$$

$$\int_{-\infty}^b f(x)\mathrm{d}x = F(x)\Big|_{-\infty}^b = F(b) - F(-\infty),$$

$$\int_{-\infty}^{+\infty} f(x)\mathrm{d}x = F(x)\Big|_{-\infty}^{+\infty} = F(+\infty) - F(-\infty),$$

式中,$F(+\infty) = \lim\limits_{x \to +\infty} F(x)$,$F(-\infty) = \lim\limits_{x \to -\infty} F(x)$.

无穷限的广义积分几何意义(见图 5 - 9)

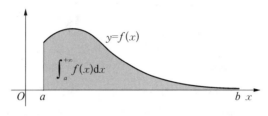

图 5 - 9

例 5.36 求广义积分 $\displaystyle\int_0^{+\infty} x\,\mathrm{e}^{-x^2}\,\mathrm{d}x$.

解 按定义,有 $\displaystyle\int_0^{+\infty} x\,\mathrm{e}^{-x^2}\,\mathrm{d}x = \lim_{b\to+\infty}\int_0^b x\,\mathrm{e}^{-x^2}\,\mathrm{d}x$

$$= \lim_{b\to+\infty}\left[-\frac{1}{2}\int_0^b \mathrm{e}^{-x^2}\,\mathrm{d}(-x^2)\right] = -\frac{1}{2}\lim_{b\to+\infty}\left(\mathrm{e}^{-x^2}\right)\Big|_0^b$$

$$= -\frac{1}{2}\lim_{b\to+\infty}\left(\mathrm{e}^{-b^2}-\mathrm{e}^0\right) = \frac{1}{2}.$$

例 5.37 计算广义积分 $\displaystyle\int_{\frac{2}{\pi}}^{+\infty} \frac{1}{x^2}\sin\frac{1}{x}\,\mathrm{d}x$.

解 $\displaystyle\int_{\frac{2}{\pi}}^{+\infty} \frac{1}{x^2}\sin\frac{1}{x}\,\mathrm{d}x = -\int_{\frac{2}{\pi}}^{+\infty}\sin\frac{1}{x}\,\mathrm{d}\left(\frac{1}{x}\right) = -\lim_{b\to+\infty}\int_{\frac{2}{\pi}}^b\sin\frac{1}{x}\,\mathrm{d}\left(\frac{1}{x}\right)$

$$= \lim_{b\to+\infty}\cos\frac{1}{x}\Big|_{\frac{2}{\pi}}^b = \lim_{b\to+\infty}\left[\cos\frac{1}{b}-\cos\frac{\pi}{2}\right] = 1.$$

例 5.38 已知 $\displaystyle\int_0^{+\infty} \frac{\sin x}{x}\,\mathrm{d}x = \frac{\pi}{2}$,求:

(1) $\displaystyle\int_0^{+\infty} \frac{\sin x\cos x}{x}\,\mathrm{d}x$; (2) $\displaystyle\int_0^{+\infty} \frac{\sin^2 x}{x^2}\,\mathrm{d}x$.

解 (1) $\displaystyle\int_0^{+\infty} \frac{\sin x\cos x}{x}\,\mathrm{d}x = \int_0^{+\infty} \frac{\sin 2x}{2x}\,\mathrm{d}x \overset{t=2x}{=\!=\!=} \frac{1}{2}\int_0^{+\infty} \frac{\sin t}{t}\,\mathrm{d}t = \frac{\pi}{4}$;

(2) $\displaystyle\int_0^{+\infty} \frac{\sin^2 x}{x^2}\,\mathrm{d}x = -\int_0^{+\infty}\sin^2 x\,\mathrm{d}\left(\frac{1}{x}\right)$

$$= -\frac{\sin^2 x}{x}\Big|_0^{+\infty} + \int_0^{+\infty} \frac{2\sin x\cos x}{x}\,\mathrm{d}x = \frac{\pi}{2}.$$

例 5.39 求 $\displaystyle\int_0^{+\infty} \frac{x}{(1+x)^3}\,\mathrm{d}x$.

解 $\displaystyle\int_0^{+\infty} \frac{x}{(1+x)^3}\mathrm{d}x = \int_0^{+\infty} \frac{(1+x)-1}{(1+x)^3}\mathrm{d}x$

$$= \left[-\frac{1}{1+x} + \frac{1}{2(1+x)^2}\right]_0^{+\infty} = \frac{1}{2}.$$

5.5.2 无界函数的广义积分(瑕积分)

定义 5.5 设函数 $f(x)$ 在 $(a,b]$ 内连续,而在点 a 的右邻域内无界,取 $\varepsilon > 0$,如果极限 $\displaystyle\lim_{\varepsilon\to 0^+}\int_{a+\varepsilon}^b f(x)\mathrm{d}x$ 存在,则称此极限为函数 $f(x)$ **在区间** $(a,b]$ **上的广义积分**,记作

$$\int_a^b f(x)\mathrm{d}x = \lim_{\varepsilon\to 0^+}\int_{a+\varepsilon}^b f(x)\mathrm{d}x,$$

当极限存在时,称广义积分**收敛**,否则,就称为**发散**.

类似地,函数 $f(x)$ 在 $[a,b)$ 上的广义积分,记作

$$\int_a^b f(x)\mathrm{d}x = \lim_{\varepsilon\to 0^+}\int_a^{b-\varepsilon} f(x)\mathrm{d}x.$$

定义 5.6 设函数 $f(x)$ 在 $[a,b]$ 上除点 c $(a<c<b)$ 外连续,而在点 c 的邻域内无界,则函数 $f(x)$ 在区间 $[a,b]$ 上的广义积分定义为

$$\int_a^b f(x)\mathrm{d}x = \int_a^c f(x)\mathrm{d}x + \int_c^b f(x)\mathrm{d}x.$$

当上式右端两个积分都收敛时,称**广义积分** $\displaystyle\int_a^b f(x)\mathrm{d}x$ 是**收敛**的,否则称**广义积分** $\displaystyle\int_a^b f(x)\mathrm{d}x$ 是**发散**.

上述定义的广义积分统称为**无界函数的广义积分**.使得函数无界的点被称为**瑕点**.

例 5.40 计算广义积分 $\displaystyle\int_{-1}^1 \frac{\mathrm{d}x}{\sqrt[3]{x^2}}$.

解 因为在 $x=0$ 处无界,所以

$$\int_{-1}^1 \frac{\mathrm{d}x}{\sqrt[3]{x^2}} = \int_{-1}^0 \frac{\mathrm{d}x}{\sqrt[3]{x^2}} + \int_0^1 \frac{\mathrm{d}x}{\sqrt[3]{x^2}} = 3x^{\frac{1}{3}}\Big|_{-1}^0 + 3x^{\frac{1}{3}}\Big|_0^1$$

$$= \lim_{b\to 0^-} 3b^{\frac{1}{3}} - 3\times(-1)^{\frac{1}{3}} + 3\times 1^{\frac{1}{3}} - \lim_{a\to 0^+} 3a^{\frac{1}{3}}$$

$$= 0 + 3 + 3 - 0 = 6.$$

例 5.41 计算广义积分 $\int_0^3 \dfrac{\mathrm{d}x}{(x-1)^{2/3}}$，$x=1$ 为瑕点.

解 $\displaystyle\int_0^3 \frac{\mathrm{d}x}{(x-1)^{2/3}} = \int_0^1 \frac{\mathrm{d}x}{(x-1)^{2/3}} + \int_1^3 \frac{\mathrm{d}x}{(x-1)^{2/3}}$，

因为 $\displaystyle\int_0^1 \frac{\mathrm{d}x}{(x-1)^{2/3}} = \frac{1}{1-2/3}(x-1)^{1/3}\Big|_0^1 = 3$，

$$\int_1^3 \frac{\mathrm{d}x}{(x-1)^{2/3}} = \frac{1}{1-2/3}(x-1)^{1/3}\Big|_1^3 = 3\sqrt[3]{2}，$$

所以 $$\int_0^3 \frac{\mathrm{d}x}{(x-1)^{2/3}} = 3(1+\sqrt[3]{2}).$$

例 5.42 计算广义积分 $\displaystyle\int_0^{+\infty} \frac{\mathrm{d}x}{\sqrt{x\,(x+1)^3}}$.

解 此题为混合型广义积分，积分上限为 $+\infty$，下限 $x=0$ 为被积函数的瑕点. 令 $\sqrt{x}=t$，则 $x=t^2$，$x\to 0^+$ 时，$t\to 0$，$x\to +\infty$ 时，$t\to +\infty$，于是

$$\int_0^{+\infty} \frac{\mathrm{d}x}{\sqrt{x\,(x+1)^3}} = \int_0^{+\infty} \frac{2t\,\mathrm{d}t}{t\,(t^2+1)^{3/2}} = 2\int_0^{+\infty} \frac{\mathrm{d}t}{(t^2+1)^{3/2}}.$$

再令 $t=\tan u$，取 $u=\arctan t$，$t=0$ 时，$u=0$，$t\to +\infty$ 时，$u\to \dfrac{\pi}{2}$，

于是 $$\int_0^{+\infty} \frac{\mathrm{d}x}{\sqrt{x\,(x+1)^3}} = 2\int_0^{\frac{\pi}{2}} \frac{\sec^2 u\,\mathrm{d}u}{\sec^3 u} = 2\int_0^{\frac{\pi}{2}} \cos u\,\mathrm{d}u = 2.$$

注意 本题若采用变换 $\dfrac{1}{x+1}=t$ 等，计算会更简单.

例 5.43 计算广义积分 $\displaystyle\int_1^{+\infty} \frac{\mathrm{d}x}{x\sqrt{1+x^5+x^{10}}}$.

解 分母的阶数较高，可利用倒代换，令 $x=\dfrac{1}{t}$，则

$$\int_1^{+\infty} \frac{\mathrm{d}x}{x\sqrt{1+x^5+x^{10}}} = \int_1^0 \frac{-t^4\,\mathrm{d}t}{\sqrt{1+t^5+t^{10}}} = \int_0^1 \frac{t^4\,\mathrm{d}t}{\sqrt{1+t^5+t^{10}}}，$$

再令 $u=t^5$，则 $\mathrm{d}u=5t^4\,\mathrm{d}t$，

$$\int_0^1 \frac{t^4\,\mathrm{d}t}{\sqrt{1+t^5+t^{10}}} = \frac{1}{5}\int_0^1 \frac{\mathrm{d}u}{\sqrt{u^2+u+1}} = \frac{1}{5}\int_0^1 \frac{\mathrm{d}u}{\sqrt{\left(u+\frac{1}{2}\right)^2+\frac{3}{4}}}$$

$$=\frac{1}{5}\int_0^1 \frac{\mathrm{d}\left(u+\frac{1}{2}\right)}{\sqrt{\left(u+\frac{1}{2}\right)^2+\frac{3}{4}}}$$

$$=\frac{1}{5}\ln\left(u+\frac{1}{2}+\sqrt{u^2+u+1}\right)\Big|_0^1$$

$$=\frac{1}{5}\ln\left(1+\frac{2}{\sqrt{3}}\right).$$

习　题　5.5

1. 计算以下广义积分：

(1) $\int_1^{+\infty} \frac{1}{x^4}\,\mathrm{d}x$；

(2) $\int_0^{+\infty} \mathrm{e}^{-\sqrt{x}}\,\mathrm{d}x$；

(3) $\int_{-\infty}^{+\infty} \frac{1}{x^2+2x+2}\,\mathrm{d}x$；

(4) $\int_1^{+\infty} \frac{1}{x(1+x^2)}\,\mathrm{d}x$；

(5) $\int_1^{+\infty} \frac{1}{\sqrt{x}}\,\mathrm{d}x$；

(6) $\int_1^{+\infty} \frac{\arctan x}{x^2}\,\mathrm{d}x$；

(7) $\int_0^1 \frac{x}{\sqrt{1-x^2}}\,\mathrm{d}x$；

(8) $\int_1^{\mathrm{e}} \frac{1}{x\sqrt{1-(\ln x)^2}}\,\mathrm{d}x$；

(9) $\int_0^{+\infty} \mathrm{e}^{-px}\sin wx\,\mathrm{d}x\,(p>0,w>0)$；

(10) $\int_0^2 \frac{1}{(1-x)^2}\,\mathrm{d}x$.

2. 求 c 取何值时，$\lim\limits_{x\to+\infty}\left(\frac{x+c}{x-c}\right)^x = \int_{-\infty}^c t\,\mathrm{e}^{2t}\,\mathrm{d}x$ 成立.

3. 计算 $\int_2^{+\infty} \frac{1}{(x+7)\sqrt{x-2}}\,\mathrm{d}x$.

4. 计算 $I_n = \int_0^{+\infty} x^n\mathrm{e}^{-x}\,\mathrm{d}x\,(n\in\mathbf{N})$.

5. 判断下列广义积分的敛散性：

(1) $\int_1^{+\infty} \frac{1}{x^2}\,\mathrm{d}x$；

(2) $\int_0^1 \frac{1}{x}\,\mathrm{d}x$；

(3) $\int_0^1 \dfrac{1}{x^2}\,\mathrm{d}x$; (4) $\int_1^{+\infty} \dfrac{1}{x}\,\mathrm{d}x$.

6. 已知 $\int_c^{+\infty} \dfrac{1}{x\sqrt{x-1}}\,\mathrm{d}x = \pi$,求常数 c 的值.

7. 当 k 为何值时,反常积分 $\int_2^{+\infty} \dfrac{1}{x\,(\ln x)^k}\,\mathrm{d}x$ 收敛? 当 k 为何值时,该反常积分发散,当 k 为何值时,该反常积分取最小值?

5.6 定积分的几何应用

5.6.1 微元法

回顾曲边梯形求面积的问题:如图 5-10 所示,曲边梯形由连续曲线 $y=f(x)(f(x) \geqslant 0)$、x 轴与两条直线 $x=a$、$x=b$ 所围成的面积.

$$A = \int_a^b f(x)\,\mathrm{d}x .$$

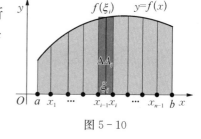

图 5-10

面积表示为定积分的步骤

(1) **分割**.记第 i 小窄曲边梯形的面积为 ΔA_i ,则 $A = \sum\limits_{i=1}^n \Delta A_i$,且

$$\Delta A_i \approx f(\xi_i)\Delta x_i ;$$

(2) **求和**.得 A 的近似值: $A \approx \sum\limits_{i=1}^n f(\xi_i)\Delta x_i$;

(3) **求极限**.得 A 的精确值:

$$A = \lim_{\lambda \to 0} \sum_{i=1}^n f(\xi_i)\Delta x_i = \int_a^b f(x)\,\mathrm{d}x .$$

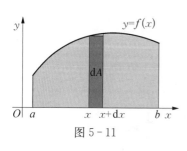

图 5-11

略去下标,图 5-10 可改为图 5-11:

(1) **分割**.任取区间微元 $[x, x+\mathrm{d}x]$,其上小曲边梯形的面积记为 ΔA ,面积微元 $\mathrm{d}A = f(x)\mathrm{d}x$,则 $\Delta A \approx \mathrm{d}A = f(x)\mathrm{d}x$;

(2) **求和**.得 A 的近似值:

$$A \approx \sum \mathrm{d}A = \sum f(x)\mathrm{d}x ;$$

(3) **求极限.** 得 A 的精确值：

$$A = \lim \sum f(x)\mathrm{d}x = \int_a^b f(x)\mathrm{d}x = \int_a^b \mathrm{d}A.$$

从面积表示为定积分的步骤，可抽象出在应用学科中广泛采用的将所求量 U（**总量**）表示为定积分的方法——**微元法**（也称为**元素法**），其主要步骤如下：

(1) **由分割写出微元.** 根据具体问题，选取一个积分变量，例如 x 为积分变量，并确定它的变化区间 $[a,b]$，任取 $[a,b]$ 的一个区间微元 $[x, x+\mathrm{d}x]$，求出相应于这个区间微元上部分量 ΔU 的近似值，即求出所求总量 U 的**微元**

$$\mathrm{d}U = f(x)\mathrm{d}x;$$

(2) **由微元写出积分.** 根据 $\mathrm{d}U = f(x)\mathrm{d}x$ 写出表示总量 U 的定积分

$$U = \int_a^b \mathrm{d}U = \int_a^b f(x)\mathrm{d}x.$$

应用微元法解决实际问题时，应注意以下两点：

(1) 所求总量 U 关于区间 $[a,b]$ 应具有可加性，即如果把区间 $[a,b]$ 分成许多部分区间，则 U 相应地分成许多部分量，而 U 等于所有部分量 ΔU 之和；

(2) 使用微元法的关键在于正确给出部分量 ΔU 的近似表达式 $f(x)\mathrm{d}x$，即使得

$$f(x)\mathrm{d}x = \mathrm{d}U \approx \Delta U.$$

5.6.2 平面图形的面积

1. 直角坐标系下平面图形的面积

如果平面图形是由曲线 $y = f(x)$ 与直线 $x = a$、$x = b$ 及 x 轴所围成的，则其面积 A 为：

(1) 当 $f(x) \geqslant 0$ 时，面积微元为 $\mathrm{d}A = f(x)\mathrm{d}x$，所求面积为（见图 5-12）

$$A = \int_a^b \mathrm{d}A = \int_a^b f(x)\mathrm{d}x;$$

(2) 当 $f(x) \leqslant 0$ 时，面积为

$$A = \int_a^b |f(x)|\,\mathrm{d}x = -\int_a^b f(x)\mathrm{d}x;$$

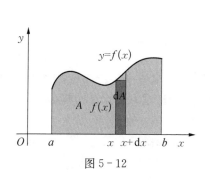

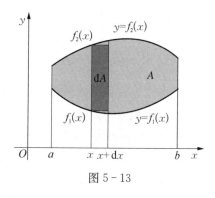

图 5 - 12

图 5 - 13

(3) 当 $f(x)$ 在 $[a,c]$ 上为正,在 $[c,b]$ 上为负时,面积为

$$A = \int_a^c f(x)\mathrm{d}x - \int_c^b f(x)\mathrm{d}x.$$

情形 1　由直线 $x=a$, $x=b$ 及曲线 $y=f_2(x)$, $y=f_1(x)$ 所围平面图形的面积(也称 x 型区域)(见图 5 - 13):

$$A = \int_a^b [f_2(x) - f_1(x)]\mathrm{d}x. \tag{5-6}$$

如果 $f_1(x)$, $f_2(x)$ 的大小不能确定,式(5 - 6)可改写为

$$A = \int_a^b | f_2(x) - f_1(x) | \mathrm{d}x. \tag{5-7}$$

实际使用式(5 - 7)时,必须按 $f_2(x)$, $f_1(x)$ 的大小把 $[a,b]$ 分为若干个小区间再计算积分.

例 5.44　抛物线 $y^2 = 2x$ 分圆 $x^2 + y^2 = 8$ 的面积为两部分,求这两部分的面积.

解　画出草图,如图 5 - 14 所示.

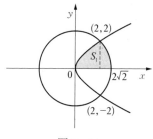

图 5 - 14

解方程组 $\begin{cases} x^2 + y^2 = 8, \\ y^2 = 2x, \end{cases}$ 得交点 $(2,2)$、$(2,-2)$,令 S_1 为其在第一象限的图形的面积.

$$S_1 = \int_0^2 \sqrt{2x}\,\mathrm{d}x + \int_2^{2\sqrt{2}} \sqrt{8-x^2}\,\mathrm{d}x$$

$$= \frac{1}{2}\int_0^2 (2x)^{\frac{1}{2}}\mathrm{d}(2x) + \left(\frac{x}{2}\sqrt{8-x^2} + \frac{8}{2}\arcsin\frac{x}{2\sqrt{2}} \right)\Big|_2^{2\sqrt{2}}$$

$$= \frac{1}{3}(2x)^{\frac{3}{2}}\Big|_0^2 + (\pi-2) = \frac{2}{3} + \pi.$$

所以 $S = 2S_1 = \dfrac{4}{3} + 2\pi.$

例 5.45 计算 $y = x^2 + 1$ 与 $y = 3 - x$ 围成的图形面积.

解 画出草图,从图 5-15 上可得 $-2 \leqslant x \leqslant 1$,

$$x^2 + 1 \leqslant y \leqslant 3 - x,$$

所以围成的图形面积为

$$
\begin{aligned}
A &= \int_{-2}^{1} \left[(3 - x) - (x^2 + 1) \right] \mathrm{d}x \\
&= \int_{-2}^{1} (2 - x - x^2) \mathrm{d}x \\
&= \left[2x - \frac{1}{2}x^2 - \frac{1}{3}x^3 \right]_{-2}^{1} = \frac{9}{2}.
\end{aligned}
$$

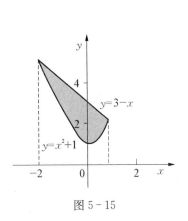

图 5-15

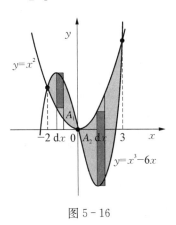

图 5-16

例 5.46 计算由曲线 $y = x^3 - 6x$ 和 $y = x^2$ 所围成的图形的面积.

解 画出草图,如图 5-16 所示,面积微元:

(1) $x \in [-2, 0]$, $\mathrm{d}A_1 = (x^3 - 6x - x^2)\mathrm{d}x$;

(2) $x \in [0, 3]$, $\mathrm{d}A_2 = (x^2 - x^3 + 6x)\mathrm{d}x$.

所求面积为

$$
\begin{aligned}
A &= \int_{-2}^{0} \mathrm{d}A_1 + \int_{0}^{3} \mathrm{d}A_2 = \int_{-2}^{0} (x^3 - 6x - x^2)\mathrm{d}x \\
&\quad + \int_{0}^{3} (x^2 - x^3 + 6x)\mathrm{d}x = \frac{253}{12}.
\end{aligned}
$$

情形 2 由直线 $y = c$, $y = d$ 及曲线 $x = \varphi_1(y)$, $x = \varphi_2(y)$ 所围平面图形的面

积,也称为 y 型区域(见图 5 - 17),

$$A = \int_c^d |\varphi_2(y) - \varphi_1(y)| \, dy.$$

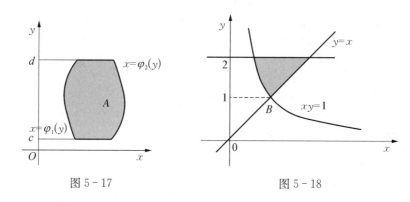

图 5 - 17　　　　　　　　　图 5 - 18

例 5.47　求由曲线 $xy=1$ 和直线 $y=x$, $y=2$ 围成的平面图形的面积.

解　画出草图,如图 5 - 18 所示,得交点: $B(1, 1)$,所以所求面积为

$$A = \int_1^2 \left(y - \frac{1}{y} \right) dy = \left(\frac{1}{2} y^2 - \ln y \right) \Big|_1^2 = \frac{3}{2} - \ln 2.$$

求平面图形面积的步骤

(1) 画出草图,分清是 x 型区域还是 y 型区域,写出积分变量和变化区间;

(2) 确定被积表达式;

(3) 计算定积分.

2. 参数方程情形

如果曲边梯形的曲边表达为参数方程

$$L: \begin{cases} x = \varphi(t), \\ y = \psi(t), \end{cases}$$

式中,在 $[t_1, t_2]$ (或 $[t_2, t_1]$)上 $x = \varphi(t)$ 具有连续导数, $y = \psi(t)$ 连续,则曲边梯形的面积可表达为

$$A = \int_a^b y \, dx = \int_{t_1}^{t_2} \psi(t) \varphi'(t) \, dt,$$

式中 t_1 和 t_2 对应曲线起点与终点的参数值.

例 5.48　求椭圆 $\dfrac{x^2}{a^2} + \dfrac{y^2}{b^2} = 1$ 所围成的面积.

解　根据对称性,只需要求椭圆在第一象限内所围成的面积.由于椭圆的参数方程可以写为

$$\begin{cases} x = a\cos t \\ y = b\sin t \end{cases}, \ 0 \leqslant t \leqslant 2\pi,$$

利用微元法,所求椭圆面积为

$$A = 4\int_0^a y\,\mathrm{d}x = 4\int_{\frac{\pi}{2}}^0 b\sin t\,\mathrm{d}(a\cos t) = 4ab\int_0^{\frac{\pi}{2}} \sin^2 t\,\mathrm{d}t = \pi ab.$$

3. 极坐标系下平面图形的面积

设曲线的方程由极坐标形式给出

$$r = r(\theta) \quad (\alpha \leqslant \theta \leqslant \beta),$$

现在要求出曲线 $r = r(\theta)$,射线 $\theta = \alpha$ 和 $\theta = \beta$ 所围成的曲边扇形的面积 A(见图 5-19).

面积微元:$\mathrm{d}A = \dfrac{1}{2}\left[r(\theta)\right]^2\mathrm{d}\theta$,所求面积为 $A = \displaystyle\int_\alpha^\beta \dfrac{1}{2}\left[r(\theta)\right]^2\mathrm{d}\theta.$

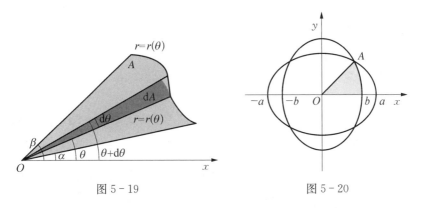

图 5-19　　　　　　　　　　　　图 5-20

例 5.49　求出 $\dfrac{x^2}{a^2} + \dfrac{y^2}{b^2} \leqslant 1$ 和 $\dfrac{x^2}{b^2} + \dfrac{y^2}{a^2} \leqslant 1$ 的图形的公共部分的面积 $(a > b > 0)$.

解　如图 5-20 所示,由对称性可知,所求面积为阴影部分面积的 8 倍,且线段 OA 在直线 $y = x$ 上,

令 $x = r\cos\theta,\ y = r\sin\theta$,代入方程

$$\frac{x^2}{b^2} + \frac{y^2}{a^2} = 1,$$

得其极坐标方程为 $r^2 = \dfrac{a^2 b^2}{a^2 \cos^2\theta + b^2 \sin^2\theta}$,

于是所求面积可表示为

$$S = 8 \times \frac{1}{2} \int_0^{\frac{\pi}{4}} r^2(\theta) \mathrm{d}\theta = 4 \int_0^{\frac{\pi}{4}} \frac{a^2 b^2}{a^2 \cos^2\theta + b^2 \sin^2\theta} \mathrm{d}\theta$$

$$= 4a^2 b^2 \cdot \frac{1}{ab} \arctan\left(\frac{b}{a} \tan\theta\right) \Big|_0^{\frac{\pi}{4}} = 4ab \arctan\frac{b}{a}.$$

5.6.3 旋转体

由一个平面图形绕该平面内一条直线旋转一周而成的立体称为**旋转体**. 这条直线称为**旋转轴**.

设旋转体是由连续曲线 $y = f(x)$、直线 $x = a$、$x = b$ 与 x 轴所围平面图形绕 x 轴旋转而成.

取 x 为自变量,其变化区间为 $[a, b]$,设想用垂直于 x 轴的平面将旋转体分成 n 个小薄片,即把 $[a, b]$ 分成 n 个区间微元,其中任一区间微元 $[x, x + \mathrm{d}x]$ 所对应的小薄片的体积可近似视为以 $f(x)$ 为底半径、$\mathrm{d}x$ 为高的扁圆柱体的体积,即体积微元

$$\mathrm{d}V = \pi \left[f(x)\right]^2 \mathrm{d}x,$$

从而,所求立体的体积

$$V = \pi \int_a^b \left[f(x)\right]^2 \mathrm{d}x.$$

情形 1　由连续曲线 $y = f(x) \geqslant 0$ 及 $x = a$, $x = b$, x 轴所围平面图形绕 x 轴旋转一周所得旋转体的体积为

$$V_x = \pi \int_a^b f^2(x) \mathrm{d}x.$$

情形 2　由连续曲线 $x = \varphi(y) \geqslant 0$ 及 $y = c$, $y = d$, y 轴所围平面图形绕 y 轴旋转一周所得旋转体的体积为

$$V_y = \pi \int_c^d \varphi^2(y) \mathrm{d}y.$$

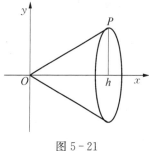

图 5 - 21

例 5.50　过原点 O 及点 $P(h, r)$ 的直线与直线 $x = h$ 及 x 轴围成一个直角三角形,将它绕 x 轴旋转构成一个底半径为 r、高为 h 的圆锥体(见图 5 - 21),计算圆锥体的体积.

解　圆锥体体积应为 $V = \dfrac{\pi r^2 h}{3}$. 下面用定积分来求.

直线 OP 的方程为 $y = \dfrac{r}{h} x$, 取横坐标 x 为积分变量, x 的变化区间为 $[0, h]$. 于是, 体积为

$$V = \pi \int_0^h \left(\frac{r}{h} x \right)^2 \mathrm{d}x = \frac{\pi r^2}{h^2} \left[\frac{x^3}{3} \right]_0^h = \frac{\pi}{3} r^2 h.$$

例 5.51　求由 $y = x^2$ 和直线 $y = x$ 所围成的平面图形(见图 5-22)绕 y 轴旋转而成的旋转体的体积.

解　取 y 为积分变量. 为了确定 y 的在 Ox 轴上的变化区间, 先求两条曲线的交点. 即解方程组 $y = x^2$ 和 $y = x$ 得交点 $O(0, 0)$、$P(1, 1)$, 则 y 的变化区间为 $[0, 1]$. 由图 5-22 可看出: 抛物线绕 y 轴旋转一周生成一个抛物柱面, 其体积记为 V_1, 直角三角形 BOP 绕 y 轴旋转一周生成一圆锥体, 其体积记为 V_2, 则所求体积为: $V = V_1 - V_2$, 因此

$$V = \pi \int_0^1 (\sqrt{y})^2 \mathrm{d}y - \frac{\pi}{3} r^2 h = \frac{1}{2} \pi [y^2]_0^1 - \frac{\pi}{3} = \frac{\pi}{2} - \frac{\pi}{3} = \frac{\pi}{6}.$$

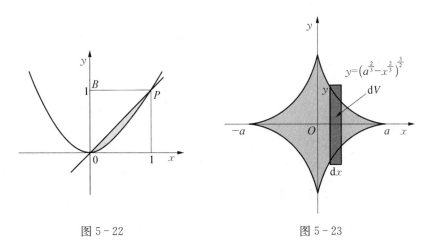

图 5-22　　　　　　　　　　图 5-23

例 5.52　求星形线 $x^{\frac{2}{3}} + y^{\frac{2}{3}} = a^{\frac{2}{3}}$ ($a > 0$)所围图形(见图 5-23)绕 x 轴旋转而成旋转体的体积.

解　体积微元:

$$\mathrm{d}V = \pi (a^{\frac{2}{3}} - x^{\frac{2}{3}})^3 \mathrm{d}x,$$

所求体积:

$$V = \int_{-a}^{a} \pi \, (a^{\frac{2}{3}} - x^{\frac{2}{3}})^{3} \mathrm{d}x = \frac{32}{105} \pi a^{3}.$$

5.6.4 平面截面面积已知的立体的体积

如果一个立体不是旋转体,但却知道该立体上垂直于一定轴的各个截面面积,那么,这个立体的体积也可用定积分来计算.

设连续函数 $A(x)$ 表示过点 x 且垂直于 x 轴的截面面积.

体积微元:$\mathrm{d}V = A(x)\mathrm{d}x$;所求体积:$V = \int_{a}^{b} A(x)\mathrm{d}x$.

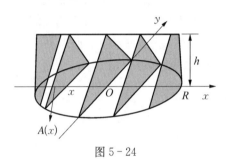

图 5 - 24

例 5.53 求以半径为 R 的圆为底、平行且等于底圆直径的线段为顶,高为 h 的正劈锥体的体积(见图 5 - 24).

解 取底圆所在的平面为 xOy 平面,圆心 O 为原点,并使 x 轴与正劈锥体的顶平行,底圆的方程为

$$x^{2} + y^{2} = R^{2},$$

过 x 轴上的点 $x(-R \leqslant X \leqslant R)$ 作垂直于 x 轴的平面,截正劈锥体得等腰三角形,这截面的面积为

$$A(x) = h \cdot y = h\sqrt{R^{2} - x^{2}},$$

于是所求正劈锥体的体积为

$$V = \int_{-R}^{R} A(x)\mathrm{d}x = h \int_{-R}^{R} \sqrt{R^{2} - x^{2}} \, \mathrm{d}x = \frac{\pi R^{2} h}{2},$$

即正劈锥体的体积等于同底、同高的圆柱体体积的一半.

5.6.5 平面曲线的弧长

我们用定积分的微元法来求解光滑的平面曲线的弧长.

1. 直角坐标情形

若假设光滑曲线为 $y = f(x)$,我们取 x 为积分变量.我们要求当 $x \in [a, b]$ 的这一段曲线的弧长.在该区间上任意取微元 $[x, x+\Delta x]$.在该微元中,我们用切线的长度来近似曲线的弧长.而切线的长度可以近似地看作两条直角边分别为

Δx，Δy 的直角三角形的斜边长度.故而,所求弧长

$$ds = \sqrt{(dx)^2 + (dy)^2} = \sqrt{1 + (y')^2}\,dx.$$

故而弧长为

$$s = \int_a^b \sqrt{1 + (y')^2}\,dx.$$

2. 参数方程的情形

如果曲线 L 具有如下的参数方程形式

$$\begin{cases} x = \varphi(t), \\ y = \psi(t), \end{cases} \alpha \leqslant t \leqslant \beta,$$

那么弧长微元 $ds = \sqrt{(dx)^2 + (dy)^2} = \sqrt{(\varphi'(t))^2 + (\psi'(t))^2}\,dt$，所求光滑曲线的弧长为

$$s = \int_\alpha^\beta \sqrt{(\varphi'(t))^2 + (\psi'(t))^2}\,dt.$$

3. 极坐标的情形

如果曲线 L 具有如下的极坐标方程的形式

$$r = r(\theta),\ \alpha \leqslant \theta \leqslant \beta,$$

那么根据极坐标的公式,可将 (x,y) 按照如下方式化成极坐标的形式

$$\begin{cases} x = r(\theta)\cos\theta, \\ y = r(\theta)\sin\theta, \end{cases} \alpha \leqslant \theta \leqslant \beta,$$

根据微分公式可得

$$dx = [r'(\theta)\cos\theta - r(\theta)\sin\theta]d\theta,$$
$$dy = [r'(\theta)\sin\theta + r(\theta)\cos\theta]d\theta,$$

这也就说明了弧长微元 $ds = \sqrt{(dx)^2 + (dy)^2} = \sqrt{(r'(\theta))^2 + (r(\theta))^2}\,d\theta$，所求光滑曲线的弧长为

$$s = \int_\alpha^\beta \sqrt{(r'(\theta))^2 + (r(\theta))^2}\,d\theta.$$

例 5.54 求圆 $x^2 + y^2 = 1$ 的周长.

解 我们都知道该圆的周长为 2π. 我们现在用定积分的思路来求解.根据对称性,只需要求圆在第一象限内的周长即可.由于圆的参数方程可以写为

$$\begin{cases} x = \cos t \\ y = \sin t \end{cases}, \ 0 \leqslant t \leqslant 2\pi,$$

根据公式,所求椭圆弧长为

$$s = 4 \int_0^{\frac{\pi}{2}} \sqrt{(\sin t)^2 + (\cos t)^2} \, \mathrm{d}t = 4 \frac{\pi}{2} = 2\pi.$$

例 5.55　求曲线 $y = \ln\cos x$ 相对于 $x \in \left[0, \dfrac{\pi}{4}\right]$ 的弧长.

解　根据公式,

$$s = \int_0^{\frac{\pi}{4}} \sqrt{1 + (-\tan x)^2} \, \mathrm{d}x = \int_0^{\frac{\pi}{4}} \sec x \, \mathrm{d}x$$

$$= \ln(\sec x + \tan x) \,\big|_0^{\frac{\pi}{4}} = \ln(1 + \sqrt{2}).$$

例 5.56　求心形线 $r = 1 + \cos\theta$ 相对于 $x \in [0, \pi]$ 的弧长.

解　根据公式,$r' = -\sin\theta$,从而

$$s = \int_0^{\pi} \sqrt{\sin^2\theta + (1 + \cos\theta)^2} \, \mathrm{d}\theta = \int_0^{\pi} \sqrt{2 + 2\cos\theta} \, \mathrm{d}\theta$$

$$= \int_0^{\pi} 2\cos\frac{\theta}{2} \, \mathrm{d}\theta = 4.$$

习　题　5.6

1. 计算下列各图形的面积:

(1) 曲线 $xy = 1$ 与直线 $y = x$,$x = 2$ 所围成的平面图形面积;

(2) 由 $y = x^3$,$y = 1$,$y = 2$,$x = 0$ 所围成平面图形面积;

(3) 由 $y = 0$,$y = 1$,$y = \ln x$,$x = 0$ 所围平面图形的面积;

(4) 由 $y = \dfrac{x^2}{2}$ 与 $y^2 + x^2 = 8$ 所围平面图形的面积.

2. 计算阿基米德螺线 $r = a\theta(a > 0)$ 与对应 θ 从 0 变到 2π 所围图形面积.

3. 求曲线 $y = -x^2 + 4x - 3$,与 $(3, 0)$ 点和 $(0, -3)$ 处的切线所围成的平面图形的面积.

4. 求曲线 $r = 2a\cos\theta(a > 0)$ 所围成图形的面积.

5. 求星形线 $\begin{cases} x = a\cos^3\theta, \\ y = a\sin^3\theta, \end{cases} \theta \in \left[0, \dfrac{\pi}{2}\right]$ 与 $x=0$，$y=0$ 所围成的面积.

6. 求由曲线 $y=x^2$，$x=y^2$ 所围图形绕 y 轴旋转一周所成的旋转体的体积.

7. 求由曲线 $y=\sin x (0 \leqslant x \leqslant \pi)$ 与 x 轴围成的平面图形绕 y 轴旋转一周所成的旋转体的体积.

8. 计算曲线 $y=\ln x$ 相应于 $\sqrt{3} \leqslant x \leqslant \sqrt{8}$ 的一段弧的弧长.

9. 计算抛物线 $y^2 = 2px(p>0)$ 从顶点到其上点 $M(x, y)$ 的弧长.

5.7 积分在经济分析中的应用

5.7.1 由边际函数求原经济函数

由第 3 章边际分析知，对一已知经济函数 $F(x)$（**需求函数** $Q(P)$、**总成本函数** $C(x)$、**总收入函数** $R(x)$ 和**利润函数** $L(x)$），它的边际函数就是它的导函数 $F'(x)$.

作为导数（微分）的逆运算，若对**已知**的**边际函数** $F'(x)$ 求不定积分，则可求得**原经济函数**.

$$F(x) = \int F'(x)\mathrm{d}x + C,$$

式中积分常数 C 可由经济函数的具体条件确定.

也可由 N-L（牛顿-莱布尼茨）公式 $\int_0^x F'(t)\mathrm{d}t = F(x) - F(0)$，求得原经济函数

$$F(x) = \int_0^x F'(t)\mathrm{d}t + F(0).$$

由 N-L 公式，可求出原经济函数从 a 到 b 的**变动值**（或增量）

$$\Delta F = F(b) - F(a) = \int_a^b F'(x)\mathrm{d}x.$$

1. 总需求函数

由第 1 章知，**需求量** Q 是**价格** P 的函数 $Q=Q(P)$，一般地，价格 $P=0$ 时，需求量最大，设最大需求量为 Q_0，即

$$Q_0 = Q(P)\bigg|_{P=0}.$$

若已知边际需求为 $Q'(P)$，则**总需求函数** $Q(P)$ 为

$$Q(P) = \int Q'(P)\mathrm{d}P + C,$$

式中积分常数 C 可由条件 $Q(P)\Big|_{P=0} = Q_0$ 确定.或用变上限的定积分表示为

$$Q(P) = \int_0^P Q'(t)\mathrm{d}t + Q_0.$$

2. 总成本函数

设产量为 x 时的边际成本为 $C'(x)$，固定成本为 C_0，则产量为 x 时的**总成本函数**为

$$C(x) = \int C'(x)\mathrm{d}x + C,$$

式中积分常数 C 由初始条件 $C(0) = C_0$ 确定.或由变上限的定积分公式直接求得**总成本函数**.

$$C(x) = \int_0^x C'(t)\mathrm{d}t + C_0,$$

式中 C_0 为**固定成本**，$\int_0^x C'(t)\mathrm{d}t$ 为**变动成本**.

例 5.57 生产某产品的边际成本函数为

$$C'(x) = 3x^2 - 14x + 100,$$

固定成本 $C(0) = 10\,000$，求生产 x 个产品的总成本函数.

解 $C(x) = \int_0^x C'(x)\mathrm{d}x + C_0 = 10\,000 + \int_0^x (3x^2 - 14x + 100)\mathrm{d}x$

$\qquad = 10\,000 + [x^3 - 7x^2 + 100x]_0^x = 10\,000 + x^3 - 7x^2 + 100x.$

3. 总收入函数

设产销量为 x 时的边际收入为 $R'(x)$，则产销量为 x 时的总收入函数可由不定积分公式得

$$R(x) = \int R'(x)\mathrm{d}x + C,$$

式中积分常数 C 由 $R(0) = 0$ 确定(一般地假定产销量为 0 时总收入为 0).或由变上限的定积分公式直接求得总收入函数 $(R(0) = 0)$

$$R(x) = \int_0^x R'(t)\mathrm{d}t.$$

例 5.58 已知边际收益为 $R'(x) = 78 - 2x$，设 $R(0) = 0$，求收益函数 $R(x)$.

解 $R(x) = R(0) + \int_0^x (78 - 2x)\mathrm{d}x = 78x - x^2.$

4. 总利润函数

设某产品边际收入为 $R'(x)$，边际成本 $C'(x)$，则**总收入**为

$$R(x) = \int_0^x R'(t)\mathrm{d}t.$$

总成本为 $C(x) = \int_0^x C'(t)\mathrm{d}t + C_0 (C_0 = C(0)$ 为固定成本)

边际利润为

$$L'(x) = R'(x) - C'(x).$$

总利润为

$$L(x) = R(x) - C(x) = \int_0^x R'(t)\mathrm{d}t - \left[\int_0^x C'(t)\mathrm{d}t + C_0\right]$$
$$= \int_0^x [R'(t) - C'(t)]\mathrm{d}t - C_0,$$

即

$$L(x) = \int_0^x L'(t)\mathrm{d}t - C_0,$$

式中 $\int_0^x L'(t)\mathrm{d}t$ 称为产销量为 x 时的**毛利**，毛利减去固定成本即为**纯利**.

5.7.2 由边际函数求最优问题

例 5.59 某产品的总成本(万元)的变化率 $C'(q) = 1$(万元／百台)，总收入(万元)的变化率为产量 q(百台)的函数

$$R'(q) = 5 - q(万元／百台)$$

(1) 求产量 q 为多少时，利润最大？

(2) 在上述产量(使利润最大)的基础上再生产 100 台，利润将减少多少？

解 (1) 令 $L'(q) = R'(q) - C'(q) = (5 - q) - 1 = 4 - q = 0$，易见产量为 $q = 4$ 时，利润为最大；

(2) $\Delta L(q) = L(5) - L(4) = \int_4^5 (4-q)\mathrm{d}q = \left(4q - \dfrac{1}{2}q^2\right)\Big|_4^5 = -\dfrac{1}{2}$,

故在上述产量的基础上再生产 100 台,利润将减少 0.5 万元.

5.7.3　在其他经济问题中的应用

1. 广告策略

例 5.60　某出口公司每月销售额是 1 000 000 美元,平均利润是销售额的 10%.根据公司以往的经验,广告宣传期间月销售额的变化率近似地服从增长曲线 $1 \times 10^6 \times \mathrm{e}^{0.02t}$($t$ 以月为单位),公司现在需要决定是否举行一次总成本为 1.3×10^5 美元的广告活动.按惯例,对于超过 1×10^6 美元的广告活动,如果新增销售额产生的利润超过广告投资的 10%,则决定做广告.试问该公司按惯例是否应该做此广告?

解　由公式知,12 个月后总销售额是当 $t = 12$ 时的定积分

即总销售额 $= \displaystyle\int_0^{12} 1\,000\,000\mathrm{e}^{0.02t}\,\mathrm{d}t = \dfrac{1\,000\,000\mathrm{e}^{0.02t}}{0.02}\Big|_0^{12}$

$\qquad\qquad = 50\,000\,000\mid\mathrm{e}^{0.24}-1\mid \approx 1\,356\,000$ 美元.

公司的利润是销售额的 10%,所以新增销售额产生的利润是

$$0.10 \times (13\,560\,000 - 12\,000\,000) = 156\,000 \text{ 美元}.$$

156 000 美元利润是由花费 130 000 美元的广告费而取得的,因此,广告所产生的实际利润是 156 000 - 130 000 = 26 000 美元.

这表明赢利大于广告成本的 10%,故公司应该做此广告.

2. 消费者剩余和生产者剩余

如图 5-25 所示,设 P 表示某商品的价格,Q 表示商品的供给量,则供给曲线 $P = S(Q)$ 是单调递增的,需求曲线则反映了顾客的购买行为,通常假定价格上涨,购买的数量下降,即需求曲线 $P = D(Q)$ 随价格的上升而单调递减.

需求量与供给量都是价格的函数,但经济学家习惯用纵坐标表示价格,横坐标表示需求量或供给量,在市场经济下,价格和数量在不断调整,最后趋向于均衡价格和均衡数量,分别用 P^* 和 Q^* 表示,也即供给曲线与需求曲线的交点 E.

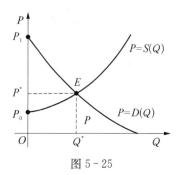

图 5-25

消费者剩余是经济学中的重要概念,它的具体

定义就是：消费者对某种商品所愿意付出的代价，超过它实际付出的代价的余额，即

$$消费者剩余＝愿意付出的金额－实际付出的金额.$$

可见，消费者剩余可以衡量消费者所得到的额外满足.

图 5-25 中，P_0 是供给曲线在价格坐标轴上的截距，也就是当价格为 P_0 时，供给者是零，只有价格高于 P_0 时，才有供给量，而 P_1 是需求曲线的截距，当价格为 P_1 时，需求量是零，只有价格低于 P_1 时，才有需求. Q_0 则表示当商品免费赠送时的最大需求量.

在市场经济中，有时一些消费者愿意对某种商品付出比他们实际所付出的市场价格 P^* 更高的价格，由此他们所得到的好处称为消费者剩余(CS)，由图 5-26 可以看出：

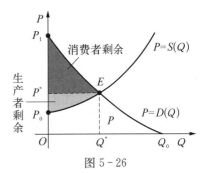

图 5-26

$$CS = \int_0^{Q^*} D(Q)\mathrm{d}Q - P^* Q^*.$$

$\int_0^{Q^*} D(Q)\mathrm{d}Q$ 表示由一些愿意付出比 P^* 更高价格的消费者总消费量，而 $P^* Q^*$ 表示实际的消费额，两者之差为消费者省下来的钱，即消费者剩余.

同理，对生产者来说，有时也有一些生产者愿意比市场价格 P^* 低的价格出售他们的商品，由此他们所得到的好处称为生产者剩余(PS)，如图 5-26 所示，有

$$PS = P^* Q^* - \int_0^{Q^*} S(Q)\mathrm{d}Q.$$

例 5.61 设需求函数 $D(Q)=24-3Q$，供给函数为 $S(Q)=2Q+9$，求消费者剩余和生产者剩余.

解 首先求出均衡价格与均衡数量，由 $24-3Q=2Q+9$，得

$$Q^* = 3,\ P^* = 15,$$

于是

$$CS = \int_0^3 (24-3Q)\mathrm{d}Q - 15 \times 3 = \left(24Q - \frac{3}{2}Q^2\right)\Big|_0^3 - 45 = \frac{27}{2},$$

$$PS = 45 - \int_0^3 (2Q+9)\mathrm{d}Q = 45 - (Q^2+9Q)\Big|_0^3 = 9.$$

例 5.62 设某产品的需求函数是 $P = 30 - 0.2\sqrt{Q}$. 如果价格固定在每件 10

元，试计算消费者剩余.

解 已知需求函数 $P = D(Q) = 30 - 0.2\sqrt{Q}$，

首先求出对应于 $P^* = 10$ 的 Q^* 值，令 $30 - 0.2\sqrt{Q} = 10$，得 $Q^* = 10\,000$.
于是消费者剩余为

$$\int_0^{Q^*} D(Q)\mathrm{d}Q - P^* Q^* = \int_0^{10\,000} (30 - 0.2\sqrt{Q})\mathrm{d}Q - 10 \times 10\,000$$

$$= \left(30Q - \frac{2}{15}Q^{\frac{3}{2}}\right)\Big|_0^{10\,000} - 100\,000$$

$$= 66\,666.67 \text{ 元}.$$

例 5.63 设某商品的供给函数为 $P = S(Q) = 250 + 3Q + 0.01Q^2$，如果产品的单价为 425 元，计算生产者剩余.

解 首先求出对应于 $p^* = 425$ 的 Q^* 的值，令 $425 = 250 + 3Q + 0.01Q^2$，得一正解 $Q^* = 50$，于是生产者剩余为

$$p^* Q^* - \int_0^{Q^*} S(Q)\mathrm{d}Q = 425 \times 50 - \int_0^{50} (250 + 3Q + 0.01Q^2)\mathrm{d}Q$$

$$= 425 \times 50 - \left[250Q + \frac{3}{2}Q^2 + 0.01 \times \frac{1}{3}Q^3\right]\Big|_0^{50}$$

$$= 4\,583.33(\text{元}).$$

3. 资本现值和投资问题

在第 1 章中已知，现有 P 元货币，若按年利率 r 作连续复利计算，则 t 年后的价值为 Pe^{rt} 元；反之，若 t 年后要有货币 P 元，则按连续复利计算，现在应有 Pe^{-rt} 元，称此为**资本现值**.

设在时间区间 $[0, T]$ 内 t 时刻的单位时间收入为 $f(t)$，称此为**收入率**，若按年利率为 r 的连续复利计算，则在时间区间 $[t, t + \mathrm{d}t]$ 内的收入现值为 $f(t)e^{-rt}$. 按照定积分的微元法思想，则在 $[0, T]$ 内得到的总收入现值为

$$y = \int_0^T f(t)e^{-rt}\mathrm{d}t.$$

若收入率 $f(t) = a$（a 为常数），称此为**均匀收入率**，如果年利率 r 也为常数，则总收入的现值为

$$y = \int_0^T a e^{-rt}\mathrm{d}t = a \cdot \frac{-1}{r}e^{-rt}\Big|_0^T = \frac{a}{r}(1 - e^{-rT}).$$

例 5.64 有一个大型投资项目，投资成本为 $A = 10\,000$ 万元，投资年利率为

5%,每年的均匀收入率为 $a=2\,000$ 万元,求该投资为无限期时的纯收入的贴现值(或称为投资的资本价值).

解 由已知条件收入率为 $a=2\,000$ 万元,年利率 $r=5\%$,故无限期的投资的总收入的贴现

$$
\begin{aligned}
y &= \int_0^{+\infty} a\,\mathrm{e}^{-rt}\,\mathrm{d}t \\
&= \int_0^{+\infty} 2\,000\mathrm{e}^{-0.05t}\,\mathrm{d}t \\
&= \lim_{b\to+\infty} \int_0^b 2\,000\mathrm{e}^{-0.05t}\,\mathrm{d}t \\
&= \lim_{b\to+\infty} \frac{2\,000}{0.05}\left[1-\mathrm{e}^{-0.05b}\right] \\
&= 2\,000 \times \frac{1}{0.05} \\
&= 40\,000 \text{ 万元},
\end{aligned}
$$

从而投资为无限期时的纯收入贴现值为 $R=y-A=40\,000-10\,000=30\,000$ 万元 $=3$ 亿元.

习 题 5.7

1. 某企业的边际成本是产量的函数 $C'(x)=25+30x-9x^2$,当固定成本 $C(0)=56$ 时,求总成本函数 $C(x)$.

2. 已知生产某产品固定成本为 50 万元,边际成本函数和边际收益函数分别为:$C'(x)=x^2-16x+100$(万元/单位产品),$R'(x)=89-4x$(万元/单位产品),工厂应将产量定为多少个单位时,总利润最大?最大利润为多少?

3. 已知边际收入为 $R'(q)=3-0.2q$,q 为销量,求总收入函数 $R(q)$,并确定最高收入的大小.

4. 设某城市人口总数为 F,已知 F 关于时间 t(年)的变化率为 $\dfrac{\mathrm{d}F}{\mathrm{d}t}=\dfrac{1}{\sqrt{t}}$,假设在计算的初始时间($t=0$),城市人口数为 100 万,求 t 年中该城市人口总数.

5. 若边际消费倾向在收入为 Y 时为 $\dfrac{3}{2}Y^{-\frac{1}{2}}$,且当收入为零时总消费支出 $c_0=70$,

（1）求消费函数 $c(Y)$;

（2）求收入由 100 增加到 900 时消费支出的增加数.

6. 如果需求函数为 $D(q) = 50 - 0.025q^2$，并已知需求量为 20 个单位，求消费者剩余 CS.

7. 设某投资项目的成本为 100 万元，在 10 年中每年可收益 25 万元，投资率为 5%，求这 10 年中该投资的纯收入的贴现值.

8. 设生产某产品的固定成本为 10，当产量为 x 时，边际成本函数为 $C'(x) = 40 - 20x + 3x^2$，边际收入函数为 $R'(x) = 32 - 10x$. 求：

（1）总利润函数；

（2）使总利润最大的产量.

本 章 小 结

基本概念
定积分的概念
定积分的几何意义
定积分的物理意义
定积分的性质
微积分基本公式
积分上限的函数及其导数
原函数存在定理

定积分及其应用

计算方法及应用
牛顿-莱布尼兹公式
定积分的换元积分法
定积分的分部积分法
定积分微元法
直角坐标系下平面图形的面积
平面坐标系下平面图形的面积
旋转体体积
已知平行截面面积的立体的体积
定积分在经济分析中的应用

广义积分
无穷限的广义积分及几何意义
无界函数的广义积分

习 题 5

1. 估计积分 $\int_2^0 e^{x^2-x} dx$ 的值.

2. 求极限 $\lim\limits_{n\to\infty}\left(\dfrac{1}{\sqrt{n^2+1}}+\dfrac{1}{\sqrt{n^2+2^2}}+\cdots+\dfrac{1}{\sqrt{n^2+n^2}}\right)$.

3. 设 $f(x)=e^{\frac{1}{x+1}}$，求极限 $\lim\limits_{n\to\infty}\sqrt[n]{f\left(\dfrac{1}{n}\right)f\left(\dfrac{2}{n}\right)\cdots f\left(\dfrac{n-1}{n}\right)f\left(\dfrac{n}{n}\right)}$.

4. 设函数 $g(x)$ 可微，且 $F(x)=\int_0^x (x+u)g(u)du$，求 $F''(x)$.

5. 已知 $f(\pi)=1$，且 $\int_0^\pi [f(x)+f''(x)]\sin x\,dx=3$，求 $f(0)$.

6. 设 $\varphi(x)$ 在 $[a,b]$ 上连续，$f(x)=(x-b)\int_a^x \varphi(t)dt$，由罗尔定理，证明必有 $\xi\in(a,b)$，使得 $f'(\xi)=0$.

7. 设 $x=\int_1^{t^2} u\ln u\,du$，$y=\int_{t^2}^1 u^2\ln u\,du (t>1)$，求 $\dfrac{d^2y}{dx^2}$.

8. 设 $f(x)$ 在 **R** 上连续，若 $\int_0^{x^2} f(t)dt=x^2(1+x)$，求 $f(2)$.

9. 求函数 $F(x)=\int_0^x t(t-4)dt$ 在 $[-1,5]$ 上的最大值与最小值.

10. 已知 $f(x)$ 是连续函数，且 $\int_0^{2x} xf(t)dt+2\int_x^0 tf(2t)dx=2x^3(x-1)$，求 $f(x)$ 在 $[0,2]$ 上的最值.

11. 已知 $f(x)=x^2-x\int_0^2 f(x)dx+2\int_0^1 f(x)dx$，求 $f(x)$.

12. 求下列定积分：

(1) $\int_0^1 x\sqrt[3]{x}\,dx$；

(2) $\int_1^2 \left(x-\dfrac{1}{x}\right)^2 dx$；

(3) $\int_0^{\frac{\pi}{2}} \cos^3 x\sin 2x\,dx$；

(4) $\int_0^1 \dfrac{1}{e^x+e^{-x}}dx$；

(5) $\int_0^{\frac{\pi}{2}} x\cos x\,dx$；

(6) $\int_0^1 e^{\sqrt{x}}dx$.

13. 利用函数的奇偶性，计算下列定积分：

(1) $\int_{-5}^5 x^3\cos x\,dx$；

(2) $\int_{-3}^3 \dfrac{\sin^3 x+|x|}{1+x^2}dx$.

14. 求 $I_n=\int_0^1 (1-x^2)^n dx\ (n\in\mathbf{N})$.

15. 设连续函数 $f(x)$ 是一个以 T 为周期的周期函数，证明：对任意的常数 a，有

$$\int_a^{a+T} f(x)dx=\int_0^T f(x)dx,$$

并说明其几何意义.

16. 设 $f(x)=\begin{cases} x^2, & 0\leqslant x\leqslant 1,\\ 2-x, & 1<x<2,\end{cases}$ 求 $\int_0^2 f(x)dx$.

17. 计算下列广义积分：

(1) $\displaystyle\int_1^\infty \frac{1}{x^{\frac{3}{2}}}\mathrm{d}x$ ；
(2) $\displaystyle\int_0^{+\infty} x^2 \mathrm{e}^{-x^3}\mathrm{d}x$.

18. 计算广义积分 $\displaystyle\int_1^\infty \frac{\mathrm{d}x}{\mathrm{e}^{x+1}+\mathrm{e}^{3-x}}$.

19. 由曲线 $y=1-x^2(0\leqslant x\leqslant 1)$ 与 x，y 轴围成的区域，被曲线 $y=ax^2$ $(a>0)$ 分为面积相等的两部分，求 a 的值.

20. 求介于直线 $x=0$，$x=2\pi$ 之间由曲线 $y=\sin x$ 和 $y=\cos x$ 所围成的平面图形的面积.

21. 求由圆 $x^2+(y-5)^2=16$ 绕 x 轴旋转而成的旋转体的体积.

22. 求由抛物线 $y=x^2$ 和直线 $x+y=2$ 所围图形的面积.

23. 某商品的需求量 Q 是价格 P 的函数，该商品的最大需求量为（即 $P=0$ 时，$Q=100$），已知边际需求为 $Q'(P)=-100\ln 2\cdot\left(\dfrac{1}{2}\right)^P$，求该商品的需求函数.

24. 已知边际成本 $C'(Q)=25+30Q-9Q^2$，固定成本 55，求总成本函数.

25. 某产品的总成本 C 万元的变化率是产量 Q 百台的函数 $C'(Q)=4+\dfrac{Q}{4}$，总收入 R 万元的变化率是产量 Q 的函数 $R'(Q)=8-Q$.

(1) 求产量由 1 百台增加到 5 百台总成本与总收入的增加量；

(2) 产量为多少时，总利润最大？

(3) 已知固定成本 $C(0)=1$ 万元，分别求总成本、总利润与产量的函数关系式；

(4) 求利润最大时的总利润、总成本与总收入.

习 题 答 案

1 函数、极限与连续

习题 1.1

1. (1) $\left[-\dfrac{1}{3}, +\infty\right)$；

(2) $(-\infty, -1) \bigcup (-1, 1) \bigcup (1, +\infty)$；

(3) $(-\infty, 0) \bigcup (0, +\infty)$；

(4) $(-2, 2)$；

(5) $(-\infty, +\infty)$；

(6) $\{x \mid x \neq k\pi + \dfrac{\pi}{2} - 1, k \text{ 为整数}\}$；

(7) $[2, 4]$；

(8) $(-1, +\infty)$；

(9) $(-\infty, 0) \bigcup (0, +\infty)$；

(10) $(-\infty, -1) \bigcup (1, +\infty)$.

2. (1) 不同,因为对应法则不同；

(2) 相同,因为定义域与对应法则均相同；

(3) 不同,因为定义域不同；

(4) 相同,因为定义域与对应法则均相同.

3. $f(0) = -\dfrac{5}{2}$, $f(3) = -\dfrac{2}{5}$, $f(-3) = 8$, $f(2a) = \dfrac{2a-5}{2+2a}$ $(a \neq -1)$.

4. $f\left(\dfrac{1}{2}\right) = \dfrac{1}{2}$, $f(2) = 2$, $f(3) = 2$, $f\left(\dfrac{9}{2}\right) = \dfrac{3}{2}$.

5. 略.

6. (1) 单调增加；

(2) 单调增加.

7. (1) 偶函数；

(2) 非奇非偶函数；

(3) 偶函数；

(4) 奇函数；

(5) 奇函数；

(6) 非奇非偶函数；

(7) 偶函数；

(8) 奇函数.

8. (1) 周期为 2π 的周期函数；

(2) 周期为 π 的周期函数；

(3) 周期为 2 的周期函数；

(4) 不是周期函数；

(5) 周期为 π 的周期函数；

(6) 周期为 π 的周期函数.

9. (1) 有界；　　(2) 有界；

(3) 有界；　　　(4) 无界.

10. 略.

习题 1.2

1. (1) $y = \dfrac{1}{3}(\mathrm{e}^{x-1} - 2)$；

(2) $y = x^{\frac{1}{2}}$；

(3) $y = \dfrac{1}{5}(x^3 - 2)$;　　　　　　　　(4) $y = \log_2 x + 3$;

(5) $y = \dfrac{1}{3}\arcsin\dfrac{x}{3}$;　　　　　　　(6) $y = \mathrm{e}^{x-2} + 1$;

(7) $y = \log_2 \dfrac{1+y}{1-y}$;　　　　　　　(8) $y = -\sqrt{1-x^2}\,(0 \leqslant x \leqslant 1)$.

2. $f[f(x)] = \dfrac{x}{1-2x}$, $f\{f[f(x)]\} = \dfrac{x}{1-3x}$.

3. $f(g(x)) = \begin{cases} 1, & x < 0, \\ 0, & x = 0, \\ -1, & x > 0; \end{cases}$　$g(f(x)) = \begin{cases} \mathrm{e}, & |x| < 1, \\ 1, & |x| = 1, \\ \mathrm{e}^{-1}, & |x| > 1. \end{cases}$

4. (1) $y = \sin^2 x$, $y(x_1) = 1$, $y(x_2) = \dfrac{3}{4}$;

(2) $y = \sin 2x$, $y(x_1) = \dfrac{\sqrt{2}}{2}$, $y(x_2) = 1$;

(3) $y = \sqrt{3 + 2x^2}$, $y(x_1) = \sqrt{5}$, $y(x_2) = \sqrt{11}$;

(4) $y = \mathrm{e}^{x^3}$, $y(x_1) = 1$, $y(x_2) = \mathrm{e}^8$.

5. (1) $y = \sin u$, $u = 2x$;　　　　　　(2) $y = \sqrt{u}$, $u = \tan v$, $v = \mathrm{e}^x$;

(3) $y = a^u$, $u = \sin x$;　　　　　　(4) $y = \ln u$, $u = \ln x$;

(5) $y = \mathrm{e}^u$, $u = x^2$;　　　　　　(6) $y = u^2$, $u = 2 + v^2$, $v = \ln x$.

6. $f(x) = 5x + \dfrac{2}{x^2}$, $f(x^2 + 1) = 5(x^2 + 1) + \dfrac{2}{(x^2 + 1)^2}$.

7. $f(x) = 2x^2 - 4$.

8. $f(x) = 2 - 2x^2$.

9. $f(\mathrm{e}^{-x}) = \mathrm{e}^{-2x}\ln(\mathrm{e}^{-x} + 1)$.

10. $(-1, 0) \bigcup (0, 1)$.

11. $x \geqslant 0$.

习题 1.3

1. (1) 500 台;　　　　(2) 亏本,亏 4 000 元;　　　　(3) 550 台.

2. 均衡价格 $p_0 = 2$,均衡数量 $Q_0 = 12$.

3. $L = 4Q - 500(元)$.

习题 1.4

1. (1) $\dfrac{n+1}{n^2}$;　　　(2) $\dfrac{(-1)^n}{2n}$;　　　(3) $\dfrac{2n-1}{2^n}$;　　　(4) $(-1)^{n-1}\dfrac{2n+1}{2n+3}$.

2. (1) 0;　　　　(2) 0;　　　　(3) 0;　　　　(4) 1;

(5) 不存在;　　(6) 1;　　　(7) 不存在;　　(8) 不存在;

(9) 不存在;　　(10) 不存在.

3. 略.

4. 略.

5. 略.

6. 略.

7. 略.

习题 1.5

1. 略.

2. (1) $f(2+0)=4$, $f(2-0)=-2a$;　(2) $a=-2$.

3. $f(0+0)=\dfrac{1}{2}$, $f(0-0)=-\dfrac{1}{2}$.

4. 不一定, $f(x)=\dfrac{1}{x^2}$, $g(x)=x$, 当 $x\to\infty$ 时, $\lim\limits_{x\to\infty}g(x)f(x)=\lim\limits_{x\to\infty}\dfrac{1}{x}=0$.

5. $\lim\limits_{x\to0}f(x)$ 不存在.

习题 1.6

1. (1)、(2)、(4)、(6) 无穷大量;　　　　(3)、(5) 无穷小量.

2. 略.

3. $y=x\cos x$ 在 $(-\infty,+\infty)$ 内无界,但当 $x\to+\infty$ 时,此函数不是无穷大.

4. 略.

习题 1.7

1. (1) 12;　　　(2) 0;　　　(3) 0;　　　(4) $\dfrac{2}{3}$;

(5) 3;　　　(6) 6;　　　(7) $\dfrac{2}{3}$;　　　(8) 0;

(9) $\dfrac{3}{2}$;　　(10) 0;　　(11) $\dfrac{1}{2}$;　　(12) -1;

(13) 0;　　(14) 0;　　(15) $\dfrac{1}{2}$;　　(16) ∞;

(17) $\dfrac{m}{n}$;　　(18) 2.

2. (1) $\dfrac{1}{5}$;　　　(2) ∞;　　　(3) $\dfrac{1}{2}$;　　　(4) 1.

3. (1) $\dfrac{1}{4}$;　　　　　(2) 0;　　　　　(3) 4;　　　　　(4) ∞.

4. $k=-3$.

5. $a=1$, $b=-1$.

6. $\lim\limits_{x\to 0}f(x)$ 不存在, $\lim\limits_{x\to 1}f(x)=2$.

7. 1.

习题 1.8

1. (1) $\dfrac{3}{4}$;　　　　(2) $\dfrac{\alpha}{\beta}$;　　　　(3) $\dfrac{2}{5}$;　　　　(4) 0;

　　(5) 4;　　　　　(6) α;　　　　(7) 3;　　　　　(8) 1;

　　(9) 1;　　　　　(10) $\dfrac{9}{2}$;　　　(11) $\dfrac{5}{3}$;　　　(12) $\dfrac{1}{2}$.

2. (1) e;　　　　　(2) e^2;　　　　(3) e^{-2};　　　　(4) e^{-k};

　　(5) e;　　　　　(6) e^{-1};　　　(7) e^2;　　　　(8) e^{2a};

　　(9) e;　　　　　(10) e^{-1};　　　(11) 1.

3. (1) 提示：$\dfrac{n^2}{n^2+n\pi}\leqslant n\left(\dfrac{1}{n^2+\pi}+\cdots+\dfrac{1}{n^2+n\pi}\right)\leqslant\dfrac{n^2}{n^2+\pi}$;

　　(2) 提示：$\dfrac{1+2+\cdots+n}{n^2+n+n}\leqslant\dfrac{1}{n^2+n+1}+\cdots+\dfrac{n}{n^2+n+n}\leqslant\dfrac{1+2+\cdots+n}{n^2+n+1}$.

4. $c=\ln 3$.

5. -1.

6. $\dfrac{\sqrt{13}+1}{2}$.提示：用单调递增有上界证明.

7. 6 640 元.

8. 424 元.

9. 15 059.71 元.

习题 1.9

1. (1)、(4) 同阶无穷小量;　　　　　(2) 高阶无穷小量;

　　(3) 低阶无穷小量.

2. 当 $x\to 0$ 时, x^2-x^3 是比 $x-x^2$ 高阶的无穷小.

3. 同阶,等价无穷小.

4. 同阶,但不是等价无穷小.

5. (1) $\dfrac{3}{2}$;　　　　(2) $\dfrac{3}{5}$;　　　　(3) 5;　　　　　(4) 0;

(5) $\dfrac{1}{2}$;　　　　(6) 5;　　　　(7) $\dfrac{2}{3}$;　　　　(8) 1.

6. $\lim\limits_{x\to 0}\dfrac{\sin x^n}{(\sin x)^m}=\begin{cases}1, & n=m,\\ 0, & n>m,\\ \infty, & n<m.\end{cases}$

习题 1.10

1. 略.

2. (1) 不连续;　　(2) 不连续;　　(3) 连续;　　(4) 连续.

3. (1) $x=1$ 可去间断点, $x=2$ 第二类无穷间断点;

(2) $x=\pm\sqrt 2$ 都是无穷间断点;

(3) $x=0$ 跳跃间断点;　　　　(4) $x=2$ 可去间断点;

(5) $x=k\pi+\dfrac{\pi}{2}$ 可去间断点, $x=k\pi$ 无穷间断点;

(6) $x=0$ 第二类振荡间断点;　　(7) $x=1$ 跳跃间断点;

(8) $x=0$ 可去间断点.

4. 连续.

5. $a=1$.

6. 左不连续,右连续.

7. $a=1,b=\mathrm{e}$.

习题 1.11

1. 连续区间 $(-\infty,-3)\bigcup(-3,2)\bigcup(2,+\infty)$; $\lim\limits_{x\to 0}f(x)=\dfrac{1}{2}$, $\lim\limits_{x\to-3}f(x)=$ $-\dfrac{8}{5}$, $\lim\limits_{x\to 2}f(x)=\infty$.

2. (1) $\sqrt 5$;　　　　(2) 1;　　　　(3) $\ln 2$;　　　　(4) 0;

(5) 0;　　　　(6) 1.

3. 略.

4. 略.

5. 略.

6. 略.

7. 略.

8. 略.

9. 略.

习题 1

1. (1) $[-1, 2]$;　　　　　　　　　(2) $(-\infty, -1) \cup \left(-1, \dfrac{1}{2}\right)$;

　(3) $[1, +\infty)$;　　　　　　　　(4) **Z**.

2. (1) 不同,因为定义域不同;　　　(2) 不同,因为定义域不同;

　(3) 不同,因为对应法则不同;　　(4) 相同,因为定义域和对应法则都相同.

3. $F(x) = 0$, $H(x) = 1$.

4. $(-1, 1)$.

5. $f(x) = \begin{cases} -x^2 + x - 1, & -1 \leqslant x < 0, \\ 0, & x = 0, \\ x^2 + x + 1, & 0 < x \leqslant 1. \end{cases}$

6. 1.

7. $T = 2(b - a)$.

8. (1) $y = \log_2 \dfrac{x}{1-x}$;　　　　　　(2) $y = \mathrm{e}^{x-1} - 2$.

9. $\dfrac{1}{x} + \dfrac{\sqrt{x^2 + 1}}{|x|}$.

10. $f(x+1) = \begin{cases} x+2, & x \leqslant 0, \\ 2x+1, & x > 0, \end{cases}$ 　$f(\ln x) = \begin{cases} \ln x + 1, & x \leqslant \mathrm{e}, \\ 2\ln x - 1, & x > \mathrm{e}, \end{cases}$

　$f(\sin x) = \sin x + 1$.

11. $f(x) = \begin{cases} (x-1)^2, & 1 \leqslant x \leqslant 2, \\ 2x - 2, & 2 < x \leqslant 3. \end{cases}$

12. (1) $y = \dfrac{1}{u^2}$, $u = 2x + 5$;

　(2) $y = u^2 + 1$, $u = \sin x + \cos x + 3$;

　(3) $y = \sin u$, $u = \sqrt{v}$, $v = \ln w$, $w = x^2 + 1$;

　(4) $y = u^2$, $u = \sin v$, $v = \lg w$, $w = 3x + 5$.

13. $Q = \begin{cases} -10 + 2.8p, & \dfrac{25}{7} \leqslant p \leqslant 4, \\ -18 + 4.8p, & p \geqslant 4. \end{cases}$

14. $R = \begin{cases} 130x, & 0 \leqslant x \leqslant 700, \\ 9\,100 + 117x, & 700 < x \leqslant 1\,000. \end{cases}$

15. $\lim\limits_{x \to \infty} x_n = \dfrac{1}{2}$.

16. 略.

17. 略.

18. (1) n ;   (2) $\dfrac{2\sqrt{2}}{3}$;   (3) $\dfrac{p+q}{2}$;   (4) 0.

19. (1) x ;   (2) $\dfrac{6}{5}$.

20. $\dfrac{1+\sqrt{5}}{2}$.

21. 略.

22. 4.

23. $P(x)=x^3+2x^2+x$.

24. $a=1, b=-2$.

25. $x=0$ 和 $x=k\pi+\dfrac{\pi}{2}$ 是第一类可去间断点, $x=k\pi(k\neq0)$ 是第二类无穷间断点.

26. 0.

2 导 数 与 微 分

习题 2.1

1. (1) $\cos x$;   (2) $y'=-2x^{-3}$; $y'(1)=-2$.

2. (1) $-f'(x_0)$;   (2) $5f'(x_0)$.

3. (1) $f'(0)x$;   (2) $2tf'(0)$.

4. 2.

5. $f'_-(1)=2$, $f'_+(1)=2$, $f'(1)$ 存在.

6. $\dfrac{1}{2}$.

7. $f'(x)=2\mid x\mid$.

8. 不可导 $(f'_-(1)\neq f'_+(1))$.

9. 在 $x=0$ 处连续但不可导.

10. $2a^3=b$ 或 $b=-2a^3$.

11. 切线方程: $x-y+1=0$; 法线方程: $x+y-1=0$.

12. 略.

13. 略.

习题 2.2

1. (1) $\dfrac{1}{2\sqrt{x}} - \dfrac{1}{x^2} + 2\sin x$;

(2) $2^x \ln 2 + 2x + \dfrac{1}{x \ln 2}$;

(3) $x(2\ln x + 1)$;

(4) $\mathrm{e}^x(\cos x - \sin x)$;

(5) $x(2\ln x \cos x + \cos x - x \ln x \sin x)$;

(6) $2x \arctan x + \dfrac{x^2}{x^2+1}$;

(7) $\cos x \arcsin x + \dfrac{\sin x}{\sqrt{1-x^2}}$;

(8) $\dfrac{(1+x^2)\sec^2 x \arctan x - \tan x}{(1+x^2)(\arctan x)^2}$;

(9) $\dfrac{x \sec x \tan x - \sec x}{x^2}$;

(10) $\dfrac{\mathrm{e}^x(x^3 - x^2 + x + 1)}{(x^2+1)^2}$;

(11) $\dfrac{\mathrm{e}^x(x \ln x - \ln x - 1)}{(x \ln x)^2}$;

(12) $\dfrac{2(\sin x + \cos x + 2)}{(1+2\cos x)^2}$;

(13) $5x^4 + 12x^2 + 2$.

(14) $\mathrm{e}^{-t}(\cos t - \sin t)$.

2. (1) $2\mathrm{e}^{2x}$;

(2) $\dfrac{1}{x-1}$;

(3) $-\dfrac{2\arccos x}{\sqrt{1-x^2}}$;

(4) $\dfrac{1}{x^2+1}$;

(5) $\dfrac{4x}{3\sqrt[3]{x^2-1}}$;

(6) $2\cot 2x$;

(7) $\dfrac{\cos\sqrt{2x+1}}{\sqrt{2x+1}}$;

(8) $\dfrac{4\mathrm{e}^{2x}}{(\mathrm{e}^{2x}+1)^2}$;

(9) $-\dfrac{1}{1+x^2}$;

(10) $(n+1)\sin^n x \cos x$;

(11) $\dfrac{\ln x}{x\sqrt{1+\ln^2 x}}$.

(12) $\begin{cases} \dfrac{2}{1+x^2}, & |x|<1, \\[3mm] -\dfrac{2}{1+x^2}, & |x|>1. \end{cases}$

3. $f'(x+3) = 5x^4$, $f'(x) = 5(x-3)^4$.

4. $-\dfrac{1}{(1+x)^2}$.

5. (1) -1;

(2) $\dfrac{13}{3}$;

(3) $-\dfrac{1}{18}$;

(4) 1.

6. (1) $2x f'(x^2)$；

(3) $4x f(x^2) f'(x^2)$；

(2) $2f(x) f'(x)$；

(4) $[f'(\sin^2 x) - f'(\cos^2 x)]\sin 2x$.

7. $-x\,e^{x-1}$.

8. 不可导.

9. (1) $-0.2t+1.2$；

(3) 0.9 度/天.

(2) $100.175°$；

(4) 略.

习题 2.3

1. $x=20,50,70$ 时边际收入依次为 $-60,0,40$，边际收入函数为 $100-10p$.

2. (1) -1.85；

(2) 总收入大约增加 0.114%.

3. $60-0.2x$，30，-20.

4. $-\dfrac{1}{4}p$，-0.75，-1，-1.25.

5. (1) kx；

(3) a；

(2) $\dfrac{\sqrt{x}}{2(\sqrt{x}-4)}$；

(4) $\dfrac{x}{2(x-9)}$.

习题 2.4

1. (1) $20x^3+24x$；

(3) $2\cos x - x\sin x$；

(5) $\dfrac{e^x(x^2-2x+2)}{x^3}$；

(7) $2\ln x+3$；

(9) $2\sec^2 x\tan x$；

(2) $9e^{3x-2}$；

(4) $-2e^{-t}\cos t$；

(6) $-\dfrac{x}{(x^2+1)^{\frac{3}{2}}}$；

(8) $-\dfrac{2(1+x^2)}{(1-x^2)^2}$；

(10) $\dfrac{6x^2-2}{(x^2+1)^3}$.

2. $e^{f(x)}[(f'(x))^2+f''(x)]$.

3. $19\,440$.

4. $-4e^x\cos x$.

5. 略.

6. $2g(a)$.

7. (1) e^x；

(3) $\dfrac{(-1)^n(n-2)!}{x^{n-1}}(n\geqslant 2)$；

(2) $e^x(x+n)$；

(4) $2^{n-1}\sin\left(2x+\dfrac{(n-1)\pi}{2}\right)$；

(5) $4^{n-1}\cos\left(4x+\dfrac{n\pi}{2}\right)$;

(6) $\dfrac{(-1)^n n!}{(x+1)^{n+1}}\ (n\geqslant 2)$.

8. $n!$.

习题 2.5

1. (1) $\dfrac{y-2x^2}{y^2-x}$;

(2) $\dfrac{e^{x+y}-y}{x-e^{x+y}}$;

(3) $-\dfrac{2x+y}{x+2y}$;

(4) $\dfrac{e^x}{1-xe^y}$;

(5) $\dfrac{5-ye^{xy}}{xe^{xy}+3y^2}$;

(6) $\dfrac{-y}{x-\pi\cos(\pi y)}$.

2. (1) $-\dfrac{x^2+4y^2}{16y^3}$;

(2) $-2\dfrac{\cos^3(x+y)}{\sin^5(x+y)}$;

(3) $-\dfrac{\sin(x+y)\cos(x+y)}{[1+\sin(x+y)]^3}$;

(4) $\dfrac{xe^{2y}\cdot e^y}{(1-xe^y)^3}$.

3. $-\dfrac{1}{e},\ \dfrac{1}{e^2}$.

4. (1) $(1+x^2)^{\tan x}\left[\sec^2 x\ln(1+x^2)+\dfrac{2x\tan x}{1+x^2}\right]$;

(2) $\dfrac{\sqrt{x+2}\,(3-x)^4}{(x+1)^5}\left[\dfrac{1}{2(x+2)}-\dfrac{4}{3-x}-\dfrac{5}{x+1}\right]$;

(3) $\sqrt{\dfrac{x(x^2+1)}{(x^2-1)^3}}\left(\dfrac{1}{2x}+\dfrac{x}{x^2+1}-\dfrac{3x}{x^2-1}\right)$;

(4) $\dfrac{(x+1)^2\sqrt{3x-2}}{x^3\sqrt{2x+1}}\left[\dfrac{2}{x+1}+\dfrac{3}{2(3x-2)}-\dfrac{3}{x}-\dfrac{1}{2x+1}\right]$.

5. 切线方程：$x+y-\dfrac{\sqrt2}{2}a=0$；法线方程：$x-y=0$.

6. 切线方程：$x-y+1=0$；法线方程：$x+y-1=0$.

7. (1) $t,\ \dfrac{1}{6t}$;

(2) $\dfrac{\cos t+\sin t}{\cos t-\sin t},\ \dfrac{2}{e^t(\cos t-\sin t)^3}$;

(3) $\dfrac{1-3t^2}{-2t},\ -\dfrac{1+3t^2}{4t^3}$;

(4) $-1,\ 0$.

8. 切线方程：$2x+2y-1=0$；法线方程：$2x-2y-1=0$.

习题 2.6

1. 选 A.

2. 选 B.

3. 选 A.

4. 选 D.

5. $\dfrac{3}{4}\mathrm{d}x$.

6. $\Delta x = 1$ 时，$\Delta y = 19$，$\mathrm{d}y = 12$；$\Delta x = 0.1$ 时，$\Delta y = 1.261$，$\mathrm{d}y = 1.2$；$\Delta x = 0.01$ 时，$\Delta y = 0.120\ 601$，$\mathrm{d}y = 0.12$.

7. (1) $(\cos 2x - 2x\sin 2x)\mathrm{d}x$；

(2) $x(2-x)\mathrm{e}^{-x}\mathrm{d}x$；

(3) $-\dfrac{2x}{1+x^4}\mathrm{d}x$；

(4) $-\dfrac{x}{|x|\sqrt{1-x^2}}\mathrm{d}x$；

(5) $\dfrac{x+(1-x)\ln(1-x)}{x^2(x-1)}\mathrm{d}x$；

(6) $-(x^2-1)^{-\frac{3}{2}}\mathrm{d}x$；

(7) $\left(\dfrac{1}{x}+\dfrac{1}{\sqrt{x}}\right)\mathrm{d}x$；

(8) $\dfrac{-3x^2}{2(1-x^3)}\mathrm{d}x$；

(9) $2(\mathrm{e}^{2x}-\mathrm{e}^{-2x})\mathrm{d}x$；

(10) $\dfrac{\mathrm{d}x}{\sqrt{x^2\pm a^2}}$.

8. $\mathrm{d}y = \dfrac{2+\ln(x-y)}{3+\ln(x-y)}\mathrm{d}x$.

9. 略.

10. (1) 2.005 2；   (2) 0.857 3；   (3) 1.009 9；   (4) 0.523 7.

11. $\dfrac{21}{40}$.

12. $L(x) = \dfrac{3}{2}x + 1$.

13. 约减少 2 618 cm²，约增加 104.72 cm².

14. 略.

习题 2

1. -4.

2. $4f'(x)$.

3. 2.

4. $\dfrac{x}{1+x\mathrm{e}^x}$.

5. $(2, 4)$.

6. $y-9x-10=0$ 或 $y-9x+22=0$.

7. $x-y=0$.

8. $2x^2+1$.

9. $a=2$，$b=-1$.

10. (1) $(3x+5)^2(5x+4)^4(120x+161)$；

(2) $-\dfrac{1}{x^2+1}$；

(3) $\dfrac{1-n\ln x}{x^{n+1}}$；   (4) $-\dfrac{1}{x^2}\sec^2\dfrac{1}{x}\cdot e^{\tan\frac{1}{x}}$；

(5) $ax^{a-1}+a^x\ln a$；   (6) $\dfrac{2\sqrt{x}+1}{4\sqrt{x}\cdot\sqrt{x+\sqrt{x}}}$.

11. (1) $f'(e^x+x^e)(e^x+ex^{e-1})$；   (2) $e^{f(x)}[f'(e^x)e^x+f(e^x)f'(x)]$.

12. $f'(x)=2+\dfrac{1}{x^2}$.

13. (1) $D=4.25(c+25)$，$c=2.199w$； (2) 4.25；

(3) 2.199；   (4) 9.346；

(5) $\dfrac{\mathrm{d}D}{\mathrm{d}w}$ 表示药的剂量随体重的变化率.

14. $2\arctan x+\dfrac{2x}{1+x^2}$.

15. $(-1)^n n!\left[\dfrac{1}{(x-3)^{n+1}}-\dfrac{1}{(x-2)^{n+1}}\right]$.

16. $(\tan x)^{\sin x}(\cos x\ln\tan x+\sec x)+x^x(\ln x+1)$.

17. (1) $e^{-x}[\sin(3-x)-\cos(3-x)]\mathrm{d}x$；

(2) $\mathrm{d}y=\begin{cases}\dfrac{\mathrm{d}x}{\sqrt{1-x^2}}，& -1<x<0,\\[3mm] -\dfrac{\mathrm{d}x}{\sqrt{1-x^2}}，& 0<x<1.\end{cases}$

18. $-2x\sin x^2$；$-2\sin x^2-4x^2\cos x^2$.

19. $L(x)=\dfrac{3}{2}x+\dfrac{1}{2}$.

20. $L(x) = \dfrac{5}{2}x - \dfrac{1}{10}$.

21. 1％；3％.

22. 连续但不可导.

23. $x + y = 0$.

24. 略.

3　中值定理与导数的应用

习题 3.1

1. (1)、(2) 不满足；(3)、(4) 满足.

2. 略.

3. $\xi = \dfrac{14}{9}$.

4. 有分别位于$(0,1)$，$(1,2)$，$(2,3)$的三个根.

5. 提示：利用柯西中值定理.

6. 略.

7. 略.

8. 略.

9. 略.

10. 提示：设 $\varphi(x) = f(x)\mathrm{e}^{-x}$，再证 $\varphi(x)$ 为常数.

11. 略.

习题 3.2

1. (1) $-\dfrac{1}{6}$；　(2) 2；　(3) 2；　(4) $a^a(\ln a - 1)$；

(5) $-\dfrac{1}{8}$；　(6) ∞；　(7) 1；　(8) $\dfrac{2}{\pi}$；

(9) 1；　(10) $\dfrac{1}{2}$；　(11) 0；　(12) $\mathrm{e}^{-\frac{1}{6}}$；

(13) 1；　(14) 0；　(15) -2；　(16) 1；

(17) $\mathrm{e}^{-\frac{1}{2}}$；　(18) 1；　(19) 2；　(20) $\sqrt{\mathrm{e}}$.

2. $a = -3$，$b = \dfrac{9}{2}$.

3. 略.

4. 略.

5. $a = g'(0)$，$f'(0) = \dfrac{1}{2}g''(0)$.

习题 3.3

1. (1) $10 + 11(x-1) + 7(x-1)^2 + (x-1)^3$；

(2) $-[1 + (x+1) + \cdots + (x+1)^n] + (-1)^n \xi^{-(n+2)}(x+1)^{n+1}$；

(3) $1 - x + x^2 + \cdots + (-1)^n + \dfrac{(-1)^n(\xi+1)^{-(n+2)}}{n}x^{n+1}$；

(4) $x + x^2 + \dfrac{1}{2!}x^3 + \cdots + \dfrac{1}{(n-1)!}x^n + \dfrac{\mathrm{e}^\xi x^{n+1}}{(n+1)!}$.

2. $f(x) = -44 - 25(x-3) + 9(x-3)^2 + 7(x-3)^3 + (x-3)^4$.

3. $f(x) = 1 - 9x + 30x^2 - 45x^3 + 30x^4 - 9x^5 + x^6$.

4. $f(x) = \dfrac{2}{2!}x^2 - \dfrac{2^3}{4!}x^4 + \dfrac{2^5}{6!}x^6 + \cdots + (-1)^{n-1}\dfrac{2^{2n-1}}{(2n)!}x^{2n} + (-1)^n$

$\dfrac{2^{2n+1}\cos(2\xi + (n+1)\pi)}{(2n+2)!}x^{2n+2}, \xi \in (0, x)$.

5. $f(x) = x + \dfrac{x^3}{3!} + \dfrac{[(1-\xi^2)^{-\frac{3}{2}} + 3\xi(1-\xi)^{-\frac{5}{2}}]x^4}{4!}, \xi \in (0, x)$.

6. $\ln x = \ln 2 + \dfrac{1}{2}(x-2) - \dfrac{1}{2^3}(x-2)^2 + \dfrac{1}{3 \cdot 2^3}(x-2)^3 - \cdots +$

$\dfrac{(-1)^{n-1}(x-2)^n}{n \cdot 2^n} + o((x-2)^n)$.

7. (1) 0；   (2) $\dfrac{1}{3}$.

习题 3.4

1. (1) 在$(-\infty, -1]$，$[1, +\infty)$内单调减少,在$[-1, 1]$内单调增加；

(2) 在$(-\infty, -1]$，$[1, +\infty)$内单调减少,在$[-1, 1]$内单调增加；

(3) 在$\left(0, \dfrac{1}{2}\right]$内单调减少,在$\left[\dfrac{1}{2}, +\infty\right)$内单调增加；

(4) 在$[1, 2]$内单调减少,在$[0, 1]$内单调增加；

(5) 在$\left(-\infty, \dfrac{1}{2}\right]$内单调减少,在$\left[\dfrac{1}{2}, +\infty\right)$内单调增加；

(6) 在$\left[0, \dfrac{\pi}{3}\right]$，$\left[\dfrac{5\pi}{3}, 2\pi\right]$内单调减少,在$\left[\dfrac{\pi}{3}, \dfrac{5\pi}{3}\right]$内单调增加；

(7) 在$[0, +\infty)$内单调增加；

(8) 在 $\left[0, \dfrac{2}{5}\right]$ 内单调减少,在 $(-\infty, 0)$, $\left[\dfrac{2}{5}, +\infty\right)$ 内单调增加.

2. 略.

3. 略.

4. 略.

5. (1) 极大值 $y(0)=0$, 极小值 $y(1)=-1$;

(2) 极小值 $y(0)=0$;

(3) 极大值 $y\left(\dfrac{3}{4}\right)=\dfrac{5}{4}$;

(4) 极大值 $y(2)=4\mathrm{e}^{-2}$, 极小值 $y(0)=0$;

(5) 极大值 $y(1)=1$, 极小值 $y(-1)=-1$;

(6) 极小值 $y(1)=0$, 极大值 $y(\mathrm{e}^2)=4\mathrm{e}^{-2}$;

(7) 极大值 $y\left(\dfrac{\pi}{4}\right)=\sqrt{2}$;

(8) 极小值 $y\left(\dfrac{12}{5}\right)=-\dfrac{1}{24}$.

6. $a=\dfrac{2}{3}$, $f\left(\dfrac{\pi}{3}\right)=\dfrac{\sqrt{3}}{2}$ 为极大值.

7. (1) 最小值 $f(0)=f\left(\dfrac{\pi}{2}\right)=1$, 最大值 $f\left(\dfrac{\pi}{4}\right)=\sqrt{2}$;

(2) 无最小值,最大值 $f(\mathrm{e})=\mathrm{e}^{\frac{1}{\mathrm{e}}}$;

(3) 最小值 $f(3)=1$, 最大值 $f(-5)=\mathrm{e}^8$;

(4) 最小值 $f\left(\dfrac{1}{2}\right)=-\dfrac{\ln 2}{\sqrt{2}}$, 最大值 $f(1)=0$.

8. $a\neq 0$, $b=0$, $c=1$.

9. (1) $(-\infty, 1)$ 上凸, $(1, +\infty)$ 下凸,拐点 $(1, -2)$;

(2) $(-\infty, -\sqrt{3})$, $(0, \sqrt{3})$ 上凸, $(-\sqrt{3}, 0)$, $(\sqrt{3}, +\infty)$ 下凸,拐点 $\left[-\sqrt{3}, -\dfrac{\sqrt{3}}{2}\right]$, $\left[\sqrt{3}, \dfrac{\sqrt{3}}{2}\right]$, $(0, 0)$;

(3) $\left(\dfrac{1}{2}, +\infty\right)$ 上凸, $\left(-\infty, \dfrac{1}{2}\right)$ 下凸,拐点 $\left(\dfrac{1}{2}, \mathrm{e}^{\arctan\frac{1}{2}}\right)$;

(4) $(-\infty, -1)$, $(1, +\infty)$ 上凸, $(-1, 1)$ 下凸,拐点 $(\pm 1, \ln 2)$;

(5) $(-\infty, -3)$, $(-3, 6)$ 上凸, $(6, +\infty)$ 下凸, 拐点 $\left(6, \dfrac{2}{27}\right)$;

(6) 在正半轴是凹的, 无拐点.

10. 当 $x = -3$ 时, 函数有最小值 27.

11. 当 $x = 1$ 时, 函数有最大值 $\dfrac{1}{2}$.

习题 3.5

1. $C(Q) = 100 + 20Q$, $L(Q) = -20Q^2 + 320Q - 100$, $C'(Q) = 20$, $L'(Q) = -40Q + 320$.

2. 略.

3. 从中点处截.

4. 截去边长为 $\dfrac{a}{6}$ 的小方块, 能使做成的盒子容积最大.

习题 3.6

1. (1) $y = 1$, $x = 0$;   (2) $y = x$.

2. 略.

3. (1) $V(0) = 50$ 元, $V(5) = 37.24$ 元, $V(10) = 32.64$ 元, $V(70) = 26.37$ 元;

(2) 极大值 $V(0) = 50$;   (3) $\lim\limits_{t \to \infty} V(t) = 25$.   (4) 略.

4. (1) $x = 0$;   (2) $x = 1$, $y = x + 2$;

(3) $y = 0$, $y = x$;   (4) $y = 0$, $x = -2$;

(5) $x = \pm 1$;   (6) $x = \pm 1$, $y = x$.

习题 3

1. 略.

2. 略.

3. 略.

4. (1) $\dfrac{3}{2}$;   (2) $\dfrac{1}{4}$;   (3) $\dfrac{1}{4}$;   (4) $-\dfrac{1}{2}$.

5. 在 $(-\infty, 1]$ 内单调减少, 在 $[1, +\infty)$ 内单调增加.

6. 略.

7. 略.

8. 略.

9. (1) 拐点 $\left(2, \dfrac{2}{e^2}\right)$, 在 $(-\infty, 2]$ 内是凸的, 在 $[2, +\infty)$ 内是凹的;

(2) 拐点 $(2, 1)$, 在 $(-\infty, 2)$ 内是凸的, 在 $(2, +\infty)$ 内是凹的.

10. $a=0$，$b=-3$，极值点为 $x=1$ 和 $x=-1$，拐点为$(0,0)$.

11. (1) 极小值 $y\left(-\dfrac{1}{2}\ln 2\right)=2\sqrt{2}$；　　(2) 没有极值.

12. $(1,2)$和$(-1,-2)$.

13. 正方形周长为 $\dfrac{4a}{4+\pi}$，圆的周长为 $\dfrac{\pi a}{4+\pi}$.

14. $\dfrac{2+a}{1+a}$.

15. (1) 1 000；　　　　　　　　(2) 6 000.

4　不　定　积　分

习题 4.1

1. 略.

2. (1) $\dfrac{1}{3}x^3+x^2-5x+C$；

(2) $\dfrac{3}{5}x^{\frac{5}{3}}+\dfrac{3^x}{\ln 3}-5x+C$；

(3) $x+\dfrac{1}{2}x^4+\dfrac{1}{7}x^7+C$；

(4) $\dfrac{\sqrt{2}}{4}x^4-3e^x+3\sin x+C$；

(5) $-\dfrac{1}{x^2}+C$；

(6) $\dfrac{3}{10}x^{\frac{10}{3}}+C$；

(7) $x+\dfrac{2}{3}x^3+\dfrac{1}{5}x^5+C$；

(8) $\dfrac{2}{5}x^{\frac{5}{2}}-2x^{\frac{3}{2}}+4x^{\frac{1}{2}}+C$；

(9) $2\sqrt{x}-\dfrac{1}{x}+C$；

(10) $\dfrac{1}{3}x^3+\dfrac{2}{5}x^{\frac{5}{2}}-\dfrac{2}{3}x^{\frac{3}{2}}-x+C$；

(11) $2e^x+3\ln|x|+C$；

(12) $e^x-\tan x+C$；

(13) $\dfrac{5^x e^x}{1+\ln 5}+C$；

(14) $e^x-3\cos x+\tan x+C$；

(15) $-\cot x-x+C$；

(16) $\tan x-\sec x+C$；

(17) $\dfrac{x+\sin x}{2}+C$；

(18) $\dfrac{1}{2}\tan x+C$；

(19) $\tan x-\sec x+C$；

(20) $\sin x-\cos x+C$；

(21) $\dfrac{8}{15}x^{\frac{15}{8}}+C$；

(22) $2\arcsin x+C$；

(23) $\dfrac{1}{2}\tan x+\dfrac{1}{2}x+C$；

(24) $\dfrac{1}{2}e^{2x}+e^x+x+C$；

(25) $\ln | \sec x + \tan x | + C$;　　(26) $\ln | \csc x - \cot x | + C.$

3. $y = \ln | x | - 1.$

4. $k = -\dfrac{4}{3}.$

5. $x\,\mathrm{e}^x.$

6. 提示：设 $F(x)$ 是 $f(x)$ 的一个原函数，先证明 $[F(x)]' = [F(-x)]'.$

7. 收益函数为：$R(x) = 100x - 0.005x^2$；平均收益函数为：$R(\bar{x}) = 100 - 0.005x.$

8. $\dfrac{-1}{x\sqrt{1-x^2}}.$

习题 4.2

1. (1) $\dfrac{1}{a}F(ax+b)+C$;　　(2) $-\dfrac{1}{2}F(\mathrm{e}^{-2x})+C$;

(3) $\dfrac{1}{3}F(\sin 3x)+C$;　　(4) $2\sqrt{f(\ln x)}+C.$

2. (1) $-\dfrac{1}{303}(1-3x)^{101}+C$;　　(2) $-\dfrac{2}{5}\sqrt{2-5x}+C$;

(3) $\dfrac{1}{7}\sin(7x+1)+C$;　　(4) $-\dfrac{1}{2}(1-3x)^{\frac{2}{3}}+C$;

(5) $-\dfrac{1}{2(2x+3)}+C$;　　(6) $\dfrac{1}{18}\ln(4+9x^2)+C$;

(7) $-\sqrt{2-x^2}+C$;　　(8) $-\dfrac{1}{2}\cos x^2+C$;

(9) $\dfrac{1}{9}(1+2x^3)^{\frac{3}{2}}+C$;　　(10) $-\dfrac{1}{5}\mathrm{e}^{-x^5}+C$;

(11) $\dfrac{1}{4}\arcsin\dfrac{x^4}{2}+C$;　　(12) $-\sin\dfrac{1}{x}+C$;

(13) $-\arcsin\dfrac{1}{x}+C$;　　(14) $-2\ln | \cos\sqrt{x} | +C$;

(15) $2\arctan\sqrt{x}+C$;　　(16) $\dfrac{1}{2}\ln | 2\ln x+1 | +C$;

(17) $\arcsin(\ln x)+C$;　　(18) $\dfrac{1}{3}(1+\ln x)^3+C$;

(19) $\dfrac{1}{6}\ln(2+3\mathrm{e}^{2x})+C$;

(20) $x-\ln(1+\mathrm{e}^x)+C$;

(21) $\dfrac{1}{2}\ln\left|\dfrac{1+\mathrm{e}^x}{1-\mathrm{e}^x}\right|+C$;

(22) $\dfrac{1}{3}(x^2-5x+2)^3+C$;

(23) $\dfrac{1}{2}\ln(x^2+2x+5)+C$;

(24) $-\dfrac{1}{\arcsin x}+C$;

(25) $\dfrac{2^{\arctan x}}{\ln 2}+C$;

(26) $\dfrac{1}{4}\tan^2(2x+1)+C$;

(27) $2\sqrt{\sin x-\cos x}+C$;

(28) $\dfrac{1}{8}x-\dfrac{1}{32}\sin 4x+C$;

(29) $\dfrac{1}{3}\tan^3 x-\tan x+x+C$;

(30) $\dfrac{1}{7}\sec^7 x-\dfrac{2}{5}\sec^5 x+\dfrac{1}{3}\sec^3 x+C$.

3. (1) $-\dfrac{1}{4}\dfrac{\sqrt{4-x^2}}{x}+C$;

(2) $-\dfrac{x}{2}\sqrt{4-x^2}+2\arcsin\dfrac{x}{2}+C$;

(3) $\dfrac{x}{\sqrt{1-x^2}}+C$;

(4) $-\dfrac{1}{3}(a^3+x^2)\sqrt{a^2-x^2}+C$;

(5) $-\dfrac{\sqrt{1+x^2}}{x}+C$;

(6) $\dfrac{1}{2}\arctan x-\dfrac{x}{2(1+x^2)}+C$;

(7) $\dfrac{\sqrt{x^2-a^2}}{a^2 x}+C$;

(8) $\ln|x+\sqrt{x^2-9}|-\dfrac{\sqrt{x^2-9}}{|x|}+C$.

4. $f(x)=2\sqrt{x+1}-1$.

5. (1) $\ln\left|\dfrac{x}{2+\sqrt{4-x^2}}\right|+C$;

(2) $-\dfrac{1}{14}\ln|2+x^7|+\dfrac{1}{2}\ln|x|+C$.

习题 4.3

1. (1) $\dfrac{1}{3}x\cos(1-3x)+\dfrac{1}{9}\sin(1-3x)+C$;

(2) $-(x+1)\mathrm{e}^{1-x}+C$;

(3) $-x^2\cos x+2x\sin x+2\cos x+C$;

(4) $\dfrac{1}{2}x^2\sin x^2+\dfrac{1}{2}\cos x^2+C$;

(5) $\dfrac{1}{4}(2x^2+2x+9)\mathrm{e}^{2x}+C$;

(6) $x \ln x - x + C$;

(7) $\dfrac{1}{2}(x^2-1)\ln(x-1) - \dfrac{1}{4}x^2 - \dfrac{1}{2}x + C$;

(8) $2\sqrt{x}\ln x - 4\sqrt{x} + C$;

(9) $\dfrac{1}{2}(1+x^2)[\ln(1+x^2)-1] + C$;

(10) $\dfrac{1}{4}x^2 - \dfrac{1}{4}x\sin 2x - \dfrac{1}{8}\cos 2x + C$;

(11) $x\arctan x - \dfrac{1}{2}\ln(1+x^2) + C$;

(12) $\dfrac{1}{3}x^3\arctan x - \dfrac{1}{6}x^2 + \dfrac{1}{6}\ln(1+x^2) + C$;

(13) $-\dfrac{1}{x}\ln^2 x - \dfrac{2}{x}\ln x - \dfrac{2}{x} + C$;

(14) $-\dfrac{1}{17}e^{-2x}\left(\cos\dfrac{x}{2} + 4\sin\dfrac{x}{2}\right) + C$;

(15) $\dfrac{1}{10}e^{-x}(\cos 2x - 2\sin 2x - 5) + C$;

(16) $\dfrac{1}{2}x[\sin(\ln x) - \cos(\ln x)] + C$;

(17) $-\dfrac{1}{2}x^2 + x\tan x + \ln|\cos x| + C$;

(18) $-\dfrac{1}{2}(x\csc^2 x + \cot x) + C$;

(19) $-2\sqrt{1-x}\arcsin\sqrt{x} + 2\sqrt{x} + C$;

(20) $\dfrac{1}{2}(x^2+1)\arctan\sqrt{x} - \dfrac{1}{6}x^{\frac{3}{2}} + \dfrac{1}{2}\sqrt{x} + C$.

2. $\cos x - \dfrac{2}{x}\sin x + C$.

3. $x\ln x + C$.

4. $\left(1 - \dfrac{2}{x}\right)e^x + C$.

5. $x f^{-1}(x) - F(f^{-1}(x)) + C$.

习题 4.4

1. (1) $\dfrac{4}{3}\ln|x+4|-\dfrac{1}{3}\ln|x+1|+C$;

(2) $-\dfrac{1}{3}\ln|x-1|+\dfrac{4}{3}\ln|x+4|+C$;

(3) $-\dfrac{4}{x-2}-\dfrac{11}{2(x-2)^2}+C$;

(4) $\dfrac{1}{x+1}+\dfrac{1}{2}\ln|x^2-1|+C$;

(5) $\ln|x|-\dfrac{1}{2}\ln|x+1|-\dfrac{1}{4}\ln(x^2+1)-\dfrac{1}{2}\arctan x+C$;

(6) $\dfrac{1}{4}\ln\left|\dfrac{x-1}{x+1}\right|-\dfrac{1}{2}\arctan x+C$;

(7) $\dfrac{1}{2}\arctan\dfrac{1+x}{2}+C$;

(8) $\dfrac{1}{2}\ln(x^2+2x+2)-\arctan(x+1)+C$;

(9) $\dfrac{1}{2}\ln(x^2+2x+3)-\dfrac{3}{\sqrt{2}}\arctan\dfrac{x+1}{\sqrt{2}}+C$;

(10) $x+\ln(x^2-2x+2)+\arctan(x-1)+C$;

(11) $\ln|x^2+3x-10|+C$;

(12) $\dfrac{1}{2}x^2-\dfrac{9}{2}\ln(9+x^2)+C$.

2. (1) $\dfrac{2}{\sqrt{5}}\arctan\dfrac{\tan\frac{x}{2}}{\sqrt{5}}+C$;　　(2) $\dfrac{2}{\sqrt{3}}\arctan\dfrac{2\tan\frac{x}{2}+1}{\sqrt{3}}+C$;

(3) $\dfrac{1}{2}\ln\left|\tan\dfrac{x}{2}\right|-\dfrac{1}{4}\tan^2\dfrac{x}{2}+C$;　(4) $\ln\left|1+\tan\dfrac{x}{2}\right|+C$;

(5) $\dfrac{1}{4}\tan^2\dfrac{x}{2}+\tan\dfrac{x}{2}+\dfrac{1}{2}\ln\left|\tan\dfrac{x}{2}\right|+C$;

(6) $\cos x+\sec x+C$;

(7) $-\dfrac{1}{1+\tan x}+C$;　　　　(8) $\dfrac{1}{2}\arctan\dfrac{\tan x}{2}+C$.

习题 4

1. $-2\mathrm{e}^{-2x}$.

2. $-\dfrac{1}{3}\sqrt{(1-x^2)^3}+C$.

3. $x+2\ln\mid x-1\mid+C$.

4. $\dfrac{\sin^2 2x}{\sqrt{x-\dfrac{1}{4}\sin 4x+1}}$.

5. (1) $\dfrac{1}{3}\arctan\dfrac{x^{\frac{3}{2}}}{2}+C$; (2) $\dfrac{1}{4}\ln\mid x\mid-\dfrac{1}{24}\ln(x^6+4)+C$;

(3) $\dfrac{1}{\ln 3-\ln 2}\arctan\left(\dfrac{3}{2}\right)^x+C$; (4) $-\dfrac{1}{2}\left(\arctan(1-x)\right)^2+C$;

(5) $\arcsin(\sin^2 x)+C$; (6) $\sqrt{2}\ln\left|\csc\dfrac{x}{2}-\cot\dfrac{x}{2}\right|+C$;

(7) $2\sqrt{3-2x-x^2}+6\arcsin\dfrac{1+x}{2}+C$;

(8) $-\dfrac{\sqrt{(1+x^2)^3}}{3x^3}+\dfrac{\sqrt{1+x^2}}{x}+C$;

(9) $\ln(x+\sqrt{x^2+8})-\dfrac{x}{\sqrt{x^2+8}}+C$;

(10) $\dfrac{1}{54}\arccos\dfrac{3}{x}+\dfrac{\sqrt{x^2-9}}{18x^2}+C$;

(11) $\ln\dfrac{\mid x\mid}{(\sqrt[6]{x}+1)^6}+C$;

(12) $\dfrac{3}{2}\arcsin\dfrac{2}{3}x+\dfrac{1}{2}\sqrt{9-4x^2}+C$.

6. (1) $\dfrac{x\ln x}{\sqrt{1+x^2}}-\ln(x+\sqrt{1+x^2})+C$;

(2) $-\dfrac{3}{2}\sqrt[3]{\dfrac{x+1}{x-1}}+C$; (3) $\dfrac{x\,\mathrm{e}^x}{\mathrm{e}^x+1}-\ln(\mathrm{e}^x+1)+C$;

(4) $-\dfrac{x}{\ln x}+C$; (5) $2\sin x\,f'(\sin x)-2f(\sin x)+C$;

(6) $e^{\sin x}(x - \sec x) + C$.

7. $\dfrac{f(x)}{x\,e^x} + C$.

8. $\tan x$.

9. $\begin{cases} -\dfrac{x^2}{2} + C, & x < -1, \\ x + C, & -1 \leqslant x \leqslant 1, \\ \dfrac{x^2}{2} + C, & x > 1. \end{cases}$

10. $\dfrac{1}{2}\ln |\,(x-y)^2 - 1\,| + C$.

11. (1) 3; $\qquad\qquad$ (2) $C(x) = \dfrac{3}{2}x^2 + 20x + 200$.

5 定积分及其应用

习题 5.1

1. (1) $\dfrac{1}{3}$; $\qquad$ (2) $\dfrac{1}{2}(b^2 - a^2)$; $\quad$ (3) $e-1$; $\qquad$ (4) $\dfrac{1}{2}a + b$.

2. (1) $\displaystyle\int_0^1 x^p\,dx$; $\quad$ (2) $\displaystyle\int_0^\pi \dfrac{\sin x}{1+x}\,dx$; $\quad$ (3) $\displaystyle\int_0^1 \sqrt{x}\,dx$; $\quad$ (4) $e^{\int_0^1 \sqrt{x}\,dx}$.

3. (1) 1; $\qquad$ (2) $\dfrac{\pi}{4}a^2$; $\qquad$ (3) 0; $\qquad$ (4) 1.

4. (1) 2; $\qquad$ (2) $\ln 2$.

5. $\dfrac{\pi(b-a)^2}{8}$.

习题 5.2

1. (1) $\pi \leqslant \displaystyle\int_{\frac{\pi}{4}}^{\frac{5\pi}{4}} (1+\sin^2 x)\,dx \leqslant 2\pi$; $\qquad$ (2) $e \leqslant \displaystyle\int_1^2 x\,e^x\,dx \leqslant 2e^2$;

  (3) $\dfrac{2}{5} \leqslant \displaystyle\int_1^2 \dfrac{x}{1+x^2}\,dx \leqslant \dfrac{1}{2}$; $\qquad$ (4) $\dfrac{1}{2} \leqslant \displaystyle\int_{\frac{\pi}{4}}^{\frac{\pi}{2}} \dfrac{\sin x}{x}\,dx \leqslant \dfrac{\sqrt{2}}{2}$.

2. (1)、(2)、(3)、(4)、(5) 前项大于后项,(6) 前项小于后项.

3. $\dfrac{\sqrt{3}}{9}\pi \leqslant \displaystyle\int_{\frac{\sqrt{3}}{3}}^{\sqrt{3}} x\,\text{arccot}\,x\,dx \leqslant \dfrac{\sqrt{3}}{6}\pi$.

4. 略.

5. 略.

6. $\pi^2 - 4$.

7. $\dfrac{3}{\ln 2}$.

8. 略.

9. 略.

10. 略.

习题 5.3

1. (1) 0;　　　　　(2) 0;　　　　(3) $\dfrac{1}{2}$;　　　　(4) 2e.

2. (1) $-\dfrac{3}{4}$;　　　　(2) -2;　　　(3) 0;　　　　(4) $-\ln\left(1-\dfrac{\sqrt{2}}{2}\right)$;

　　(5) $\dfrac{2}{5}+\dfrac{3}{5}\mathrm{e}^{2\pi}$;　　(6) $2\mathrm{e}-1$;　　(7) $1-\dfrac{\pi}{4}$;　　(8) $\dfrac{\pi}{2}$;

　　(9) $\dfrac{271}{6}$;　　　　(10) -1.

3. 略.

4. $y'=\dfrac{\sin x}{2y\,\mathrm{e}^4}$.

5. $\dfrac{1}{2}\ln(2+\cos x)+C$.

6. $f(x)$.

7. 1.

8. 极小值为 0,拐点 $(1,\,1-2\mathrm{e}^{-1})$.

9. $\dfrac{2}{3}$.

10. $\phi(x)=\begin{cases}0,\ x<0,\\ \sin^2\left(\dfrac{x}{2}\right),\ 0\leqslant x\leqslant\pi,\\ 1,\ x>\pi.\end{cases}$

11. $f(x)=-(x+1)\mathrm{e}^x+C$（$C$ 为任意常数）.

12. $\dfrac{1}{2}(\ln x)^2$.

习题 5.4

1. (1) $\dfrac{1}{6}$；   (2) $\dfrac{1}{2}$；   (3) $\mathrm{e}^{\frac{1}{2}}-1$；   (4) $\ln 7$；

(5) 0；   (6) $\dfrac{1}{4}$；   (7) $\dfrac{a^4\pi}{16}$；   (8) $\dfrac{2\pi}{3}$；

(9) $2\ln 3$；   (10) $\dfrac{\pi}{4}$；   (11) $\dfrac{\sqrt{2}}{2}$；   (12) $\dfrac{1}{6}$；

(13) $\dfrac{\pi}{6}$；   (14) $10-\dfrac{8}{3}\sqrt{2}$；   (15) $\dfrac{\pi}{4}$；   (16) $\dfrac{4}{5}$.

2. 略.

3. 0.

4. 略.

5. $\dfrac{1}{3}(\cos 1-1)$.

6. $\dfrac{1}{3}$.

7. (1) $\dfrac{1-3\mathrm{e}^{-2}}{4}$；   (2) 4π；

(3) $\dfrac{\pi^2}{16}-\dfrac{\pi}{4}+\dfrac{1}{2}$；   (4) $4(2\ln 2-1)$；

(5) $\dfrac{2\pi}{3}-\dfrac{\sqrt{3}}{2}$；   (6) $\dfrac{\pi^2}{72}+\dfrac{\sqrt{3}\,\pi}{6}-1$；

(7) $\sqrt{3}\ln(2+\sqrt{3})-1$；   (8) $\dfrac{\pi}{4}+\dfrac{1}{2}\ln 2$；

(9) $\dfrac{1}{5}(\mathrm{e}^{\pi}-2)$；   (10) $\dfrac{1}{2}(\mathrm{e}\sin 1-\mathrm{e}\cos 1+1)$.

8. 略.

9. 略.

习题 5.5

1. (1) $\dfrac{1}{3}$；   (2) 2；   (3) π；   (4) $\dfrac{1}{2}\ln 2$；

(5) 发散；   (6) $\dfrac{\pi}{4}+\dfrac{1}{2}\ln 2$；   (7) 1；   (8) $\dfrac{\pi}{2}$；

(9) $\dfrac{w}{p^2+w^2}$;　　(10) 发散.

2. $\dfrac{5}{2}$.

3. $\dfrac{\pi}{3}$, 提示: 令 $t=\sqrt{x-2}$.

4. $n!$.

5. (1) 收敛, (2)、(3)、(4) 发散.

6. 1.

7. 当 $k>1$ 时, 收敛于 $\dfrac{1}{(k-1)(\ln 2)^{k-1}}$; 当 $k\leqslant 1$ 时, 发散; 当时 $k=1-$ $\dfrac{1}{\ln\ln 2}$, 取得最小值.

习题 **5.6**

1. (1) $\dfrac{3}{2}-\ln 2$;　　　　　　　　(2) $\dfrac{3}{4}(2\sqrt[3]{2}-1)$;

　　(3) $e-1$;　　　　　　　　　　(4) $2\pi+\dfrac{4}{3}$.

2. $\dfrac{4a^2\pi^3}{3}$.

3. $\dfrac{9}{4}$.

4. πa^2.

5. $\dfrac{1}{32}\pi$.

6. $\dfrac{3}{10}\pi$.

7. $2\pi^2$.

8. $1+\dfrac{1}{2}\ln\dfrac{3}{2}$.

9. $\dfrac{y}{2p}\sqrt{p^2+y^2}+\dfrac{p}{2}\ln\dfrac{y+\sqrt{p^2+y^2}}{p}$.

习题 **5.7**

1. $C(x)=25x+15x^2-3x^3+56$.

2. 略.

3. $R(q) = 3q - 0.1q^2$，当 $q = 15$ 时，收入最高为 22.5.

4. $F(t) = 2\sqrt{t} + 100$.

5. (1) $c(Y) = 3\sqrt{Y} + 70$；　　　　(2) 60.

6. $\dfrac{400}{3}$.

7. 96.73 万元.

8. (1) $L(x) = -x^3 + 5x^2 - 8x - 10$；(2) 产量为 2 时利润最大.

习题 5

1. $-2\mathrm{e}^2 \leqslant \displaystyle\int_2^0 \mathrm{e}^{x^2 - x}\,\mathrm{d}x \leqslant -2\mathrm{e}^{-\frac{1}{4}}$.

2. $\ln(\sqrt{2} + 1)$.

3. 2.

4. $3g(x) + 2x g'(x)$.

5. 2.

6. 略.

7. $-\dfrac{1}{2t^2 \ln t}$.

8. $1 \pm \dfrac{3\sqrt{2}}{2}$.

9. $F(0) = 0$ 为最大值，$F(4) = -\dfrac{32}{3}$ 为最小值.

10. $f(2) = 6$，$f\left(\dfrac{1}{2}\right) = -\dfrac{3}{4}$ 分别为的最大值与最小值.

11. $x^2 - \dfrac{4}{3}x + \dfrac{2}{3}$.

12. (1) $\dfrac{3}{7}$；　　　(2) $\dfrac{5}{6}$；　　　(3) $\dfrac{2}{5}$；　　　(4) $\arctan \mathrm{e} - \dfrac{\pi}{4}$；

　　　(5) $\dfrac{\pi}{2} - 1$；　　(6) 2.

13. (1) 0；　　　　(2) $\ln 10$.

14. $I_n = \dfrac{(2n)!!}{(2n+1)!!}$.

15. 略.

16. $\dfrac{5}{6}$.

17. (1) 2;   (2) $\dfrac{1}{3}$.

18. $\dfrac{\pi}{4}\mathrm{e}^{-2}$.

19. 3.

20. $4\sqrt{2}$.

21. $160\pi^2$.

22. $\dfrac{9}{2}$.

23. $Q(p)=100\times\left(\dfrac{1}{2}\right)^{p}$.

24. $C(Q)=25Q+15Q^{2}-3Q^{3}+55$.

25. (1) 19 万元, 20 万元;

    (2) $Q=3.2$ 百台;

    (3) $C(Q)=1+4Q+\dfrac{1}{8}Q^{2}$, $L(Q)=-1+4Q-\dfrac{5}{8}Q^{2}$;

    (4) $L(3.2)=5.4$ 万元, $C(3.2)=15.08$ 万元, $R(3.2)=20.48$ 万元.

参 考 文 献

［1］吴赣章.高等数学(医药类)第 2 版［M］.北京：中国人民大学出版社,2012.

［2］刘金林.高等数学(经济管理类)第 4 版［M］.北京：机械工业出版社,2013.

［3］蒋兴国.高等数学(经济类)第 3 版［M］.北京：机械工业出版社,2011.

［4］费伟劲.高等数学与经济数学［M］.上海：立信会计出版社,2006.

［5］中国机械工业教育协会组编.高等数学(文科用)［M］.北京：机械工业出版社,
2000.

［6］贾亮.高等数学(合订本)［M］.北京：北京邮电大学出版社,2006.

专业名词中英文对照表

凹凸性	concavity
凹向上的	concave up
半开区间	half open interval
被积函数	integrand
边际成本	marginal cost
不连续点	discontinuity point
参数方程	parametric equation
初等函数	elementary function
单侧导数	one-sided derivatives
单侧极限	one-sided limits
单调函数	monotone function
单调减少的	decreasing
单调数列	monotonic sequence
单调性	monotonicity
当且仅当	if and only if(iff)
导函数	derived function
导数	derivative
等价无穷小	equivalent infinitesimal
低阶无穷小	infinitesimal of lower order
递推公式	induction formula
对数求导法	log-derivative
二阶导数	second order derivative
发散	divergent
反常积分	improper integral
反函数	inverse function
反三角函数	inverse trigonometric function
费马引理	Fermat's lemma
分部积分法	integration by parts
分段函数	piecewise function

分割	partition
辅助函数	auxiliary function
复合函数	composite function
高阶无穷小	infinitesimal of higher order
拐点	inflection point
广义积分	improper integral
换元积分法	integration by substitution
奇函数	odd function
奇偶性	parity(odevity)
积分变量	integral variable
积分号	sign of integration
积分和	integral sum
积分区间	integral interval
积分曲线	integral curve
积分上限	upper limit of integral
积分下限	lower limit of integral
积分中值定理	mean value theorem of integrals
极限	limit
极值	extremum
极坐标	polar coordinates
夹逼准则	squeeze rule
假分式	improper fraction
间接测量误差	indirect measurement error
介值定理	intermediate value theorem
绝对误差	absolute error
绝对值函数	absolute value
开区间	open interval
柯西中值定理	Cauchy's mean value theorem
可导	derivable
可积	integrable
可微的	differentiable
拉格朗日余项	Lagrange remainder term
拉格朗日中值定理	Lagrange's mean value theorem
拉格朗日中值公式	Lagrange's mean value formula

莱布尼茨公式	Leibniz formula
连续性	continuity
链式法则	chain rule
邻域	neighborhood
临界点	critical point
零点定理	the zero-point theorem
罗尔定理	Rolle's theorem
洛必达法则	L'Hospital's Rule
麦克劳林公式	Maclaurin's formula
幂函数	power function
面积元素	element of area
牛顿-莱布尼茨公式	Newton-Leibniz formula
偶函数	even function
抛物线	parabola
佩亚诺余项	Peano remainder term
平均速度	average velocity
平面图形的面积	area of a plane figure
铅直渐近线	vertical asymptote
切线	tangent line
求导	take derivative
曲边梯形	trapezoid with curved edge
三角函数	trigonometric function
上界	upper bound
收敛	convergence
水平渐近线	horizontal asymptote
瞬时速度	instantaneous velocity
泰勒公式	Taylor formula
泰勒中值定理	Taylor's mean value theorem
同阶无穷小	infinitesimal of the same order
椭圆	ellipse
微分	differential
微积分基本公式	fundamental formula of calculus
微商	differential quotient
无界	unbounded

无穷大	infinity
无穷小	infinitesimal
下界	lower bound
显函数	explicit function
相对误差	relative error
相关变化率	correlative change rata
向上凸的	convex up
斜率	slope
旋转体的体积	volume of a solid of rotation
因变量	dependent variable
隐函数	implicit function
有界	boundedness
有理函数	rational function
余项	remainder term
元素法	the element method
原函数	primitive function(anti-derivative)
匀速运动	uniform motion
增量	increment
真分式	proper fraction
直角坐标(笛卡尔坐标)	Cartesian coordinates
值域	range
指数函数	exponential function
中间变量	intermediate variable
周期	period
周期性	periodicity
驻点	stationary point
子列	subsequence